実験医学別冊

論文に出る
遺伝子

デルジーン 300

PubMed論文の登場回数順に
ヒト遺伝子のエッセンスを一望

編集
坊農秀雅

羊土社
YODOSHA

序

　『試験に出る英単語』という受験参考書をご存知だろうか．大学入試問題に頻出する英単語をよく出てくる順に単語帳にした本である．その本が出版される以前の参考書はアルファベット順で，abandonで「諦める」と皮肉られていたのを一新したインパクトのある本であった．本書はその考え方を活かせないかと考え，3千7百万件もの論文が収載されているPubMedのデータ全体のbibliome（bibliographyと–omeの造語で，ビブリオームと読む）から「遺伝子」と「文献」の関係性をヒト遺伝子に関して抽出し，各遺伝子ごとの論文言及数を数え上げた．そのうち，数の多かった遺伝子300に関して，トップ100遺伝子については1ページで，残りの200遺伝子は半ページで，その数の多いもの順にその概要を定型で解説するという「遺伝子の単語帳」となっている．論文に頻出するトップ300遺伝子を俯瞰することで，これまで気づかなかった有名ジーン（遺伝子）を発見し「知り合い」が増え，研究の深みが増すことだろう．

　ヒトの遺伝子は，ヒトゲノム解読の前には10万以上あるだろうと考えられていた．2003年4月14日に解読完了が宣言された時点でのヒトの遺伝子数の推定値は3万2615個であった．しかしながら，2024年8月末時点ではタンパク質コード遺伝子の数だと約2万弱，タンパク質をコードしない遺伝子を加えても約4.6万ほどである（Ensemblの遺伝子アノテーションによるhttps://may2024.archive.ensembl.org/Homo_sapiens/Info/Annotation）．それらのうち遺伝子名がついている遺伝子は26,281であり，本書で紹介する300の遺伝子は論文に頻出する遺伝子の多くをカバーしていると言えるのではないだろうか．詳しい統計値に関しては，一緒に300遺伝子の選定を担当してくれた小野擁子氏が「論文に出る300遺伝子の選定について」にまとめているのでぜひご一読いただきたい．

　ヒト遺伝子に限定してその数え上げを行ったため，自分の感覚と合わないと思われる方もいるだろう．そういう方はぜひ同様の解析をぜひお目当ての生物で行い，本書の結果と比べていただきたい．思わぬ発見があるかもしれない．bibliomeの活用を皆さんもぜひ．

　2024月10月

酒まつり間近の酒都西条にて
坊農秀雅

著者一覧 (五十音順・敬称略)

■ 編　集

坊農秀雅　広島大学大学院統合生命科学研究科

■ 執　筆

安西高廣　群馬工業高等専門学校物質工学科

担当　1. *TP53* ／ 5. *VEGFA* ／ 17. *CTNNB1*　28. *CDKN2A*　29. *MYC* ／ 33. *MTOR* ／ 49. *MDM2* ／ 62. *CDKN1A*　64. *CCND1* ／ 92. *YAP1* ／ 94. *RB1* ／ 134. *CDKN1B*　156. *APC*　171. *IDH1*　172. *TP63* ／173. *MUC1* ／ 188. *ABL1*　214. *ABCA1* ／251. *CBL*

鳥野素生　広島大学大学院統合生命科学研究科

担当　8. *MTHFR* ／ 54. *TERT* ／ 66. *SIRT1* ／ 80. *EZH2* ／ 98. *EP300*　111. *HDAC1*　148. *AGER* ／ 149. *FTO* ／ 152. *LMNA* ／ 217. *DNMT1* ／ 250. *HDAC2*　252. *PKM* ／ 283. *MECP2* ／297. *SMARCA4*

大月孝志　岡山大学保健学研究科

担当　19. *MMP9* ／ 36. *VDR* ／ 45. *CDH1* ／ 58. *MMP2* ／ 87. *CD44* ／90. *ITGB1* ／ 97. *ICAM1* ／ 117. *ITGB3* ／ 121. *SPP1* ／ 127. *RHOA* ／ 142. *PTK2* ／147. *MMP1*　200. *FGF2* ／ 205. *FN1* ／ 212. *COL1A1* ／ 234. *TNFRSF11B*　238. *MMP3* ／239. *EGF* ／ 258. *TIMP1* ／264. *FGFR1* ／ 272. *SERPINA1* ／275. *BMP2* ／ 280. *BSG*　285. *TNFSF11*　293. *FGFR2*

小野浩雅　広島大学ゲノム編集イノベーションセンター／プラチナバイオ株式会社

担当　31. *BDNF* ／ 38. *LOC110806262* ／ 39. *SLC6A4* ／ 75. *NOTCH1* ／ 81. *GSK3B* ／ 101. *DRD2* ／ 102. *UBC* ／ 157. *SQSTM1*　201. *SLC6A3* ／ 233. *SOX2* ／278. *HTR2A*　282. *DRD4*

小野擁子　協和キリン株式会社

担当　「論文に出る300遺伝子の選定について」

梶原健太郎　株式会社カイオム・バイオサイエンス

担当　14. *BRCA1* ／43. *PPARG* ／ 51. *BRCA2* ／ 79. *ATM* ／82. *PARP1* ／83. *SRC*　99. *XRCC1* ／ 131. *APOA1* ／ 137. *MLH1* ／ 169. *PRKCA* ／ 177. *PCNA* ／ 179. *APOB* ／ 183. *ERCC2* ／ 187. *MSH2*　199. *LDLR* ／ 221. *RAD51* ／ 223. *PRKDC* ／237. *PPARGC1A* ／240. *MGMT* ／ 245. *LPL* ／ 260. *ERCC1* ／ 262. *PCSK9* ／274. *ALB* ／ 284. *APEX1* ／289. *PRKCD*　291. *CETP*

加藤洋平　広島大学ゲノム編集イノベーションセンター／プラチナバイオ株式会社

担当　59. *CFTR* ／ 119. *CAV1* ／ 128. *CDK1* ／150. *LGALS3* ／ 155. *HFE* ／ 161. *MKI67* ／ 189. *CDK2* ／ 195. *CSNK2A1* ／ 197. *PLK1* ／ 209. *GJB2* ／ 211. *VIM* ／218. *AURKA* ／246. *CDC42* ／ 253. *SLC2A1* ／261. *GJA1* ／ 281. *ACTB* ／288. *ANXA2* ／ 299. *CDK4*

久米広大　広島大学原爆放射線医科学研究所

担当　6. *APOE* ／20. *APP* ／ 46. *SNCA* ／ 52. *MAPT* ／ 56. *COMT*　107. *SOD1*　136. *LRRK2* ／ 153. *TARDBP*　163. *SOD2* ／167. *PRKN*　202. *FMR1* ／ 203. *PSEN1* ／ 210. *PRNP* ／243. *VCP*　244. *HTT* ／300. *FUS*

鈴木貴之　広島大学大学院統合生命科学研究科

担当　30. *ABCB1* ／42. *GSTM1* ／60. *GSTT1* ／68. *GSTP1* ／109. *PON1*　130. *CYP1A1* ／135. *CYP2C19*　141. *CYP2D6*　164. *CYP2C9* ／170. *CYP3A4* ／176. *ABCG2*　220. *CYP19A1* ／231. *ALDH2* ／248. *AHR* ／256. *CYP3A5* ／265. *NAT2* ／266. *UGT1A1*

谷　英典　横浜薬科大学薬学部

担当　12. *STAT3* ／15. *NFKB1* ／63. *NFE2L2* ／70. *RELA* ／77. *MIR21* ／91. *HMGB1*　103. *SP1* ／105. *JUN* ／124. *FOXP3* ／133. *STAT1* ／139. *NPM1* ／158. *SMAD3* ／168. *CREBBP*　174. *E2F1* ／175. *MIR146A* ／184. *MIR155* ／185. *RUNX1* ／191. *SMAD4* ／216. *TCF7L2* ／241. *FOXO3* ／242. *FOXO1* ／257. *MIR34A* ／263. *WT1* ／267. *TWIST1* ／270. *ELAVL1* ／271. *CREB1* ／286. *YWHAZ* ／287. *SMAD2* ／294. *NFKBIA* ／298. *PRKACA*

中村直俊　名古屋大学大学院理学研究科

担当　3. *TNF* ／4. *IL6* ／7. *TGFB1* ／18. *IL1B* ／22. *HLA-DRB1* ／32. *CD274* ／40. *PTGS2* ／47. *HLA-B* ／53. *IFNG* ／57. *CD4* ／65. *JAK2* ／69. *HLA-A* ／73. *IL17A* ／76. *HLA-DQB1* ／100. *CTLA4* ／108. *IL4* ／116. *PDCD1* ／140. *HLA-C* ／165. *HLA-G*　192. *IL2* ／215. *HLA-DQA1* ／227. *TNFRSF1A* ／277. *IL13*

中山　淳　大阪国際がんセンター研究所

担当　2. *EGFR* ／10. *AKT1* ／16. *ERBB2* ／21. *KRAS* ／23. *PTEN* ／26. *BRAF* ／41. *MAPK1* ／67. *PIK3CA* ／85. *MAPK3* ／89. *MAPK14* ／93. *MET* ／106. *RAC1* ／122. *KIT* ／138. *KDR* ／145. *MAPK8* ／162. *RET* ／180. *GRB2* ／186. *PTPN11* ／206. *PIK3R1* ／222. *FLT3* ／225. *ALK* ／226. *FLT1* ／228. *HRAS*

野津　了　広島大学大学院統合生命科学研究科

担当　11. *ESR1* ／27. *AR* ／37. *ADIPOQ* ／44. *BCL2* ／55. *IGF1* ／61. *LEP* ／95. *BIRC5* ／110. *ESR2* ／112. *NR3C1* ／113. *IGF1R* ／114. *FAS* ／115. *CASP3* ／129. *ADRB2* ／132. *BAX* ／151. *INS* ／166. *CASP8* ／181. *TNFSF10* ／182. *GHRL* ／219. *HGF* ／235. *MCL1* ／236. *PGR* ／249. *BCL2L1* ／259. *IGFBP3* ／268. *IGF2* ／273. *LEPR* ／276. *INSR* ／292. *FASLG*

坊農秀雅　広島大学大学院統合生命科学研究科

担当　9. *HIF1A* ／190. VHL

横井　翔　農研機構生物機能利用研究部門

担当　13. *IL10* ／25. *TLR4* ／34. *CXCL8* ／35. *CRP* ／48. *NOS3* ／50. *CXCR4* ／71. *CCR5* ／72. *CCL2* ／74. *TLR2* ／86. *CXCL12* ／118. *NLRP3* ／123. *IL18* ／144. *IL1RN* ／154. *IL1A* ／160. *NOD2* ／194. *CFH* ／196. *LCN2* ／204. *MIF* ／208. *MBL2* ／213. *NOS2* ／224. *CD14* ／229. *CCL5* ／230. *TLR9* ／232. *TRAF6* ／254. *CXCL10* ／269. *TLR3* ／290. *IL33* ／296. *C3*

米澤奏良　広島大学大学院統合生命科学研究科

担当　24. *ACE* ／78. *SERPINE1* ／84. *F2* ／88. *ACE2* ／96. *F5* ／104. *HSP90AA1* ／120. *HMOX1* ／125. *AGT* ／126. *NPPB* ／143. *HSPA5* ／146. *VWF* ／159. *AGTR1* ／178. *EDN1* ／193. *HSPA4* ／198. *HSPA8* ／207. *HBB* ／247. *HSPA1A* ／255. *HSPB1* ／279. *SCN5A* ／295. *HBB-LCR*

目　次

101位 ▶ 200位

論文に出る300遺伝子の選定について

　生命科学論文において，ある特定の遺伝子について研究された報告は数多く存在する．本書にてリストアップした「論文に出る300遺伝子」は，遺伝子と論文の関係をまとめたデータであるgene2pubmedを2023年12月31日にダウンロードし，それをもとに論文数の多い順にランキングを計算した，その上位300個の遺伝子である．

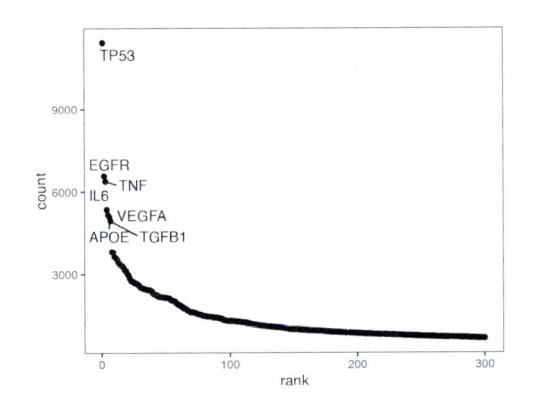

図1　「論文に出る300遺伝子」のgene2pubmed掲載論文数

　図1に示したように最も論文数の多い遺伝子は*TP53*であり，その報告数には偏りがあることがわかる．つまり遺伝子にはよく知られているものとそうではないものが存在し，有名な遺伝子は全体のうちの一部を占めているにすぎない．gene2pubmedに記載されたヒトの161,647遺伝子（ノンコーディング遺伝子なども含まれているため数が多い）と，今回選抜した300遺伝子を対象に報告論文数の要約統計量を**表**に記す．

表　gene2pubmedに記載された論文数の要約統計量

	gene2pubmed収載ヒト遺伝子(161,647)	論文に出る300遺伝子(300)
最小値	1	685
第1四分位数	1	817
中央値	1	1,008
平均値	12.53	1,420
第3四分位数	1	1,550
最大値	11,408	11,408

　多くの遺伝子はカウントされた論文数が1報である一方，「論文に出る300遺伝子」の論文数は最低でも685報は存在し，比較的よく研究された遺伝子であることが窺える．

　ここで，gene2pubmedについてもう少し触れておきたい．gene2pubmedとは，NCBI（National Center for Biotechnology Information）が提供しているデータセットで，特定のGeneID（遺伝子）とtax_id（生物の分類）とそれに関連するPubMed_ID（論文）を関連付けた情報が含まれている．詳細はhttps://ftp.ncbi.nlm.nih.gov/gene/READMEもご確認いただきたい．gene2pubmedデータは毎日更新されており，今回使用したデータセットには52,731,417行以上の情報が登録されていた．さらにhuman（tax_id：9606）に限定しても2,029,188行と大規模なデータとなっていた．図2にはそのごく一部分を示す．

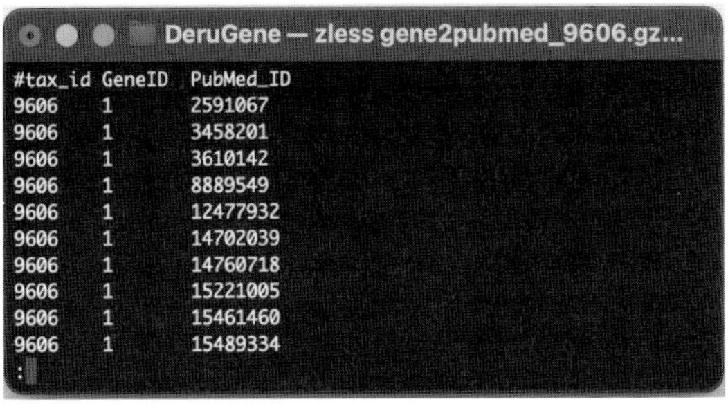

図2　gene2pubmedの一部分
2行目は, Human (Taxonomy id：9606) のと A1BG alpha-1-B glycoprotein
(GeneID：1) の論文情報 (Pubmed_ID：2591067) が記載されている.

gene2pubmed データは, NCBI の FTP サイト (https://ftp.ncbi.nlm.nih.gov/gene/DATA/) からテキスト形式でダウンロードすることができる. R や Python やシェルスクリプトなどのプログラミング言語に慣れている人であれば, さまざまな目的で活用することができる. 例えば, 特定の遺伝子 ID を検索して, その遺伝子に関連するすべての PubMed 論文を抽出するなど, アイディアしだいで活用の幅は広がる.

プログラミングしない場合でも活用できる情報として, われわれが2021年の論文 (https://doi.org/10.3390/biomedicines9050582) に使用した number of publications per human gene の表 (https://doi.org/10.6084/m9.figshare.14140850.v1) を紹介したい (図3). 2021年の情報であることに留意は必要だが, このデータをダウンロードして活用いただけば, 任意のヒト遺伝子の注目度合いを推し量ることができる. 具体的な方法に関しては実験医学2021年12月号に掲載された「バイオ DX で発見する見逃されていた低酸素応答性遺伝子 (https://doi.org/10.18958/6949-00001-0000838-00)」も参照いただきたい.

	A	B	C	D	E
1	GeneID	Pubmedcnt	mk	Symbol	description
2	1	31	9952.0	A1BG	alpha-1-B glycoprotein
3	2	272	921.0	A2M	alpha-2-macroglobulin
4	3	6	19233.0	A2MP1	alpha-2-macroglobulin pseudogene 1
5	9	245	1059.0	NAT1	N-acetyltransferase 1
6	10	704	228.0	NAT2	N-acetyltransferase 2
7	11	5	19942.0	NATP	N-acetyltransferase pseudogene
8	12	198	1444.0	SERPINA3	serpin family A member 3
9	13	28	10668.0	AADAC	arylacetamide deacetylase
10	14	43	7802.0	AAMP	angio associated migratory cell protein
11	15	42	7963.0	AANAT	aralkylamine N-acetyltransferase
12	16	72	4811.0	AARS1	alanyl-tRNA synthetase 1
13	17	2	24500.0	AAVS1	adeno-associated virus integration site 1
14	18	45	7492.0	ABAT	4-aminobutyrate aminotransferase
15	19	753	203.0	ABCA1	ATP binding cassette subfamily A member 1

図3　Number of publications per human gene
https://doi.org/10.6084/m9.figshare.14140850.v1より.

　本書では「論文に出る300遺伝子」の概要がまとめられているので，各遺伝子についてID検索することなくすばやく要点を把握できるが，gene2pubmedに含まれているIDについて詳細情報を入手したい場合は，次の**図4〜6**のようにIDやURLを入力すると検索できるので，必要に応じてお試しいただきたい．

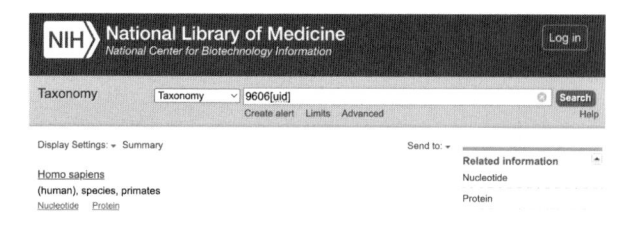

図4　tax_id：9606
https://www.ncbi.nlm.nih.gov/taxonomy/?term＝9606

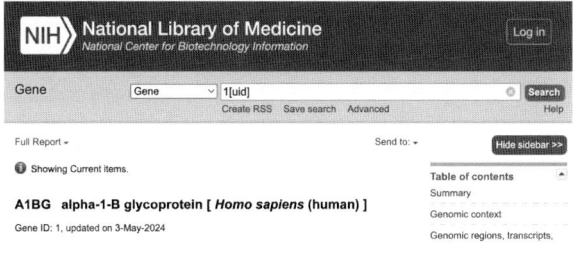

図5　GeneID：1

https://www.ncbi.nlm.nih.gov/gene/?term = 1

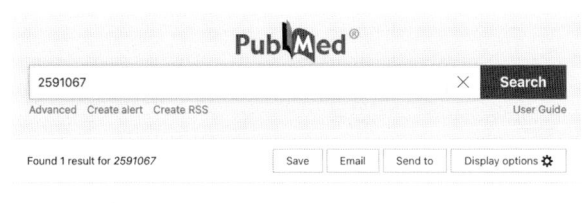

> Clin Genet. 1989 Dec;36(6):415-8.

Linkage between alpha 1B-glycoprotein (A1BG) and Lutheran (LU) red blood group system: assignment to chromosome 19: new genetic variants of A1BG

H Eiberg [1], M L Bisgaard, J Mohr

Affiliations + expand
PMID: 2591067

図6　PubMed_ID：2591067

https://pubmed.ncbi.nlm.nih.gov/2591067/

本書の構成

1〜100位は1ページに1遺伝子，101〜300位は1ページに2遺伝子のペースで，ヒトの主要な遺伝子を一気見できるようになっています．

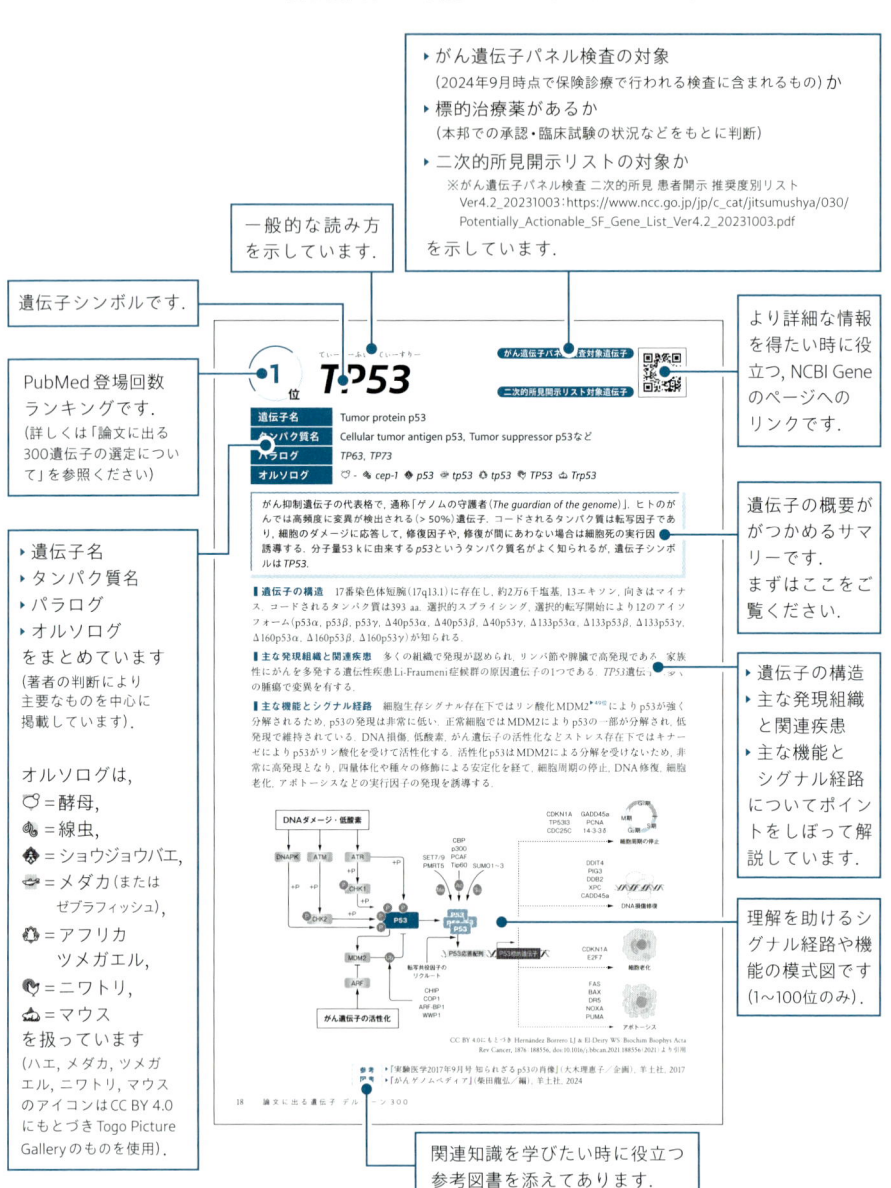

▶ がん遺伝子パネル検査の対象
（2024年9月時点で保険診療で行われる検査に含まれるもの）か
▶ 標的治療薬があるか
（本邦での承認・臨床試験の状況などをもとに判断）
▶ 二次的所見開示リストの対象か
※がん遺伝子パネル検査 二次的所見 患者開示 推奨度別リスト Ver4.2_20231003：https://www.ncc.go.jp/jp/c_cat/jitsumushya/030/Potentially_Actionable_SF_Gene_List_Ver4.2_20231003.pdf
を示しています．

一般的な読み方を示しています．

遺伝子シンボルです．

より詳細な情報を得たい時に役立つ，NCBI Geneのページへのリンクです．

PubMed登場回数ランキングです.（詳しくは「論文に出る300遺伝子の選定について」を参照ください）

遺伝子の概要がつかめるサマリーです．まずはここをご覧ください．

▶ 遺伝子名
▶ タンパク質名
▶ パラログ
▶ オルソログ
をまとめています
（著者の判断により主要なものを中心に掲載しています）．

オルソログは，
🦠=酵母，
🐛=線虫，
🪰=ショウジョウバエ，
🐟=メダカ（またはゼブラフィッシュ），
🐸=アフリカツメガエル，
🐔=ニワトリ，
🐭=マウス
を扱っています
（ハエ，メダカ，ツメガエル，ニワトリ，マウスのアイコンはCC BY 4.0にもとづき Togo Picture Gallery のものを使用）．

▶ 遺伝子の構造
▶ 主な発現組織と関連疾患
▶ 主な機能とシグナル経路についてポイントをしぼって解説しています．

理解を助けるシグナル経路や機能の模式図です（1〜100位のみ）．

関連知識を学びたい時に役立つ参考図書を添えてあります．

論文に出る遺伝子

デルジーン

1 位

100 位

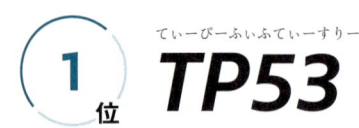

1位 TP53

てぃーぴーふぃふてぃーすりー

遺伝子名	Tumor protein p53
タンパク質名	Cellular tumor antigen p53, Tumor suppressor p53など
パラログ	*TP63, TP73*
オルソログ	🐛 - 🪱 *cep-1* 🦐 *p53* 🐟 *tp53* 🐸 *tp53* 🐔 *TP53* 🐭 *Trp53*

がん抑制遺伝子の代表格で, 通称「ゲノムの守護者(*The guardian of the genome*)」. ヒトのがんでは高頻度に変異が検出される(> 50%)遺伝子. コードされるタンパク質は転写因子であり, 細胞のダメージに応答して, 修復因子や, 修復が間にあわない場合は細胞死の実行因子を誘導する. 分子量53 kに由来する*p53*というタンパク質名がよく知られるが, 遺伝子シンボルは*TP53*.

■ **遺伝子の構造** 17番染色体短腕(17q13.1)に存在し, 約2万6千塩基, 13エキソン, 向きはマイナス. コードされるタンパク質は393 aa. 選択的スプライシング, 選択的転写開始により12のアイソフォーム(p53α, p53β, p53γ, Δ40p53α, Δ40p53β, Δ40p53γ, Δ133p53α, Δ133p53β, Δ133p53γ, Δ160p53α, Δ160p53β, Δ160p53γ)が知られる.

■ **主な発現組織と関連疾患** 多くの組織で発現が認められ, リンパ節や脾臓で高発現である. 家族性にがんを多発する遺伝性疾患Li-Fraumeni症候群の原因遺伝子の1つである. *TP53*遺伝子は多くの腫瘍で変異を有する.

■ **主な機能とシグナル経路** 細胞生存シグナル存在下ではリン酸化MDM2▶49位によりp53が強く分解されるため, p53の発現は非常に低い. 正常細胞ではMDM2によりp53の一部が分解され, 低発現で維持されている. DNA損傷, 低酸素, がん遺伝子の活性化などストレス存在下ではキナーゼによりp53がリン酸化を受けて活性化する. 活性化p53はMDM2による分解を受けないため, 非常に高発現となり, 四量体化や種々の修飾による安定化を経て, 細胞周期の停止, DNA修復, 細胞老化, アポトーシスなどの実行因子の発現を誘導する.

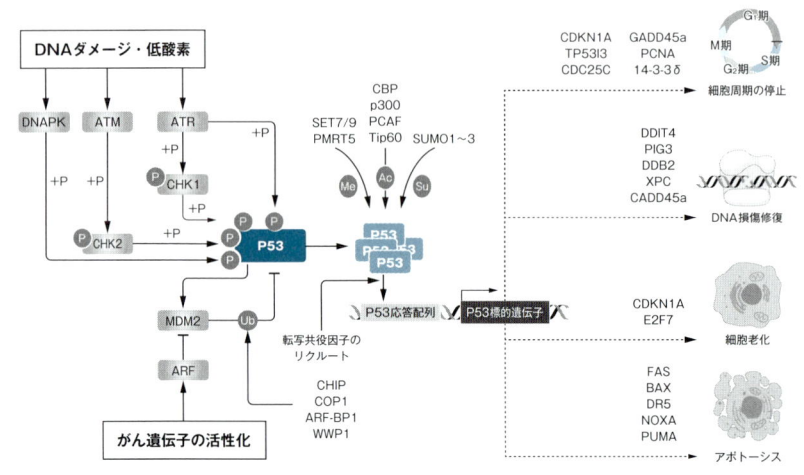

CC BY 4.0にもとづき Hernández Borrero LJ & El-Deiry WS：Biochim Biophys Acta Rev Cancer, 1876：188556, doi:10.1016/j.bbcan.2021.188556(2021)より引用

参考図書
▶『実験医学2017年9月号 知られざる p53の肖像』(大木理恵子／企画), 羊土社, 2017
▶『がんゲノムペディア』(柴田龍弘／編), 羊土社, 2024

2位 EGFR

いーじーえふあーる

がん遺伝子パネル検査対象遺伝子
標的治療薬あり

遺伝子名	Epidermal growth factor receptor
タンパク質名	EGFR, ERBB1, HER1, ERRPなど
パラログ	*ERBB2, ERBB4, ERBB3*など
オルソログ	○ - 🐭 *let-23* 🐝 *Egfr* 🐟 *egfra* 🦠 *egfr* 🐵 *EGFR* 🐀 *Egfr*

クラスⅠ受容体型チロシンキナーゼに属する上皮成長因子（EGF）の受容体として機能する．細胞の増殖や分化を制御する重要な役割を担っている．上皮系の細胞だけでなく，間葉系，神経系の細胞においても発現して，機能する．ホモ二量体形成に加えて，*ERBB2*（HER2）[16位]や*ERBB4*（HER4）とのヘテロ二量体を形成する．EGFRを標的としたチロシンキナーゼ阻害剤ゲフィチニブやリガンド結合部位を標的とした抗体医薬セツキシマブが臨床で用いられている．

▎遺伝子の構造　7番染色体短腕のセントロメア付近（7p11.2）．約19万塩基．コードされるタンパク質は1,210 aa．

▎主な発現組織と関連疾患　胎盤，皮膚，甲状腺などで発現が高い．肺，乳腺，食道など，幅広い組織で発現する．点変異や転座などによって構造変化し，がん遺伝子として機能する．またエキソン19の欠失変異も有名であり，がん細胞の増殖や進展に寄与する．肺がんなどのドライバー遺伝子として機能し，さまざまながんにおいて過剰発現が確認されている．新生児の炎症性皮膚，腸疾患などにも関与する．

▎主な機能とシグナル経路　受容体型チロシンキナーゼであり，リガンドであるEGF[239位]，HB-EGF，TGF-α[7位]，Amphiregulin（AREG）などと結合し，二量体化し，自己リン酸化を行う．GRB2[180位]を介してRAS-MAPK経路[21位]を活性化させる．他にも，PI3K-AKT経路[10位]，JAK-STAT経路[12位]などを活性化させる．

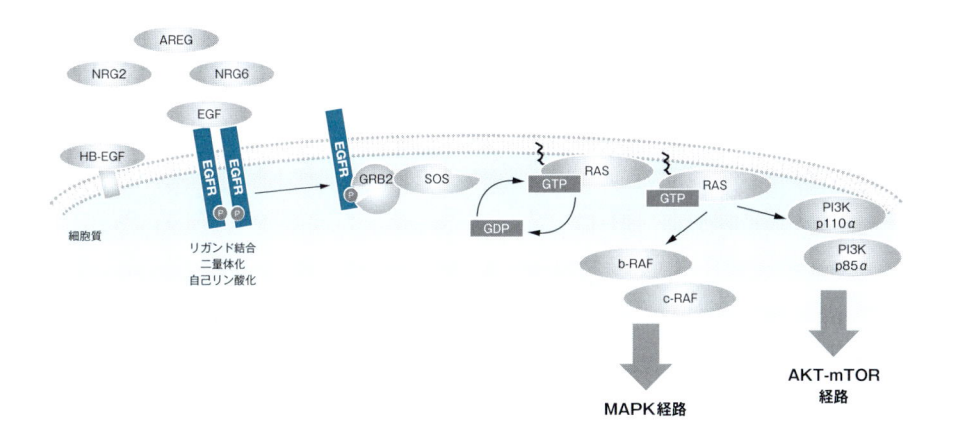

参考図書
▸Sharma SV, et al：Nat Rev Cancer, 7：169-181, doi:10.1038/nrc2088（2007）
▸Reuter CW, et al：Br J Cancer, 96：408-416, doi:10.1038/sj.bjc.6603566（2007）

TNF
てぃーえぬえふ

3位

遺伝子名	Tumor necrosis factor
タンパク質名	TNF, TNF-α
パラログ	*TNFSF14, TNFSF15, FASLG, LTA, LTB* など
オルソログ	⬡ - 🐟 - 🐦 - *tnfa, tnfb* 🐸 *tnf* 🐭 - 🐀 *Tnf*

> TNFスーパーファミリーのサイトカインで，活性化マクロファージ，B細胞，T細胞，NK細胞などが分泌する．アポトーシス誘導，炎症惹起に働く．細胞膜結合型と可溶型がある．可溶性TNFに結合する中和抗体が関節リウマチなどの治療に用いられている．

▌遺伝子の構造　6番染色体の短腕に存在．約2千8百塩基・4エキソン．コードされるタンパク質は233 aa．細胞膜結合型としてつくられ，TNF変換酵素により切断されて遊離する．三量体として働く．

▌主な発現組織と関連疾患　血液，リンパ節や脾臓で高発現．さまざまな自己免疫疾患，肝臓の線維化，インスリン抵抗性の上昇，がんの悪液質などにかかわる．

▌主な機能とシグナル経路　三量体TNFが受容体であるTNFR1[▶227位, 234位]に結合すると，TNFR1の細胞内部分のdeath domainにTRADDが会合し，FADDやRIPK1を介してカスパーゼを活性化し，細胞のアポトーシスを誘導する．さらに，TRADDにTRAFが会合し，ポリユビキチン化されたRIPK1がTAK-1の活性化を通してIKKを活性化，NF-κB[▶15位]の転写活性を誘導して細胞の活性化をもたらす経路もある．TNFはマクロファージの腫瘍傷害活性を強めるほか，血管内皮細胞の接着分子の表出を強めて好中球を粘着させ，血栓を形成させたり，好中球やリンパ球の活性化，線維芽細胞の増殖誘導をもたらしたり，骨髄の造血を抑制したりする．

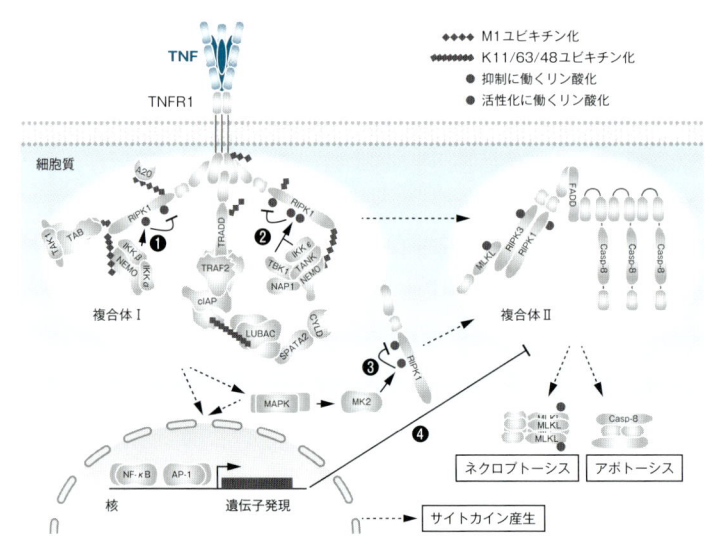

参考図書	▶『サイトカイン・増殖因子キーワード事典』（宮園浩平 他／編），羊土社, 2015

4位 IL6

あいえるしっくす　または　いんたーろいきんしっくす

遺伝子名	Interleukin 6
タンパク質名	IL-6
パラログ	-
オルソログ	🐟 - 🦠 - 🐜 - 🐢 - 🐸 - 🐁 IL6 🐘 Il6

炎症性サイトカインの1つ．T細胞，B細胞，単球，線維芽細胞，ケラチノサイト，内皮細胞，メサンギウム細胞，脂肪細胞などが産生し，B細胞の抗体産生細胞への分化，炎症による急性期反応や血小板生成，骨吸収の促進などにかかわる．抗IL-6受容体モノクローナル抗体が抗リウマチ薬として実用化されている．

▌遺伝子の構造　7番染色体の短腕に存在．約4千8百塩基・5エキソン．コードされるタンパク質は212 aa.

▌主な発現組織と関連疾患　肺，脂肪組織，リンパ節などに高発現．関節リウマチなどの自己免疫疾患や糖尿病，がんに関与する．特発性多中心性キャッスルマン病では高IL-6血症がみられる．

▌主な機能とシグナル経路　IL-6が膜結合型IL-6受容体（IL-6R）と結合すると，gp130のホモ二量体が誘導され，JAK2[65位]がそれに会合し，gp130をリン酸化する．リン酸化gp130にはSTAT3[12位]，STAT1[133位]が会合して活性化し，Bcl-2[44位]を介するアポトーシス阻止や，Cdc25Aを介する細胞周期のG1期からS期への進行を促進する．リン酸化gp130にはSHP2[186位]も会合し，MAPK経路[41位]やPI3K-AKT経路[10位]によって細胞を活性化させる．IL-6は可溶型のIL-6R（sIL-6R）とも結合する（トランスシグナル経路）．

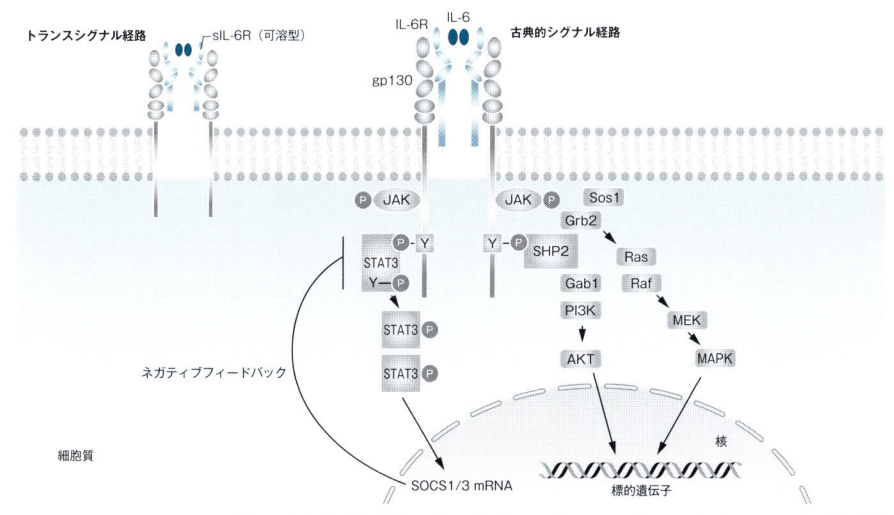

CC BYにもとづづき Khaledi M, et al：Front Med (Lausanne), 9：961027, doi:10.3389/fmed.2022.961027（2022）より引用

参考図書　▶『サイトカイン・増殖因子キーワード事典』（宮園浩平 他／編），羊土社，2015

5位 VEGFA
ぶいーじーえふえー

遺伝子名	Vascular endothelial growth factor A
タンパク質名	Vascular endothelial growth factor A, long form（VEGFA）
パラログ	*VEGFB, VEGFC, VEGFD, PGF*
オルソログ	🐛 - 🐝 - 🐜 - 🐟 *vegfab* 🐸 *vegfa* 🐔 *VEGFA* 🐭 *Vegfa*

VEGF は血管内皮細胞増殖因子である．そのなかの1つ VEGFA は膜貫通型の受容体型チロシンキナーゼ VEGFR1[▶226位]および VEGFR2[▶138位]のリガンドであり，結合により受容体を活性化することで血管内皮細胞の増殖と遊走の誘導，血管透過性が亢進し，血管新生が促進される．正常な血管新生にもかかわるが，がんにおいては腫瘍血管の新生や転移などの悪性化にも寄与している．

■**遺伝子の構造**　6番染色体短腕（6p21.1）に存在し，約1万6千塩基，9エキソン．向きはプラス．コードされるタンパク質は395 aa．スプライシングの変化により，$VEGFA_{121}$，$VEGFA_{145}$，$VEGFA_{148}$，$VEGFA_{165}$，$VEGFA_{183}$，$VEGFA_{189}$，$VEGFA_{206}$ などのアミノ酸残基数が名称としてついたバリアントが報告されているおり，そのなかでも $VEGFA_{165}$ が生体内に最も多く存在し，血管新生作用が強いと考えられている．

■**主な発現組織と関連疾患**　多くの組織で発現が認められるが，特に甲状腺で高発現である．VEGFA は血管新生にかかわることから，がんのみならず，関節リウマチ，動脈硬化，網膜症などの疾患との関連が報告されている．

■**主な機能とシグナル経路**　VEGF は血管新生にかかわる増殖因子である．血管内皮細胞膜上に発現している VEGFR にリガンドとして結合することにより，受容体の二量体化を引き起こす．そこで細胞内の PLCγ の活性化が誘導され，細胞増殖が引き起こされる．また，MAPK 経路[▶41位]の活性化や，PI3K 経路[▶41位]にも関与する．

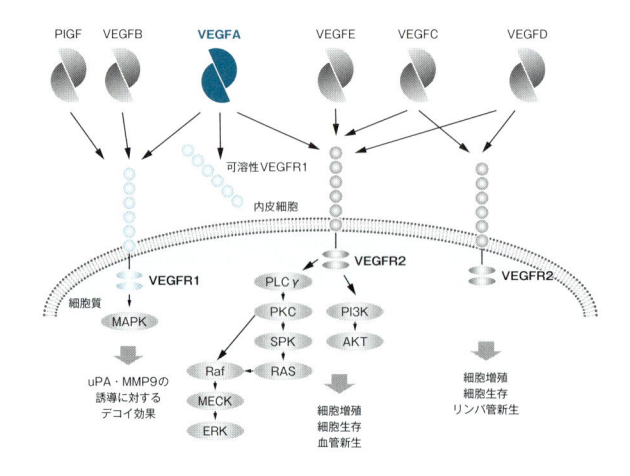

 参考図書
▶『実験医学2019年12月号 がん免疫の効果を左右する腫瘍血管と免疫環境』高倉伸幸／企画），羊土社，2019
▶『がんの分子標的と治療薬事典』（西尾和人・西條長宏／編），羊土社，2010

APOE

6位 あぽいー

遺伝子名	Apolipoprotein E
タンパク質名	Apolipoprotein E（ApoE）
パラログ	*APOA1, APOA4, APOA5*
オルソログ	🐁 - 🐀 - 🐹 - 🐟 *Apoea* 🐸 *apoe* 🐦 - 🐢 *Apoe*

最も強いアルツハイマー病の感受性遺伝子. ε4アレルは発症リスクを高め, ε2アレルは発症リスクを下げる. コードされるタンパク質は脂質の輸送を担うリポタンパク質の構成成分であり, 家族性Ⅲ型高脂血症やリポタンパク質糸球体症とも関連する.

▌遺伝子の構造　19番染色体の長腕に存在. 約3千6百塩基, 4エキソン. コードされるタンパク質は317 aa. エキソン4に位置する2つのSNP（rs7412, rs429358）により, ε2, ε3, ε4の3つのアレルが存在する.

▌主な発現組織と関連疾患　主に肝臓, 腎臓に発現する. コードされるタンパク質はリポタンパク質の構成成分であり脂質の輸送を担う. ε2アレルや*APOE*変異は家族性Ⅲ型高脂血症やリポタンパク質糸球体症と関連する. 中枢神経系にも発現し, ε4アレルはアルツハイマー病の発症と強く関連する.

▌主な機能とシグナル経路　APOEタンパク質は主に肝臓で産生され, コレステロールやトリグリセリドを輸送する超低比重リポタンパク質（VLDL）の成分として分泌される. 中枢神経系でのコレステロール輸送にはAPOEを含むリポタンパク質は特に重要であるとされているが, ε4アレルはその機能が低くアルツハイマー病を引き起こす.

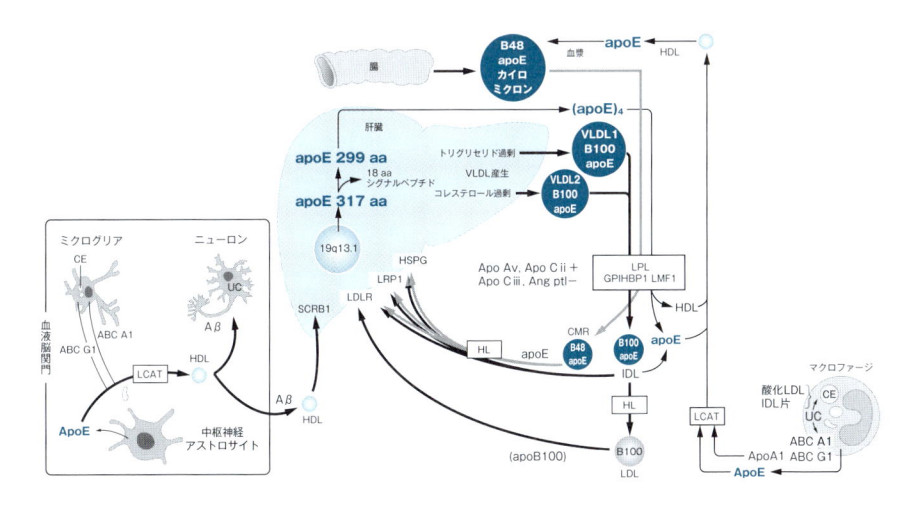

Marais AD：Curr Atheroscler Rep, 23：34, doi:10.1007/s11883-021-00933-4（2021）より引用

参考図書 ▶『医学のあゆみ アルツハイマー病 ― 研究と治療の最前線』（岩坪 威／企画）, 医歯薬出版, 2023

7位 *TGFB1*

てぃーじーえふべーたわん

遺伝子名	Transforming growth factor beta 1
タンパク質名	TGF-β1
パラログ	*TGFB2, TGFB3, BMP6, BMP7*など
オルソログ	🐛 - 🐝 - 🪰 *daw* 🐟 *tgfb1a, tgfb1b* 🐸 *tgfb1* 🐔 *TGFB1* 🐁 *Tgfb1*

TGF-βスーパーファミリーに属するサイトカイン. 血小板, 骨細胞, 胸腺上皮細胞, 樹状細胞, マクロファージ, 単球, リンパ球などが産生し, 細胞増殖と細胞分化を制御する. がんの進展においては増殖抑制, 上皮間葉転換の促進, 浸潤・転移促進, 線維化の誘導を行う.

▌遺伝子の構造　19番染色体の長腕に存在. 約2万4千塩基・7エキソン. コードされるタンパク質は390 aaだが, タンパク質分解を経てC末端領域の112 aaからなる成熟型TGF-β分子となり, ホモ二量体化する. パラログに*TGFB2, TGFB3*がある.

▌主な発現組織と関連疾患　脳, 心臓, 腎臓, 肝臓, 骨などさまざまな組織に発現する. *TGFB1*の受容体遺伝子の変異は遺伝性の結合織疾患であるロイス・ディーツ症候群の原因となる.

▌主な機能とシグナル経路　TGF-βが結合する受容体TGF-βR1, TGF-βR2はセリン／スレオニンキナーゼである. TGF-βR1によって活性化されたSmad2[287位]とSmad3[158位]はSmad4[191位]と結合し, 形成されたSmad複合体は核移行して標的遺伝子の転写を調節する. Smadを活性化する古典的TGF-βシグナル経路に加えて, Ras/RAF/MEK/ERK経路やPI3K/AKT経路を活性化する非古典的TGF-βシグナル経路も知られている.

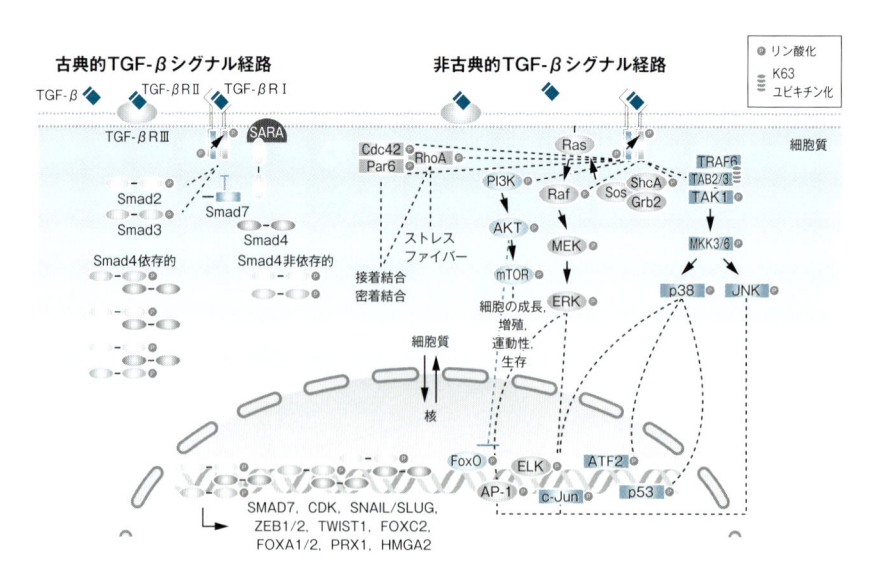

CC BYにもとづき Trelford CB, et al: Front Mol Biosci, 9: 991612, doi:10.3389/fmolb.2022.991612 (2022) より引用

 参考図書　▶『シグナル伝達キーワード事典』(山本 雅 他／編), 羊土社, 2012

MTHFR

8位

えむてぃえいちえふあーる

遺伝子名	Methylenetetrahydrofolate reductase
タンパク質名	Methylenetetrahydrofolate reductase（NADPH）など
パラログ	MTR, UROD, BHMT, BHMT2
オルソログ	🐟 MET12 🐛 mthf-1 🦟 CG7560 🐟 mthfr 🐸 mthfr 🐭 MTHFR 🐁 Mthfr

> MTHFRは，5,10-メチレンテトラヒドロ葉酸から5-メチルテトラヒドロ葉酸への変換を触媒する酵素であるメチレンテトラヒドロ葉酸還元酵素をコードする．この反応は，ホモシステインのメチオニンへの再メチル化を促進し，DNAのメチル化に必要なメチル基の供給に関与している．C677TとA1298Cの2つの変異がよく知られており，特にC677Tの変異による酵素活性の低下が，動脈硬化や脳梗塞などの疾患と関連があるとされている．

▌**遺伝子の構造**　1番染色体の短腕（p36.22）に存在，約2万塩基・12エキソン．コードされるタンパク質は656 aa．N末端にセリンリッチなリン酸化領域があり，真核生物ではC末端にSAM（S-adenosylmethionine）結合ドメインをもつ．

▌**主な発現組織と関連疾患**　広範な組織で発現している．ホモシスチン尿症III型（指定難病）の原因遺伝子であり，動脈硬化，脳梗塞などとも関連しているとされる．

▌**主な機能とシグナル経路**　5,10-メチレンテトラヒドロ葉酸（THF）から5-メチルテトラヒドロ葉酸への変換を触媒する．5-メチルテトラヒドロ葉酸は，ホモシステイン（Hcy）からメチオニン（Met）への変換で使用される．MTHFRのC677T変異により，酵素活性が低下し，高ホモシステイン血症をきたすことが知られ，これが動脈硬化や脳梗塞などの素因となると考えられている．

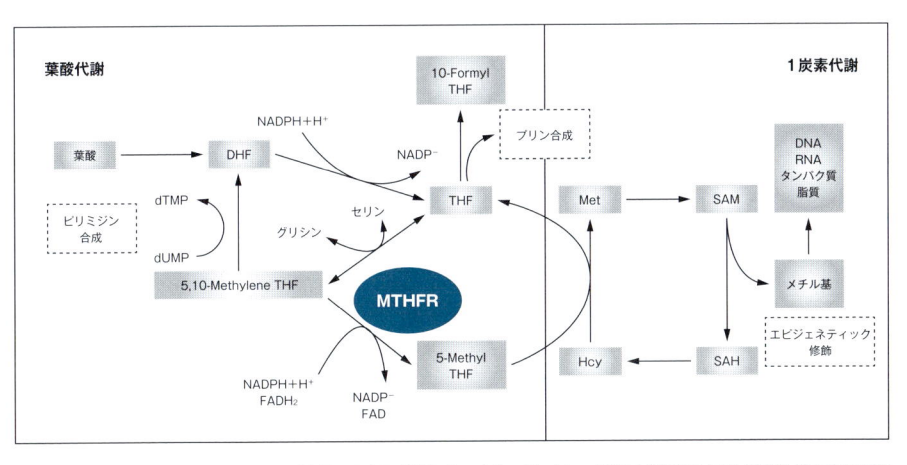

CC BY 4.0にもとづきWan L, et al：Transl Psychiatry, 8：242, doi:10.1038/s41398-018-0276-6（2018）より引用

参考図書
▶湯浅直樹 他：メチレンテトラヒドロ葉酸還元酵素（MTHFR）遺伝子異常による若年性脳梗塞の1例，臨床神経，48：422-425（2008）
▶橋本隆男 他：ホモシステイン代謝，薬学雑誌，127：1579-1592（2007）

9位 *HIF1A*
ひふわんえー

遺伝子名	Hypoxia inducible factor 1 subunit alpha
タンパク質名	HIF-1α
パラログ	*HIF2A（EPAS1）, HIF3A*
オルソログ	🐛 - 🐝 *hif-1* 🐟 *sima* 🐭 *hif1aa* 🐸 *hif1a* 🐦 *HIF1A* 🐁 *Hif1a*

> *HIF1A* は低酸素誘導因子ともよばれ, 酸素濃度が低下（低酸素）時にタンパク質の安定性が向上し核内へ移行する, さまざまな低酸素応答遺伝子の発現を誘導する転写因子であり, 2019年のノーベル生理学・医学賞の受賞対象となった因子でもある.

▌**遺伝子の構造**　14番染色体長腕（q23.2）に存在. 約5万3千塩基・13エキソン. コードされるタンパク質は826 aa. N端側にbHLHドメインとPASドメイン, C端側に転写活性化ドメインが存在する.

▌**主な発現組織と関連疾患**　全身で発現し, 特に骨髄で高発現. 腫瘍の成長と進行, von Hippel-Lindau症候群, 虚血性心疾患に関連している.

▌**主な機能とシグナル経路**　通常酸素濃度下ではHIF-1αの転写活性化メインのプロリン残基が水酸化されることによりVHL[190位]に認識されユビキチン化を受けた後, プロテアソーム系により分解される. 低酸素状態ではプロリンが水酸化されず, HIF-1αは核へ移行する. 核内に移行したHIF-1αはArnt（HIF-1β）とヘテロ二量体を形成し, 標的遺伝子上のhypoxia response element（HRE）に結合して転写を活性化する.

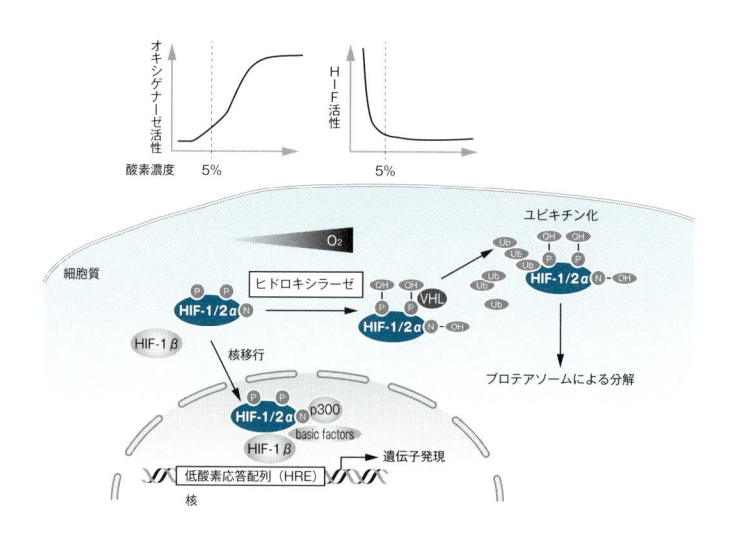

Hirota K : J Anesth, 35 : 741-756, doi:10.1007/s00540-021-02940-w（2021）より引用

参考図書　▶中山　恒・広田喜一・南嶋洋司 : 2019年ノーベル生理学・医学賞解説レビュー 低酸素応答の開拓者3氏の功績を綴る. 実験医学, 37 : 3247-3252（2019）

AKT1

えーけーてぃーわん

10位

遺伝子名	AKT serine/threonine kinase 1
タンパク質名	AKT, PKB, RAC など
パラログ	*AKT3, AKT2, PRKCQ, PRKCD, PDPK1*
オルソログ	*SCH9* 🍞 *akt-1, akt-2* 🪱 *Akt1* 🪰 *akt1* 🐟 *akt1* 🐭 *AKT1* 🐁 *Akt1*

セリン/スレオニンキナーゼであるプロテインキナーゼB（PKB）として知られ，グルコース代謝やアポトーシス，細胞増殖，細胞遊走などさまざまな細胞プロセスに寄与する．PI3K-AKT-mTOR経路[33位]における重要な遺伝子である．AKTに対する阻害剤の開発は，がんをはじめとするさまざまな疾患の治療薬として期待されており，2024年カピバセルチブがはじめて承認された．

▌**遺伝子の構造**　14番染色体長腕の末端付近（14p32.23）．約2万6千塩基．コードされるタンパク質は480 aa.

▌**主な発現組織と関連疾患**　*AKT1, AKT2, AKT3*と3つのパラログが存在し，*AKT1*はほぼすべての組織で幅広く発現する．AKTそのものに遺伝子変異が起きることは少ないが，がん細胞の生存シグナルにおいて中心的な役割を果たす．Cowden症候群/PTEN過誤腫症候群などにも関与し，*AKT1*のモザイク活性化変異はプロテウス症候群と関連する．

▌**主な機能とシグナル経路**　Pleckstrin Homology（PH）とよばれるホスファチジルイノシトールと結合するドメインを有する．AKTのPHドメインはPIP₃またはPI（3, 4）Pに結合する．PHドメインによる結合を介して正しく膜に配置されたAKTはPDPK1やmTORC2などによってリン酸化されることで，活性化する．活性化したAKTはセリン/スレオニンキナーゼ活性を有し，TSC1/2，FOXO[241位]，GSK-3[81位]などさまざまな基質をリン酸化することで下流シグナルを制御する．

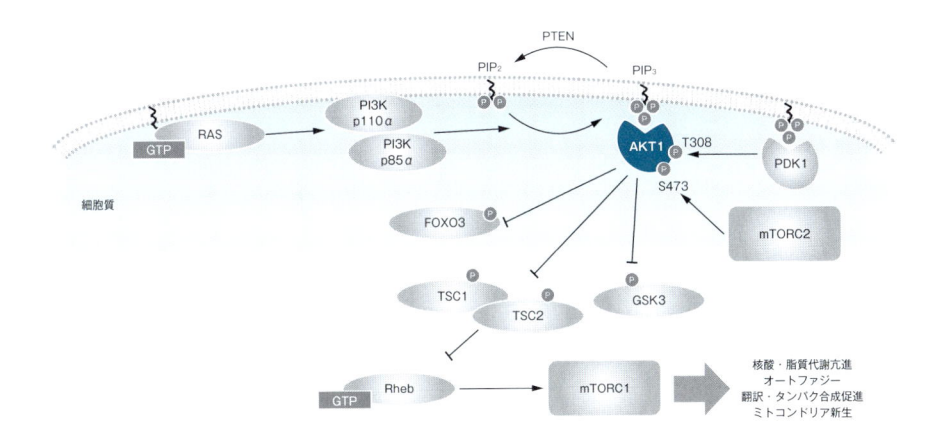

参考図書
▸ Hoxhaj G & Manning BD：Nat Rev Cancer, 20：74-88, doi:10.1038/s41568-019-0216-7（2020）
▸ He Y, et al：Signal Transduct Target Ther, 6：425, doi:10.1038/s41392-021-00828-5（2021）

11位

いーえすあーるわん
ESR1

遺伝子名	Estrogen receptor 1, NR3A1
タンパク質名	ESR1, Estrogen receptor, ERα
パラログ	*PGR, NR3C1, ESRRB, ESR2, NR3C2, AR, ESRRA, ESRRG*
オルソログ	♔ - 🐭 - 🐛 *ERR* 🐟 *esr1* 🦗 *esr1* 🐔 *ESR1* 🐀 *Esr1*

*ESR1*は*NR3A1*としても知られている核内受容体遺伝子で，ERαをコードする．エストロゲン受容体の主要な2つのタイプのうちの1つであり，もう1つは*ESR2*（*NR3A2*）[▶110位]である．エストロゲン受容体は女性ホルモンであるエストロゲンによって活性化されるリガンド活性化転写因子である．

▌**遺伝子の構造** 6番染色体長腕（q25.1-q25.2）に存在．約47万塩基・8エキソン．コードされるタンパク質は595 aa．N末端にリガンド非依存性転写活性化ドメイン，中央にDNA結合ドメイン，ヒンジドメイン，C末端にリガンド依存性転写活性化ドメインをもつ．

▌**主な発現組織と関連疾患** 卵巣や前立腺で高発現が認められており，特に子宮内膜で高発現している．エストロゲン不応症候群に関連している．加えて，エストロゲン受容体陽性がんの一種である乳がんや，骨粗鬆症，心筋梗塞と関連することが報告されている．

▌**主な機能とシグナル経路** 成長，代謝，性発達，妊娠，および他の生殖機能にかかわるさまざまなエストロゲン応答性遺伝子の転写を制御する．古典的なシグナル伝達経路として，エストロゲンの結合により活性化した受容体が二量体を形成し，エストロゲン応答配列（ERE）に直接結合し，標的遺伝子の転写を制御する．また，エストロゲン結合による活性化後に，他の転写因子とのタンパク質間相互作用を介し，受容体が間接的にDNAに結合し転写制御する機構も存在する．リガンド非依存性経路も確認されている．

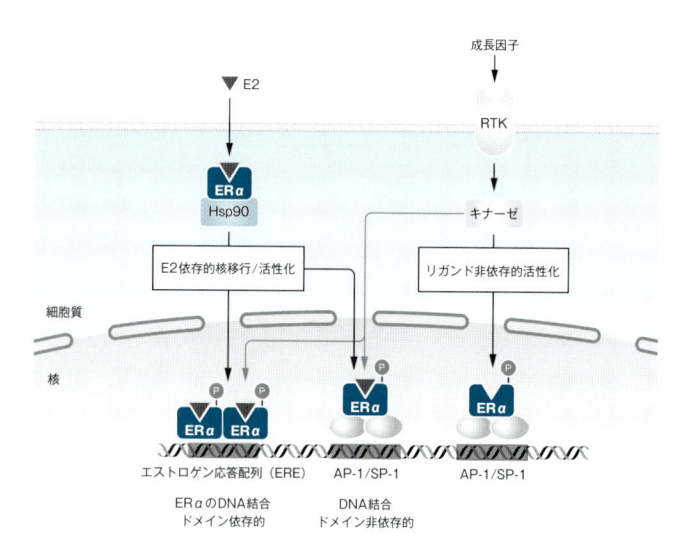

Arnal JF, et al: Physiol Rev, 97: 1045-1087, doi:10.1152/physrev.00024.2016（2017）より引用

参考図書 ▶『シグナル伝達キーワード事典』（山本　雅 他／編）．羊土社．2012

12位 STAT3
すたっとすりー

遺伝子名	Signal transducer and activator of transcription 3
タンパク質名	Signal transducer and activator of transcription 3（STAT3）
パラログ	STAT1, STAT2, STAT4, STAT5A, STAT5B, STAT6
オルソログ	🐱 - 🪱 sta-3 🪰 STAT 🐟 stat3 🐸 stat3 🐭 STAT3 🐒 Stat3

細胞の増殖, 分化, 生存を制御する重要な転写因子をコードする遺伝子. がん組織において STAT3は恒常的に活性化されており, ヒトがんの50％以上でSTAT3の異常が確認される. 活性化されたSTAT3は細胞増殖や血管新生関連遺伝子の発現を促進し, アポトーシス誘導遺伝子の発現を抑制することで, がん細胞の増殖と生存に寄与する.

▌遺伝子の構造　17番染色体の長腕に存在, 約7万5千塩基・24エキソン. コードされるタンパク質は796 aa. スプライシングの変化, あるいはプロモーターの使い分けにより, 主に2つのアイソフォーム（STAT3α, STAT3β）が知られる.

▌主な発現組織と関連疾患　全身で発現し, 特に肝臓と腎臓で高発現. さまざまながんや, 自己免疫疾患, 心血管疾患, 神経変性疾患, 代謝疾患にかかわる.

▌主な機能とシグナル経路　細胞増殖, 分化, アポトーシス, 血管新生, 免疫応答など, さまざまな生物学的機能に関与する. Janus kinase（JAK）/STAT経路, mitogen-activated protein kinase（MAPK）経路, phosphati-dylinositol-3 kinase（PI3K）/Akt経路に関与する. リン酸化されたSTAT3は二量体を形成し, 核内に移行して標的遺伝子の転写を制御する.

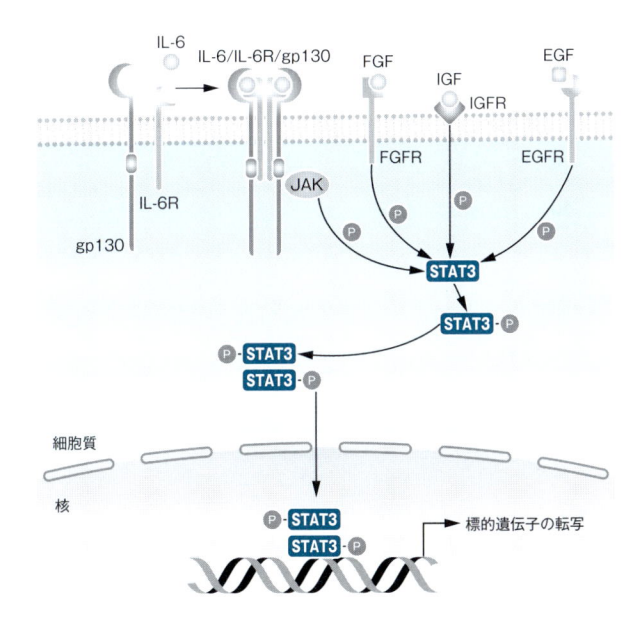

CC BY 4.0にもとづき Ma JH, et al：Cell Commun Signal, 18：33, doi:10.1186/s12964-020-0527-z（2020）より引用

参考図書
▶『細胞の分子生物学 第6版』（ALBERTS 他／編, 中村桂子 他／訳）, ニュートンプレス, 2017
▶『Essential 細胞生物学（原書第5版）』（中村桂子 他／編）, 南江堂, 2021

13位

あいえるてん
IL10

遺伝子名	Interleukin 10（IL-10）
タンパク質名	IL-10
パラログ	IL-19, IL-20, IL-24 , IL-26
オルソログ	🐁 - 🐀 - 🐂 - *il10* 🐸 *IL-10* 🐔 *L-10* 🦎 *L-10*

> 主に単球によって産生され，主に抗炎症反応に関与するサイトカインである．シグナル伝達経路の一種であるJAK/STAT経路を制御し，免疫反応や炎症反応の調節を行う．

▌遺伝子の構造　1番染色体の長腕（q32.1）に存在，約1千6百塩基・5エキソン，コードされるタンパク質は178 aa．7種類のアイソフォーム（IL10-201, IL10-202, IL10-203, IL10-204, IL10-205, IL10-206, IL10-207）が知られている．

▌主な発現組織と関連疾患　全身で発現しているが，特にリンパ節で高発現している．IL-10の変異はHIV-1の感染感受性の増大および関節リウマチに関連している．

▌主な機能とシグナル経路　IL-10はその受容体であるIL-10Rに結合する．IL-10RはIL-10RαとIL-10Rβから構成され，IL-10と結合して相互作用を起こすことによって，細胞内のチロシンキナーゼの一種であるJAK1やTyk2を活性化する．活性化されたJAK1やTyk2がSTAT3[▶12位]のリン酸化を引き起こし，STAT3は核へ移行する．核移行したSTAT3は，抗炎症にかかわる遺伝子の発現を誘導する．例えば，病原体関連分子パターン（PAMPs）とパターン認識受容体（PRR）の相互作用によって誘導される反応を抑制する遺伝子などである．他にも転写抑制因子，クロマチン修飾因子，転写後/翻訳後調節因子をコードする遺伝子も誘導することが知られており，これら一連の下流遺伝子の作用によって，抗炎症が引き起こされることが知られている．IL-10とIL-10RによってSTAT1[▶133位]，STAT5，PI3K[▶67位]-Akt[▶10位]経路などの活性化も引き起こされることも知られている．

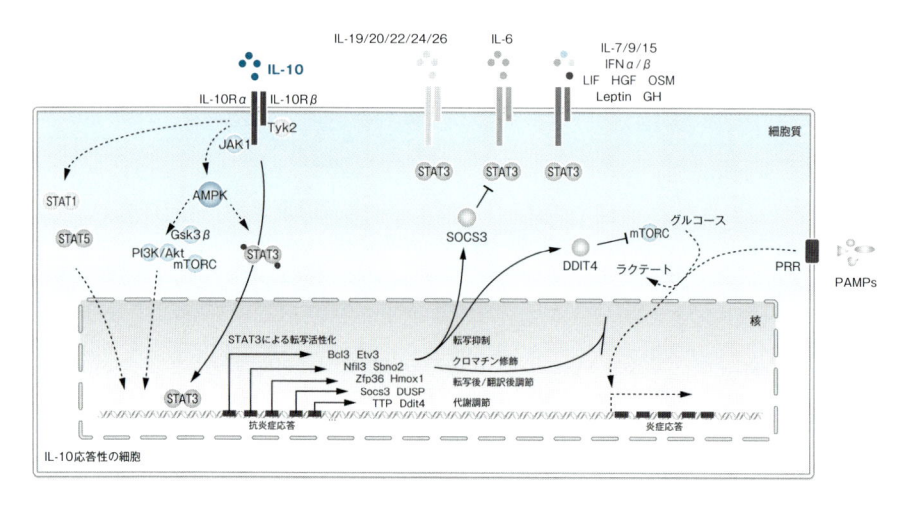

Saraiva M, et al：J Exp Med, 217：e20190418, doi:10.1084/jem.20190418（2020）より引用

参考図書　▶Saraiva M, et al：J Exp Med, 217：e20190418, doi:10.1084/jem.20190418（2020）

14位 BRCA1

ぶるかわん　または　びーあーるしーえーわん

遺伝子名	BRCA1 DNA Repair Associated, FANCS
タンパク質名	Breast cancer type 1 susceptibility protein（BRCA1）
パラログ	-
オルソログ	○ - 🐛 brc-1 🐝 - 🐟 - 🐠 brca1 🐦 BRCA1 🐭 Brca1

DNA修復にかかわるタンパク質と相互作用することで複合体を形成し，ゲノム安定性の維持に寄与している．DNA損傷の検知，クロマチン修飾，転写応答，細胞周期制御などさまざまな過程に関与している．*BRCA1*はがん抑制遺伝子として知られ，その遺伝子変異は乳がんなどの発症リスクとなる．

▌遺伝子の構造　17番染色体の長腕に存在．約8万1千塩基・31エキソン．コードされるタンパク質は1,863 aa. 多数のバリアントが存在している．

▌主な発現組織と関連疾患　*BRCA1*遺伝子の変異は遺伝性の乳がん・卵巣がんの発症リスクとなる．また前立腺がんや男性乳がんの発症にも関与している．

▌主な機能とシグナル経路　BRCA1はDNAの二本鎖切断を検知するMRN複合体と相互作用する．MRN複合体はATM[79位]をリクルートする．活性化したATMはBRCA1のリン酸化を誘導して，DNA損傷部位へリクルートするほか，DNA損傷チェックポイントを活性化する．

　BRCA1はBRCA2と間接的に相互作用しており，BRCA2に結合しているRAD51[221位]がDNAの相同鎖交換反応を担う．

　BRCA1はさまざまなタンパク質と相互作用することで，DNA修復に関係する多様な機能を制御している．E3ユビキチンリガーゼを介してDNA損傷に対する細胞応答を制御し，HDAC[111位, 250位]を介してクロマチン構造を制御している．

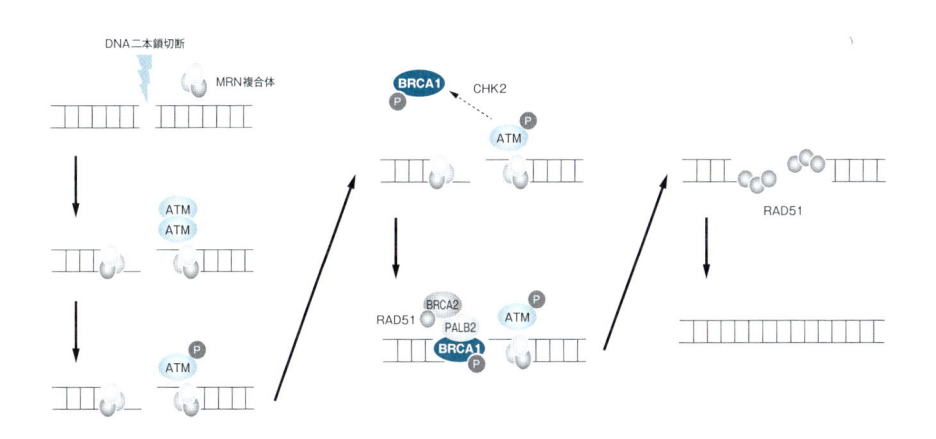

参考図書 ▶『がん生物学イラストレイテッド 第2版』（渋谷正史・湯浅保仁／編），羊土社, 2019

15位 NFKB1
えぬえふけーびーわん

遺伝子名	Nuclear factor kappa B subunit 1
タンパク質名	NF-κBなど
パラログ	NFKB2, NFKB3, NFKBIA, NKHBIB
オルソログ	🐛 NFYB1_YEAST 🐛 nfkb-1 🐝 Relish 🐟 nfkb1 🐸 nfkb1 🐭 nfkb1 🐁 Nfkb1

細胞応答の司令塔として知られる転写因子ファミリー：Nuclear Factor-kappa B（NF-κB）のサブユニットをコードする遺伝子．細胞増殖，免疫応答，炎症反応，アポトーシスなど，生命活動に不可欠な数多くの重要なプロセスを制御する．コードされるタンパク質p105/p50は，二量体形成を介して多彩な遺伝子発現制御を行う．ヒトがん組織の過半数でNFKB1の異常が確認されている．

▌**遺伝子の構造**　14番染色体の長腕に存在，約12万塩基・27エキソン．コードされるタンパク質は1,055 aa．スプライシングの変化，あるいはプロモーターの使い分けにより，主に3つのアイソフォーム（p105, p50, p43）が知られる．

▌**主な発現組織と関連疾患**　全身で発現し，特に免疫系で高発現．NFKB1の発現異常は，いくつかの炎症性疾患，自己免疫疾患，がんなどの疾患に関与する．

▌**主な機能とシグナル経路**　NF-κBは，炎症反応の調節，免疫応答の調節，細胞増殖の調節，細胞死の調節など，さまざまな生物学的機能に関与する重要な転写因子である．Tumor necrosis factor-α（TNF-α）[3位]やinterleukin 1 beta（IL-1β）[18位]などの炎症性サイトカインにより活性化される．また，細菌やウイルスの構造要素を認識する細胞表面受容体Toll-like receptor（TLR）[25位, 74位]により活性化される．

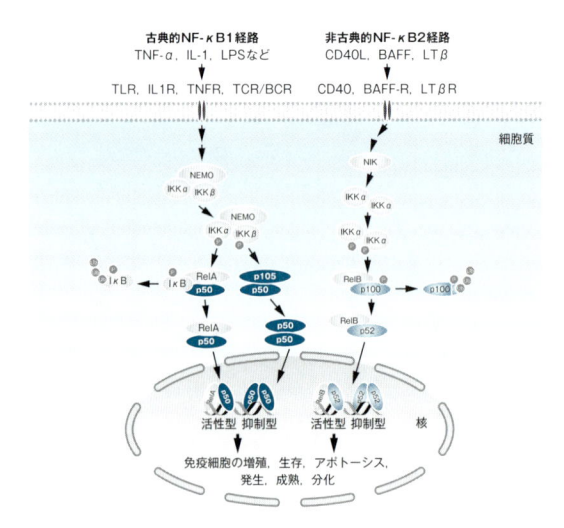

CC BYにもとづきHoeger B, et al：Front Immunol, 8：1978, doi：10.3389/fimmu.2017.01978（2017）より引用

参考図書　▶『細胞の分子生物学 第6版』（ALBERTS 他／編, 中村桂子 他／訳），ニュートンプレス, 2017
▶『Essential細胞生物学（原書第5版）』（中村桂子 他／編），南江堂, 2021

ERBB2
あーぶびーつー

遺伝子名	Erb-B2 receptor tyrosine kinase 2
タンパク質名	HER2, NEU, p185（erbB2），CD340など
パラログ	*EGFR, ERBB4, ERBB3, INSR, ROS1*など
オルソログ	○ - 🐛 *let-23* 🪰 *Egfr* 🐟 *erbb2* 🐸 *Xl.14390* 🐔 *ERBB2* 🐭 *Erbb2*

クラスⅠ受容体型チロシンキナーゼHER2をコードする．オーファン受容体型チロシンキナーゼであり，リガンドは同定されていない．EGFR[2位]と同様に，上皮系の細胞だけでなく，間葉系，神経系危険の細胞においても発現し，細胞の増殖や分化を担っている．特に心臓や神経の発達や維持において重要な役割をもつ．ホモ二量体形成に加えて，*EGFR*（HER1）や*ERBB3*（HER3），*ERBB4*（HER4）とのヘテロ二量体を形成する．このほか，HER2 shedding（分解酵素によって細胞外ドメインが切断されること）によって残った細胞内領域と膜貫通領域からなるHER2断片p95も自己リン酸化によるシグナル活性をもつ．チロシンキナーゼ阻害剤ラパチニブや抗体医薬トラスツズマブが臨床で用いられている．

■**遺伝子の構造**　17番染色体長腕（17p12）．約4万塩基．コードされるタンパク質は1,255 aa.

■**主な発現組織と関連疾患**　腎臓，皮膚，食道，大腸などに発現している．遺伝子増幅や点変異などによって活性化するドライバーがん遺伝子として知られている．17q12 .21領域に存在する*ERBB2*とその近傍遺伝子が同時に遺伝子増幅され，HER2と協調してがんの悪性化に寄与する．乳がん，胃がん，大腸がん，肺がん，卵巣がんなどさまざまながんにおいて過剰発現が確認されているが，必ずしも遺伝子増幅を伴うわけではない．家族性の内臓神経障害などにも関与する．

■**主な機能とシグナル経路**　受容体型チロシンキナーゼであるが，リガンドは同定されていない．EGFRやERBB4などにリガンドが結合したヘテロ二量体化形成，または過剰発現によるホモ二量体形成によって，自己リン酸化を行う．GRB2[180位]を介したRAS-MAPK経路[21位]，PI3K-AKT経路[10位]，JAK-STAT経路[12位]などを活性化させる．

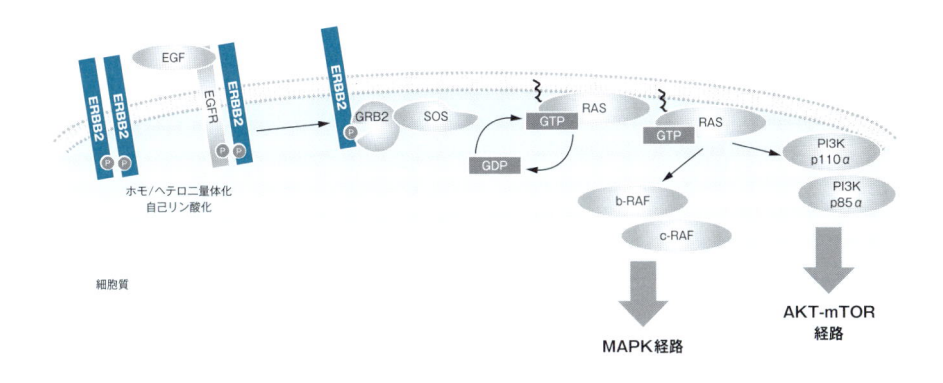

参考図書　▶Wang J & Xu B：Signal Transduct Target Ther, 4：34, doi:10.1038/s41392-019-0069-2（2019）

17位

しーてぃーえぬえぬびーわん
CTNNB1

遺伝子名	CTNNB1
タンパク質名	Catenin beta-1, Beta-catenin
パラログ	*UP, ANKAR, ODAD2, ARMC3*
オルソログ	🐁 - 🐛 *hmp-2* 🐝 *Armadillo* 🐟 *ctnnb1* 🐸 *ctnnb1* 🐔 *CTNNB1* 🐭 *Ctnnb1*

CTNNB1は細胞接着と遺伝子発現調節の2つの機能をもつβ-カテニンをコードする遺伝子である. β-カテニンは細胞接着カドヘリン, α-カテニンと直接結合することで, 細胞接着の制御にかかわる. また, Wntシグナル経路のうちのβ-カテニン経路において, 転写因子TCF[▶216位]/LEFと複合体を形成し, 標的遺伝子の転写の調節にも寄与している.

▌**遺伝子の構造**　3番染色体短腕(3p22.1)に存在し, 約6万5千塩基, 21エキソン, 向きはプラス. コードされるタンパク質は781 aa. 約40アミノ酸からなる3本のαヘリックスを有するArmadillo(ARM)リピート構造をもち, さまざまなタンパク質間相互作用に関与する.

▌**主な発現組織と関連疾患**　多くの組織で発現が認められるが, 膵臓ではやや発現が低い. 遺伝子変異がさまざまながん種でみられる. 多発性石灰化上皮腫の原因遺伝子である.

▌**主な機能とシグナル経路**　Wntシグナル経路は細胞増殖, 分化, 発生など多岐にわたる細胞応答にかかわるシグナル伝達経路であり, β-カテニン経路(古典的経路)とβ-カテニン非依存性経路(非古典的経路)にわかれている. Wntによる刺激がない状態では, β-カテニンはAxin複合体(APC[▶156位]/Axin/GSK-3β[▶81位])とCK1によりリン酸化, さらにユビキチン化されることで分解されている. しかし, Wntによる刺激がある状態では, β-カテニンはリン酸化されず安定化しており, 核内に移行して転写因子TCF/LEFと複合体を形成し, FGF20, DKK1, WISP1, MYC[▶29位], CCND1[▶64位]などの標的遺伝子の発現を亢進させ, 細胞増殖や分化を制御する.

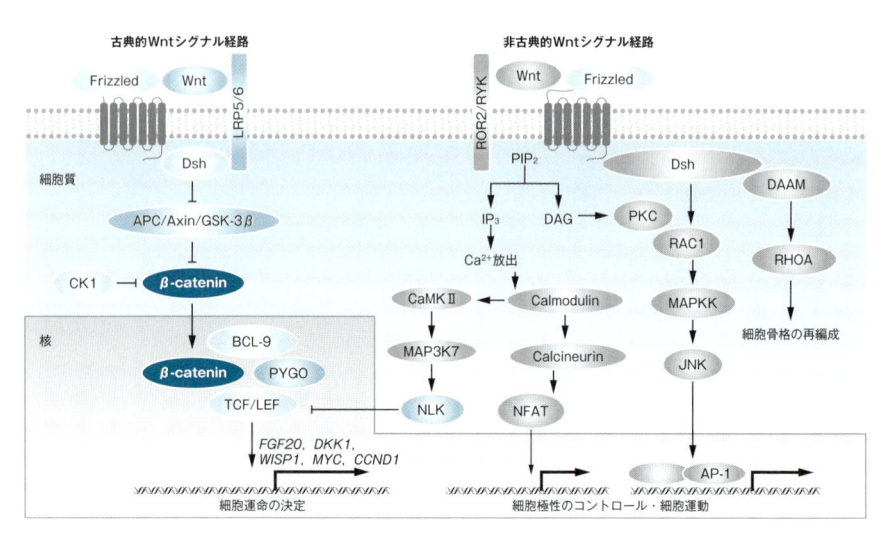

CC BY 4.0にもとづき Ram Makena M, et al: Int J Mol Sci, 20: 4242, doi:10.3390/ijms20174242 (2019) より引用

参考図書　▶『がんゲノムペディア』(柴田龍弘／編), 羊土社, 2024
▶『がん生物学イラストレイテッド 第2版』(渋谷正史・湯浅保仁／編), 羊土社, 2019

18位 IL1B

あいえるわんびー または いんたーろいきんわんびー

遺伝子名	Interleukin 1 beta
タンパク質名	IL-1βなど
パラログ	*IL1F10, IL1RN, IL36A, IL36B, IL36G, IL36RN, IL37*
オルソログ	🐭 - 🐀 - 🐂 - 🐟 il1b 🐸 il1b 🐔 L-1BETA 🐛 Il1b

IL-1ファミリーのサイトカインの1つ. 活性化されたマクロファージ・単球・樹状細胞が産生した前駆タンパク質からカスパーゼ1で生成され, 炎症反応を担う.

▌遺伝子の構造　2番染色体の長腕に存在し, IL-1α[154位], IL-1Ra, IL-36Ra, IL-36α, IL-36β, IL-36γ, IL-37, IL-38とともに遺伝子クラスターを構成する. 約7千塩基・8エキソン. コードされるタンパク質は269 aa.

▌主な発現組織と関連疾患　血液や肺, 皮膚に高発現. 多発性硬化症などの自己免疫疾患のほか, がんや感染症にも関与する.

▌主な機能とシグナル経路　外来性の病原体や内在性因子によりタンパク質複合体であるインフラマソームが活性化されると, カスパーゼ1の活性化を介してIL-1β[18位], IL-18[123位]の分泌やパイロトーシスとよばれるプログラム細胞死が誘導される. IL-1βは好中球, マクロファージの遊走能を高め, 血管内皮細胞や線維芽細胞の増殖を促して, 炎症や血栓生成にかかわるIL-6[16位], IL-8[4位], TNF-α[34位]などを産生・放出させる.

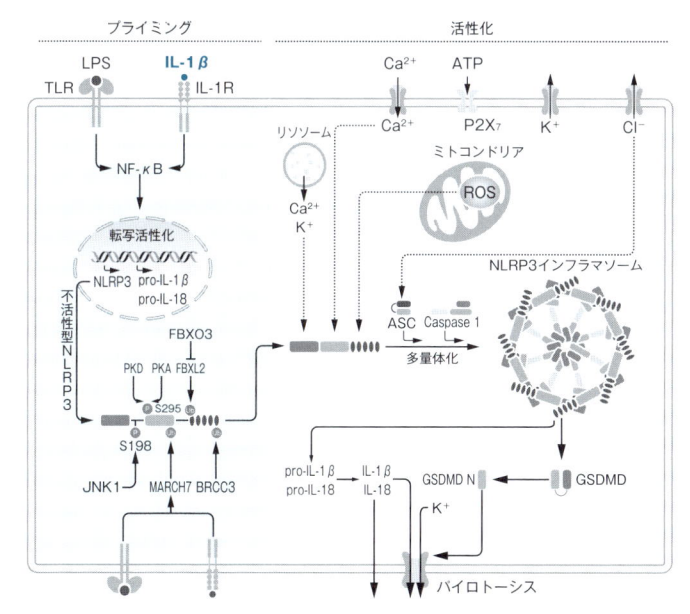

 参考図書　▶『サイトカイン・増殖因子キーワード事典』（宮園浩平 他／編）, 羊土社, 2015

MMP9

えむえむぴーないん

19位

標的治療薬開発中

遺伝子名	Matrix metallopeptidase 9
タンパク質名	MMP9, Gelatinase B, 92kDa gelatinase, 92kDa type Ⅳ collagenase
パラログ	*MMP1〜3/7/8/10〜17/19〜21/23B/24〜28, HPX*
オルソログ	🐟 - 🦠 - 🐝 - 🐛 *mmp9* 🐸 - 🐭 *MMP9* 🐏 *Mmp9*

骨形成・修復に関与する. MMP9ノックアウトマウスでは成長板内の血管形成, 骨化が変化する. 大動脈瘤などの心疾患, がん, リウマチなどの関節炎でMMP9の発現が上昇している.

▌遺伝子の構造 20番染色体長腕に存在. 13エキソンからなる約2千3百塩基のmRNAに転写され, タンパク質は707 aaに翻訳され, 19 aaのシグナル配列, 88 aaのプロペプチド, 触媒ドメイン, ヘモペクシンドメインから構成される. MMP9は92 kDaのプロエンザイムとして分泌され, MMP3によりプロセシングを受けプロドメインが切断され82 kDaの活性型になる. C末端のヘモペクシンドメインの除去, もしくは活性部位の切断で不活化される.

▌主な発現組織と関連疾患 骨髄, 腎臓, 脾臓などで高発現している. がん微小環境では浸潤骨髄細胞, 腫瘍随伴マクロファージ（TAM）, 好中球からサイトカイン, 成長因子で産生誘導される. MMP9のホモ変異により骨幹端異形成症を発症する. MMP9の異常な活性化は多発性硬化症, 脳卒中, てんかん, 脳腫瘍, アルツハイマー病などを引き起こす.

▌主な機能とシグナル経路 Ⅳ, Ⅴ, Ⅵ, ⅩⅣ型コラーゲン, エラスチン, ビトロネクチン, ラミニン, アグリカン, リンクプロテイン, バーシカン, デコリンなどの細胞外マトリクスを分解し, 血管新生, 遊走, 転移, 関節破壊に関与する. TIMP1[▶258位]はMMP9に特に強く結合し, 阻害する.

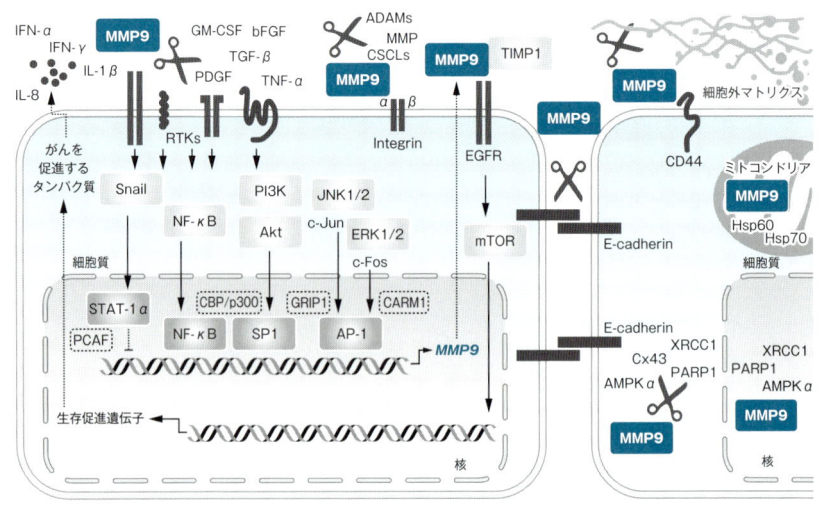

Augoff K, et al：Cancers (Basel), 14：1847, doi:10.3390/cancers14071847（2022）より引用

20位 *APP*

えーぴーぴー

遺伝子名	Amyloid beta precursor protein
タンパク質名	Amyloid beta precursor protein
パラログ	*APLP1*, *APLP2*
オルソログ	- *apl-1* *Appl* *appa, appb* *app* *APP* *App*

アルツハイマー病の原因遺伝子の1つであり，アルツハイマー病の病理学的特徴である老人斑の構成成分であるアミロイドβの前駆体をコードする．アミロイドβの蓄積はアルツハイマー病の病態の中心とされており，アミロイドβに対する初の抗体薬（レカネマブ）が2023年12月に発売された．

▌**遺伝子の構造**　21番染色体の長腕に存在．約29万塩基，18エキソン．コードされるタンパク質は770 aa.

▌**主な発現組織と関連疾患**　全身に発現するが脳に多い．アルツハイマー病の患者脳で蓄積を認めるアミロイドβの前駆体をコードし，アルツハイマー病の原因遺伝子の1つである．アミロイドβが血管壁を中心に沈着した病態は脳アミロイド血管症とよばれ，*APP*変異も原因の1つである．

▌**主な機能とシグナル経路**　アミロイド前駆体タンパク質は細胞膜上に存在し，αおよびγセクレターゼ▶203位により分解されると可溶性タンパク質が産生されるが，βおよびγセクレターゼにより分解を受けるとアミロイドβが産生され，これが細胞外で蓄積しアルツハイマー病の原因となる．

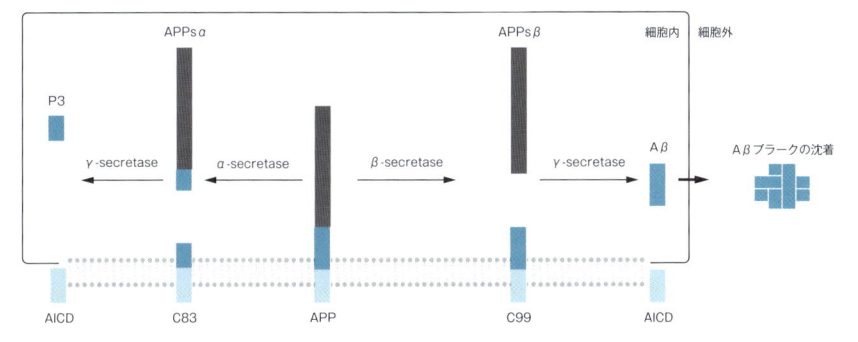

CC BY 4.0にもとづき Faraji P, et al：J Mol Neurosci, 74：62, doi:10.1007/s12031-024-02224-4（2024）より引用

参考図書 ▶『医学のあゆみ　アルツハイマー病 ─研究と治療の最前線』（岩坪 威／企画），医歯薬出版，2023

21位 KRAS
けーらす

遺伝子名	KRAS proto-oncogene, GTPase
タンパク質名	K-Ras, NS, NS3, KRAS1など
パラログ	*HRAS, NRAS, RRAS2, RAP1A, RAP1B* など
オルソログ	*RAS1, RAS2* *let-60, ras-1* *Ras85D* *Kras* *Xl.24980* *KRAS* *Kras*

RASファミリーに属する遺伝子であり, 大腸がん, 肺がん, 膵臓がんなど多数のがんにおいてドライバーがん遺伝子として機能する. 受容体型チロシンキナーゼからの細胞増殖シグナルを伝達する低分子GTP結合タンパク質. "Undruggable"な遺伝子であると考えられていたが, 近年, KRAS変異体に対する特異的な分子標的治療薬が開発され, 臨床で用いられている. しかし, KRAS阻害剤に対する耐性変異もすでに報告されており, さらなるKRAS標的治療薬の開発が期待される.

▎**遺伝子の構造**　12番染色体短腕(12p12.1). 約4万6千塩基. コードされるタンパク質は189 aa.

▎**主な発現組織と関連疾患**　ほぼすべての組織で幅広く発現する. 特定の点変異によって活性化するドライバーがん遺伝子として知られている. 前立腺がん, 膵臓がん, 大腸がん, 肺がん, 造血器腫瘍などさまざまながんにおいて機能する. 転移変異だけでなく, 遺伝子増幅や過剰発現もみられる. 他にも, Cowden症候群/PTEN過誤腫症候群, Lhermitte-Duclos病, 大頭症/自閉症症候群などにも関与する.

▎**主な機能とシグナル経路**　低分子量GTP結合タンパク質であり, イソプレニル化によって細胞膜に局在する. GTP結合型RASは活性型として機能し, 下流のMAPK経路▶41位やPI3K経路▶67位を活性化させる. SOS1などのグアニンヌクレオチド交換因子(GEF)によってGDP結合型からGTP結合型に変化する.

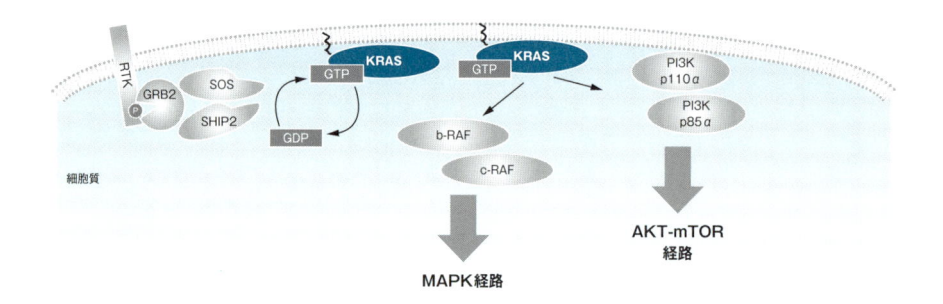

参考図書　▶Perurena N, et al：Nat Rev Cancer, 24：316-337, doi:10.1038/s41568-024-00679-6(2024)
▶Punekar SR, et al：Nat Rev Clin Oncol, 19：637-655, doi:10.1038/s41571-022-00671-9(2022)

えいちえるえーでぃーあーるびーわん

22位 *HLA-DRB1*

遺伝子名	Major histocompatibility complex, class II, DR beta 1
タンパク質名	HLA-DRB1
パラログ	*HLA-DRB5, HLA-DQB1, HLA-DQB2, HLA-DPB1*など
オルソログ	♥ - 🐰 - 🐮 - 🐭 - 🐸 - *H2-Eb1, H2-Eb2*

> 自己と非自己の識別に用いられる細胞表面分子MHCクラスⅡ（HLAクラスⅡ）抗原を構成する．樹状細胞などのプロフェッショナル抗原提示細胞に発現し，外来タンパク質に由来するペプチドを結合して，CD4陽性T細胞への抗原提示を行う．また，移植における拒絶反応の主要な標的抗原となる．

▌**遺伝子の構造** 6番染色体の短腕に存在．約1万1千塩基・6エキソン．コードされるタンパク質は266 aa．MHCクラスⅡ抗原のβ鎖をコードし，HLA-DRAでコードされるα鎖と非共有結合で会合してMHCクラスⅡ抗原HLA-DRを構成する．HLA-DP, HLA-DQ, HLA-DRが古典的MHCクラスⅡに属する．

▌**主な発現組織と関連疾患** MHCクラスⅡ抗原は樹状細胞，B細胞，マクロファージ，胸腺上皮細胞，精子などに発現する．*HLA-DRB1*の特定のアレルが自己免疫疾患（全身性エリテマトーデス，自己免疫性肝炎，シェーグレン症候群，1型糖尿病，関節リウマチ）のリスクを高めることが指摘されている．

▌**主な機能とシグナル経路** 樹状細胞などの抗原提示細胞が外来性抗原（細菌や寄生虫，毒素など）をエンドサイトーシスで取り込むと，プロテアーゼによりペプチド断片に分解され，MHCクラスⅡ抗原に結合した形で細胞表面に発現する．CD4陽性ナイーブT細胞はこの抗原を認識し，ヘルパーT細胞に分化する．1型糖尿病においては，HLA-DRB1の特定のアレルによって，インスリンを産生する膵β細胞の自己抗原に類似した外来性抗原が提示され，自己反応性のCD4陽性T細胞が活性化されてβ細胞を攻撃する．

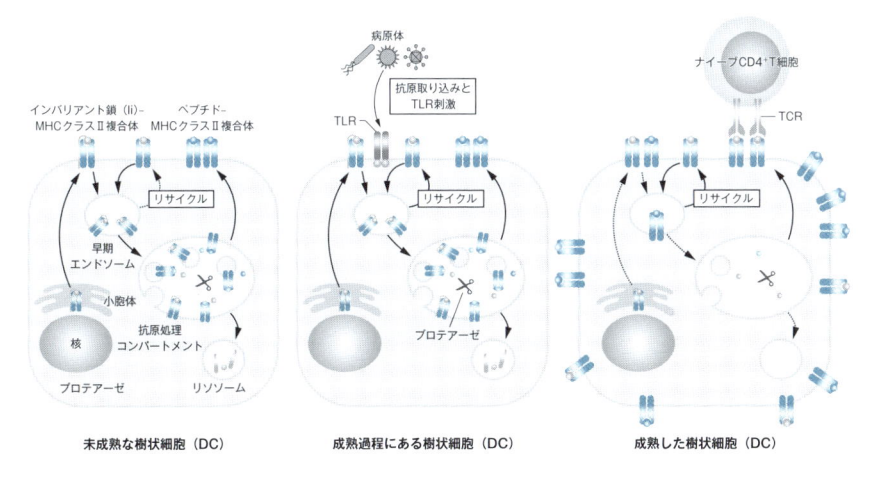

未成熟な樹状細胞（DC）　　　成熟過程にある樹状細胞（DC）　　　成熟した樹状細胞（DC）

Roche PA & Furuta K: Nat Rev Immunol, 15: 203-216, doi:10.1038/nri3818 (2015) より引用

 参考図書 ▶『基礎から学ぶ免疫学』（山下政克／編），羊土社，2023

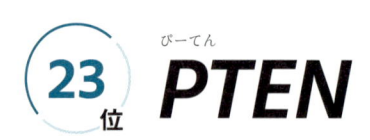

23位 PTEN

<ruby>PTEN<rt>ぴーてん</rt></ruby>

遺伝子名	Phosphatase and tensin homolog
タンパク質名	PTEN1, DEX, BZS など
パラログ	*TNS1, TPTE2, TPTE, TNS3, TMEM266* など
オルソログ	○ - ❀ *daf-18* ❀ *Pten* ❀ *ptenb, ptena* ❀ *pten* ❀ *PTEN* ❀ *Pten*

> イノシトールリン脂質であるホスファチジルイノシトール-3, 4, 5-三リン酸（PtdIns(3, 4, 5)P₃）の脱リン酸化反応を触媒するホスファターゼをコードし, がん抑制遺伝子として有名である. PIP_3の脱リン酸化を行うことで, AKT[▶10位]とPIP_3の結合を阻害し, PI3K-AKT-mTOR経路[▶33位]を阻害する. PIP_3だけでなく, SHCなどのリン酸化部位に対するホスファターゼとして働く. また, 細胞遊走にも密接に関与しており, 細胞の遊走方向の逆側に局在することが知られている.

▍**遺伝子の構造**　10番染色体長腕（10q23.31）. 約1万1千塩基. コードされるタンパク質は403 aa.

▍**主な発現組織と関連疾患**　ほぼすべての組織で幅広く発現する. 点変異などで機能を欠失するがん抑制遺伝子として知られている. 乳がん, 膵臓がん, 大腸がん, 肺がん, 卵巣がん, 脳腫瘍などさまざまながんにおいて欠失が確認されている. がんだけでなく, ヌーナン症候群, CFC（cardio-facio-cutaneous）症候群, 脳動脈奇形などさまざまな疾患に関与する関与する.

▍**主な機能とシグナル経路**　C2ドメインを有しており, このドメインを介してリン脂質と結合する. PI3Kによってリン酸化されたホスファチジルイノシトール（主にPIP_3）の脱リン酸化を行うことで, AKT-mTORシグナルの抑制を行う. またSHCなどの脱リン酸化を行うことで, 受容体型チロシンキナーゼからのシグナルを抑制する.

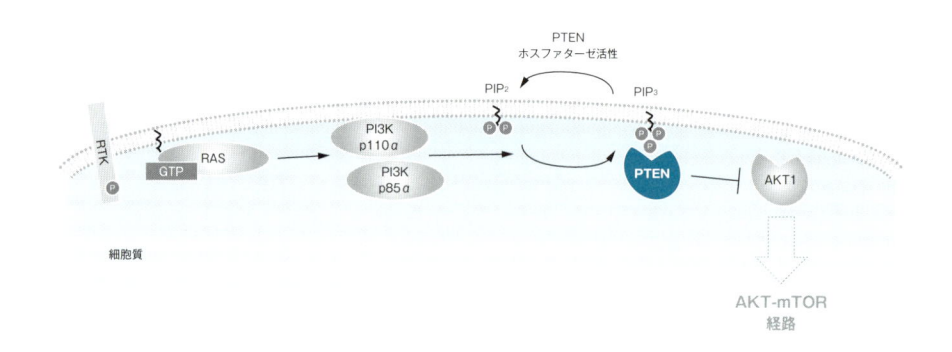

参考図書
▶Song MS, et al：Nat Rev Mol Cell Biol, 13：283-296, doi:10.1038/nrm3330（2012）
▶Lee YR, et al：Nat Rev Mol Cell Biol, 19：547-562, doi:10.1038/s41580-018-0015-0（2018）
▶Li Y, et al：Cell Death Dis, 15：268, doi:10.1038/s41419-024-06657-y（2024）

標的治療薬あり

遺伝子名	Angiotensin I converting enzyme
タンパク質名	Angiotensin-converting enzyme（ACE）, Kininase II
パラログ	*ACE2*
オルソログ	🐟 - 🐌 - 🐢 - 🐛 *ace* 🐝 *ace* 🐭 ACE 🐵 *Ace*

ジペプチジルカルボキシペプチダーゼとして機能するタンパク質をコードし，アンジオテンシンIを分解し，アンジオテンシンIIを生成する．これにより，血圧調節（レニン-アンジオテンシン系）や電解質のバランスに重要な役割を果たしている．精巣特異的なアイソフォーム（tACE）が存在する．パラログであるACE2はSARS-CoV-2などのヒトコロナウイルスの感染に関連することが知られる．

▌**遺伝子の構造**　17番染色体長腕（q23.3）に存在．約2万1千塩基・25エキソン．コードされるタンパク質は1,306 aa．Peptidase M2 family に属している．2つのペプチダーゼドメインをもつ．

▌**主な発現組織と関連疾患**　小腸，十二指腸，肺，精巣をはじめとした組織で発現．脳内出血（intracerebral hemorrhage）に関連するバリアントが知られているほか，さまざまな疾患との関連が報告されている．

▌**主な機能とシグナル経路**　ペプチドのC末端のジペプチドを除去するジペプチジルカルボキシペプチダーゼとして機能する．

　アンジオテンシノーゲンから生成されたアンジオテンシンI（10アミノ酸）から，アンジオテンシンII（8アミノ酸）とジペプチドを生成する．このプロセスは，血圧調節系のレニン-アンジオテンシン系において主要な役割を果たしている．

　また，強力な血管拡張物質（vasodilator）であるブラジキニンからジペプチドを除去することで不活性化することができる．

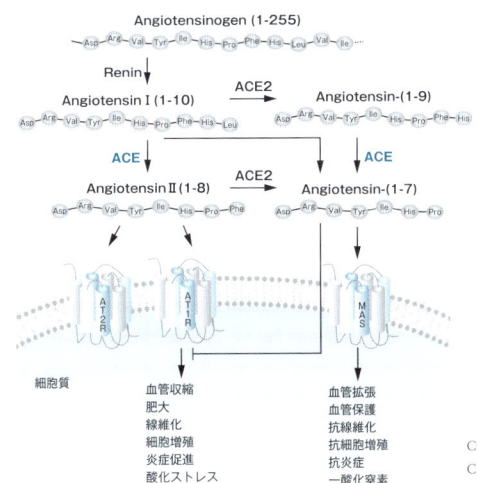

参考図書　▶松井利郎：レニン-アンジオテンシン系と血圧調節．化学と生物，53:228-235（2015）

25位 TLR4
てぃーえるあーるふぉー

遺伝子名	Toll like receptor 4（TLR4）
タンパク質名	TLR4
パラログ	*RXFP2, TLR5, LRRC3B* など合計22種類
オルソログ	🐦 - 🐛 - 🐸 - 🐟 *TLR4* 🐭 *TLR4* 🐱 *TLR4* 🐄 *Tlr4*

> 主にグラム陰性細菌由来であるリポ多糖をリガンドとして免疫反応を引き起こす，パターン認識受容体（PRR）の一種である．リガンドと相互作用して細胞内シグナル伝達を発生させ，炎症性サイトカインやある種のインターフェロンを産生することが知られている．

▌遺伝子の構造　4番染色体の長腕（q33..1）に存在．約1万3千塩基・3エキソン．コードされるタンパク質は839 aa．4種類のアイソフォームが知られている．C末側にはロイシンリッチリピート（Leucine rich repeat：LRR）モチーフを含む細胞外ドメイン，N末側にはToll/interleukin 1 receptor（TIR）ドメインが存在している．

▌主な発現組織と関連疾患　主に単球，マクロファージ，樹状細胞で産出される．主たる発現組織は，虫垂，脂肪，胎盤，脾臓などである．リンパ節，骨髄，肺，脳にも発現が認められる．アルツハイマー病，がん，変形性関節症，敗血症や加齢黄斑変性などさまざまな疾患と関連している．

▌主な機能とシグナル経路　TLR4は膜貫通型のパターン認識受容体の一種である．グラム陰性細菌由来のリポ多糖をリガンドとし，MD-2というアダプタータンパク質を通じて相互作用する．LPS/MD-2/TLR4の複合体を形成することでTIRAPとMyD88をリクルートし，リン酸化を通じてシグナル伝達を引き起こす．細胞内に存在するIRAK1/TRAF6▶232位，TAK1, MAPK, IKKを介したシグナル経路では，転写因子であるNF-κB▶15位やactivator protein-1（AP-1）▶105位の活性化と核移行が生じ，炎症性サイトカインの産生が促進される．一方，LPS/MD-2/TLR4▶25位がTRAM, TRIF, TBK1を介したシグナル経路を活性化した場合，IRF3という転写因子を介して，I型インターフェロンの産生を促進する．

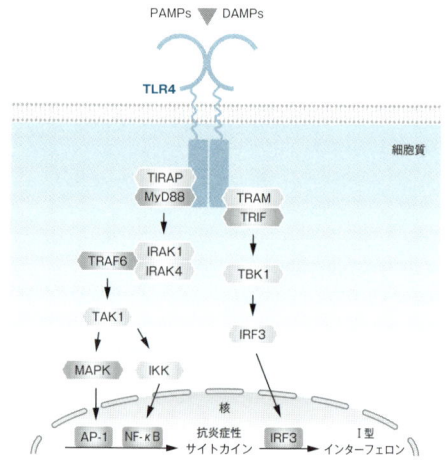

CC BY 4.0にもとづき Kim HJ, et al：Immun Ageing, 20：67, doi:10.1186/s12979-023-00383-3（2023）より引用

参考図書 ▶Kim HJ, et al：Immun Ageing, 20：67, doi:10.1186/s12979-023-00383-3（2023）

BRAF
びーらふ

遺伝子名	B-Raf proto-oncogene, serine/threonine kinase
タンパク質名	B-Raf, B-RAF1, BRAF1, NS7, RAFB1など
パラログ	*RAF1, ARAF, KSR1, KSR2, MAP3K9*など
オルソログ	♥ - 🐛 *lin-45* 🐝 *phl* 🐟 *braf* 🐸 *BRAF* 🐭 *BRAF* 🐁 *Braf*

BRAF はRAFファミリーに属するセリン/スレオニンプロテインキナーゼであり, 細胞の増殖や分化調節に関与するMAPKシグナル[41位]においてRAS[21位]の下流に位置する. 活性型RASと結合することで活性化し, MEKをリン酸化することでシグナルを下流へ伝達する. ベムラフェニブやソラフェニブなどの活性型BRAF阻害剤が臨床応用されており, がんにおける重要な治療標的の1つである.

▌**遺伝子の構造**　7番染色体長腕(7q34). 約21万塩基. コードされるタンパク質は766 aa.

▌**主な発現組織と関連疾患**　ほぼすべての組織で幅広く発現する. 点変異などで活性化するドライバーがん遺伝子として知られている. メラノーマにおいて著名なドライバーがん遺伝子であり, 多数のメラノーマにおいて*BRAF*の点変異が確認されている. さまざまな種類の変異が確認されているが, 大部分は下流分子であるMEKに対するBRAFキナーゼ活性を促進する. 治療標的分子として注目されており, 分子標的治療薬の開発が進んでいる. 他にも, 造血器腫瘍や卵巣がんなどでも変異が確認されており, 遺伝子増幅も認められる. LEOPARD症候群, ヌーナン症候群, CFC(Cardio-facio-cutaneous)症候群などさまざまな疾患に関与する.

▌**主な機能とシグナル経路**　RAS-MAPK経路において, Rasからのシグナルを仲介する重要な分子である. 活性型RASと結合することで活性化し, 下流のMEKをリン酸化することでシグナルを伝える. BRAFが活性型となった際には, キナーゼドメイン間の水素結合と静電的相互作用により二量体を形成することで機能する.

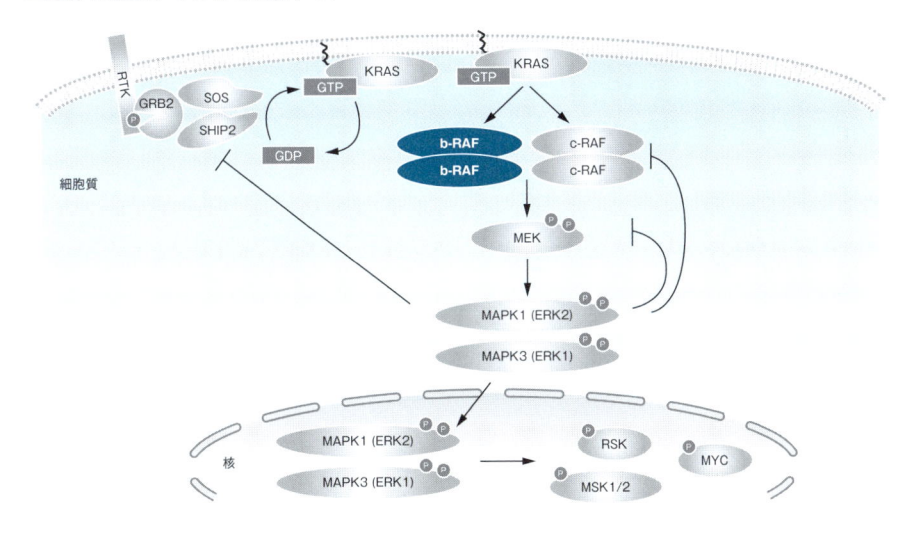

参考図書　▸Hanrahan AJ, et al: Nat Rev Clin Oncol, 21: 224-247, doi:10.1038/s41571-023-00852-0(2024)

27位

えーあーる AR

遺伝子名	Androgen receptor, NR3C4
タンパク質名	Androgen receptor（AR）
パラログ	*PGR, ESR1, NR3C1, ESRRB, ESR2, NR3C2, ESRRA, ESRRG*
オルソログ	🐭 - 🐀 - 🐟 *ERR* 🐸 *AR* 🪰 *ar* 🐓 *AR* 🦠 *Ar*

> アンドロゲン受容体は*NR3C4*としても知られ，活性化クラスⅠステロイド受容体とよばれる核内受容体の一種である．DNA上のアンドロゲン応答配列を認識し，標的遺伝子の転写を制御する転写因子である．

▌**遺伝子の構造**　X染色体長腕（q12）に存在．約19万塩基・8エキソン．コードされるタンパク質は920 aa．N末端ドメイン，DNA結合ドメイン，アンドロゲン結合ドメインの3つの主要な機能ドメインを有する．同じ核内受容体である*PGR*▶236位と構造的に類似している．

▌**主な発現組織と関連疾患**　肝臓，子宮内膜，卵巣や前立腺で高発現している．遺伝子変異はアンドロゲン不応症と関連している．タンパク質N末端のポリグルタミントラクトの反復の拡大は病原性を示し，球脊髄性筋萎縮症を引き起こす．

▌**主な機能とシグナル経路**　アンドロゲン受容体はステロイドホルモン活性化転写因子として機能する．男性では骨格の維持，女性では生殖能力に不可欠とされている．その作用機序として，リガンドとなるアンドロゲンと結合すると，受容体はアクセサリータンパク質から解離し，核内に移動し，二量体化した後，アンドロゲン応答配列に結合し標的遺伝子の転写を刺激する．主要なアンドロゲンであるテストステロンはアンドロゲン受容体と直接的に相互作用する．5-α-還元酵素によってテストステロンから変換されたジヒドロテストステロン（DHT）はアンドロゲン受容体活性化のより強力なアゴニストとなる．

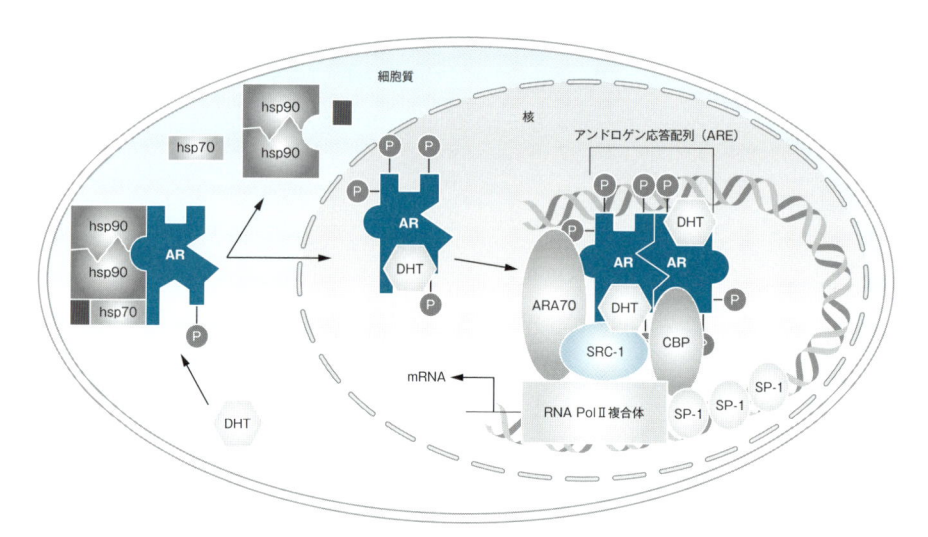

CC BY 4.0にもとづき Arnal JF, et al: Physiol Rev, 97: 1045-1087, doi:10.1152/physrev.00024.2016（2017）より引用

 参考図書　▶『シグナル伝達キーワード事典』（山本　雅 他／編），羊土社，2012

しーでぃーけーえぬつーえー
CDKN2A

遺伝子名	CDKN2A
タンパク質名	Cyclin dependent kinase inhibitor 2A, Tumor suppressor ARF など
パラログ	CDKN2B
オルソログ	🐭 - 🐀 - 🐂 - 🐷 - 🐶 - 🐔 - 🐟 Cdkn2a

CDKN2A は配列も機能も異なる2種類のタンパク質 p16INK4A（INhibitor of cdK4A）および p14ARF（Alternate Reading Frame）をコードする遺伝子である．p16INK4A はサイクリン依存性キナーゼ（CDK）阻害分子であり，p14ARF は MDM2[49位]と安定な複合体を形成するがん抑制タンパク質である．

▌**遺伝子の構造**　9番染色体短腕（9p21.3）に存在し，約2万8千塩基，10エキソン，向きはマイナス．コードされるタンパク質は p16INK4A が156 aa，p14ARF が132 aa．CDK 阻害分子 p15INK4B をコードする CDKN2B と近接して存在している．

▌**主な発現組織と関連疾患**　いずれの組織においても低発現である．細胞周期の進行を抑制するがん抑制遺伝子の1つであり，CDKN2A の欠失や変異によるがんの悪性化がみられる．膵がんでは KRAS[21位]，TP53[1位]，SMAD4[191位]と並んで高頻度に変異がみられ，これら4遺伝子は合わせて Big4 とよばれている．

▌**主な機能とシグナル経路**　CDKN2A は読み枠の異なるスプライシングが起こることで，p16INK4A と p14ARF のアミノ酸相同性がみられない異なるタンパク質が発現する．p16INK4A は CDK4[299位]/6がサイクリン D[64位]に結合するのを阻害する CDK 阻害分子として機能する．p14ARF は MDM2 と安定な複合体を形成し，MDM2 による p53 の分解を阻害する．p53 の活性化に寄与し，細胞周期の停止やアポトーシスの誘導促進によりがん化リスクを低減する．

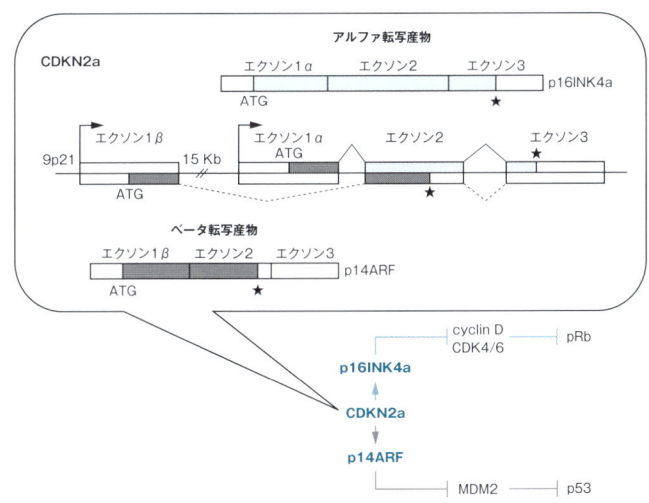

参考図書　▶『がんゲノムペディア』（柴田龍弘／編），羊土社，2024
▶『がん生物学イラストレイテッド 第2版』（渋谷正史・湯浅保仁／編），羊土社，2019

29位 MYC

みっく

遺伝子名	MYC proto-oncogene, bHLH transcription factor
タンパク質名	Myc proto-oncogene protein, Proto-oncogene c-Myc など
パラログ	*MYCN, MYCL*
オルソログ	🐭 - 🐀 - 🐸 *Myc* 🐟 *myca* 🪱 *myc* 🪰 *MYC* 🧫 *Myc*

MYC は細胞周期, 細胞増殖, アポトーシスなどにかかわるさまざまな遺伝子発現を調節する転写制御因子をコードする遺伝子である. グルコース代謝やグルタミン代謝にも関与することが知られており, 特に大腸がんでは代謝制御に中心的な役割を担っている. c-MYCともよばれ, iPS細胞作製の際に導入される山中4因子の1つとしても有名である.

▌**遺伝子の構造**　8番染色体長腕(8q24.21)に存在し, 7,518塩基, 3エキソン, 向きはプラス. コードされるタンパク質は454 aa. 選択的スプライシング, 選択的転写開始により3つのアイソフォームが存在している. 塩基性領域, helix-loop-helix, ロイシンジッパーをもつbHLHZip型転写因子である.

▌**主な発現組織と関連疾患**　多くの組織で発現が認められる. バーキットリンパ腫, 急性リンパ性白血病, 多発性骨髄腫などでは高頻度に*MYC*遺伝子と免疫グロブリン(*IGH*)遺伝子が相互転座を起こし, *IGH* のプロモーター活性により過剰発現が起こっていることが知られている.

▌**主な機能とシグナル経路**　MYCは同じく bHLHZip型の転写因子 MAX とヘテロ二量体を形成することで機能する. 転写活性は, MAPK/ERK経路の細胞外シグナル制御キナーゼ ERK [▶41位, 85位] により制御されている. PI3K経路のプロテインキナーゼ AKT [▶10位] を介したリン酸化により, プロテインキナーゼ GSK-3 [▶81位] が阻害されると, MYCは安定化する. また, 正常細胞では HIF-1α [▶9位] が MAX と結合するため, MYCの転写活性が阻害されているが, がん細胞では MYC が過剰発現し, MYCと MAX複合体が安定に存在するため, MYCの転写活性が亢進している.

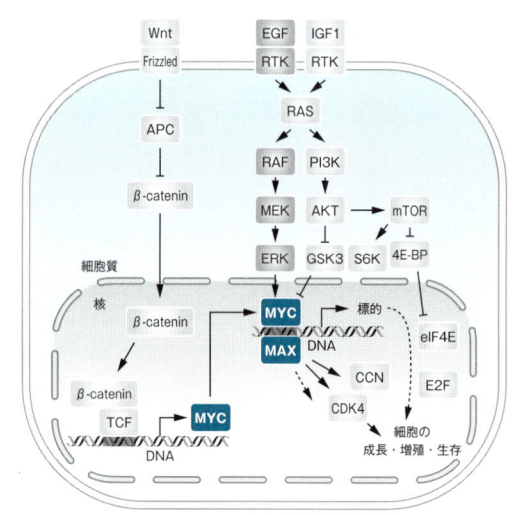

CC BY 4.0にもとづき Weber LI & Hartl M：Front Oncol, 13：1142111, doi:10.3389/fonc.2023.1142111（2023）より引用

参考図書　▶『がんの分子標的と治療薬事典』（西尾和人・西條長宏／編）, 羊土社, 2010
▶『がん生物学イラストレイテッド 第2版』（渋谷正史・湯浅保仁／編）, 羊土社, 2019

30位 ABCB1

えーびーしーびーわん

遺伝子名	ATP binding cassette subfamily B member 1
タンパク質名	ATP-dependent translocase ABCB1, P-glycoprotein1など
パラログ	ABCB4, ABCB5
オルソログ	🐛 - 🐛 pgp-9 🐟 - 🐭 - 🐸 - 🐔 ABCB1 🐁 Abcb1a

コードされる膜タンパク質はABCトランスポーターの構成要素であり，ATP加水分解に依存した異物排出ポンプの役割を果たす．ABCB1が高発現することで，細胞の多剤薬剤耐性（抗がん剤などのさまざまな薬剤への耐性）の獲得に関与することが知られている．

▌遺伝子の構造　7番染色体の長腕に存在．約9万8千塩基・32エキソン．コードされるタンパク質は1,280 aa．スプライシングの変化による11種類のアイソフォームが知られる．

▌主な発現組織と関連疾患　全身で発現し特に副腎と小腸で高発現する．この遺伝子の変異はコルヒチン耐性や炎症性腸疾患にかかわる．

▌主な機能とシグナル経路　図の左側のように，通常は抗がん剤が細胞に入るとシグナル伝達の阻害やDNA傷害を介して標的がん細胞の細胞死を誘導する．図の右側は，ABCB1の薬剤排出ポンプの働きにより細胞内での薬剤蓄積を防ぎ，薬剤の代謝を促していることを示している．このような排出システムにかかわるABCB1の過剰発現は，がん細胞の抗がん剤に対する耐性増加に寄与していると報告されている．

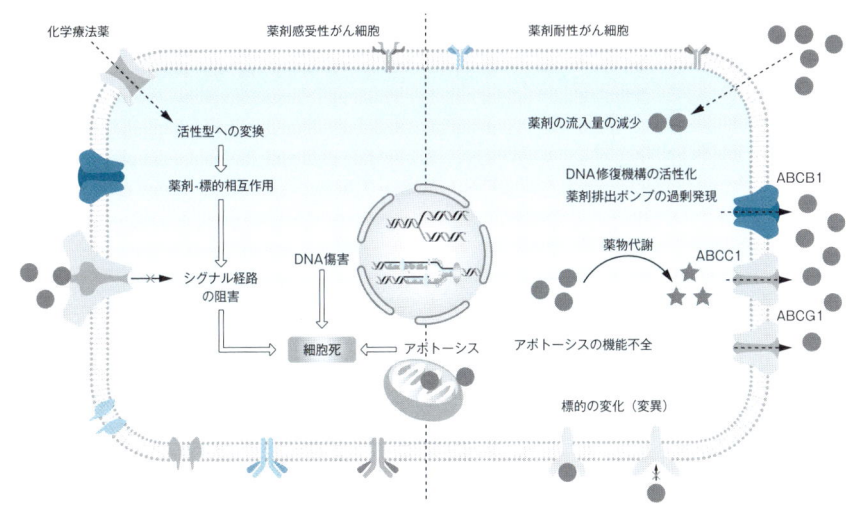

Engle K & Kumar G：Eur J Med Chem, 239：114542, doi:10.1016/j.ejmech.2022.114542（2022）より引用

参考図書　▶小林 綾 他：創薬ターゲットとしてのABCタンパク質．日薬理誌, 125：185-193, doi:10.1254/fpj.125.185（2005）

31位 びーでぃえぬえふ BDNF

遺伝子名	Brain-derived neurotrophic factor
タンパク質名	Brain-derived neurotrophic factor（BDNF）
パラログ	NTF3, NTF4, NGF
オルソログ	○ - ○ - ○ DNT1（Neurotrophin 1）○ bdnf ○ bdnf ○ BDNF ○ Bdnf

> 神経成長因子ファミリーに属するタンパク質をコードする．選択的スプライシングにより複数の転写産物が生じる．成熟タンパク質は神経細胞の生存を促進し，学習・記憶，気分調節に関与する．アルツハイマー病，パーキンソン病，ハンチントン病患者で発現低下がみられる．ストレス応答や気分障害の生物学的メカニズムにも関与する可能性がある．

▌遺伝子の構造 染色体11p14.1に位置し，12のエキソンからなる．複数のプロモーターと選択的スプライシングにより，少なくとも17の転写産物が生成される．前駆体タンパク質（プレプロBDNF）は247 aaで，タンパク質分解により119 aaの成熟BDNFが生成される．

▌主な発現組織と関連疾患 主な発現組織は中枢神経系（特に海馬，大脳皮質）である．末梢では骨格筋，肝臓，膵臓などでも発現が確認されている．関連疾患には，アルツハイマー病，パーキンソン病，ハンチントン病などの神経変性疾患があげられる．これらの疾患ではBDNFの発現低下が報告されている．また，うつ病，双極性障害などの気分障害との関連も示唆されている．

▌主な機能とシグナル経路 BDNFは主にTrkB受容体（チロシンキナーゼB受容体）を介して作用する．活性化したTrkBは，MAPK/ERK[41位]，PI3K/AKT[10位]，PLCγの3つの主要経路を活性化する．これらの経路を通じて，神経細胞の生存，軸索・樹状突起の成長，シナプス形成・可塑性を促進する．また，ストレス応答の調節や気分障害の生物学的メカニズムにも関与している可能性がある．BDNF遺伝子のVal66Met多型は，タンパク質の分泌効率に影響を与え，記憶や気分調節に関与することが知られている．

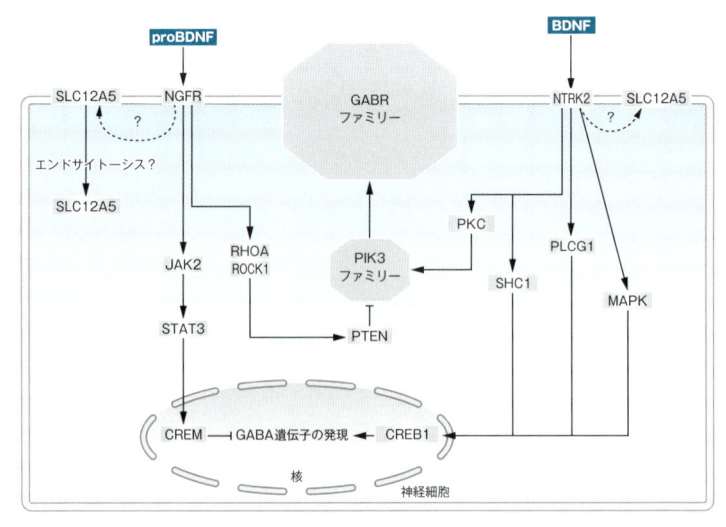

CC0にもとづき Hanspers K & Weitz E：WiliPathways：https://www.wikipathways.org/instance/WP4829より改変

参考図書
▸Amidfar M, et al：Life Sci, 257：118020, doi:10.1016/j.lfs.2020.118020（2020）
▸Colucci-D'Amato L, et al：Int J Mol Sci, 21：, doi:10.3390/ijms21207777（2020）

しーでぃーとぅーせぶんてぃーふぉー　または　びーでぃーえるわん

CD274

がん遺伝子パネル検査対象遺伝子
標的治療薬あり

遺伝子名	CD274, PD-L1など
タンパク質名	PD-L1, B7-H1など
パラログ	*PDCD1LG2, CD86, CD80*など
オルソログ	○ - 🐭 - 🐄 - 🐁 - 🐔 - 🐸 - 🐟 *Cd274*

活性化T細胞が発現する抑制性レセプターPD-1[▶116位]に結合するリガンド．がん細胞に発現したPD-L1は細胞傷害性T細胞のPD-1と結合し，細胞傷害性T細胞の活性を阻害する．免疫チェックポイント阻害薬である抗PD-L1抗体や抗PD-1抗体でこの結合を抑制することで，細胞傷害性T細胞ががん細胞を攻撃できる．

▌遺伝子の構造　9番染色体の短腕に存在．約2万塩基・7エキソン．コードされるタンパク質は290 aa.

▌主な発現組織と関連疾患　肺や脾臓など正常末梢組織で恒常的に発現し，炎症やウイルス感染で発現が上昇する．リンパ腫やがん腫にも発現している．

▌主な機能とシグナル経路　PD-1にPD-L1が結合すると，PD-1の細胞質領域にあるITSMモチーフがリン酸化され，脱リン酸化酵素SHP2[▶186位]が会合する．これによりZAP70が脱リン酸化されて不活性化し，T細胞の活性化が抑制される．

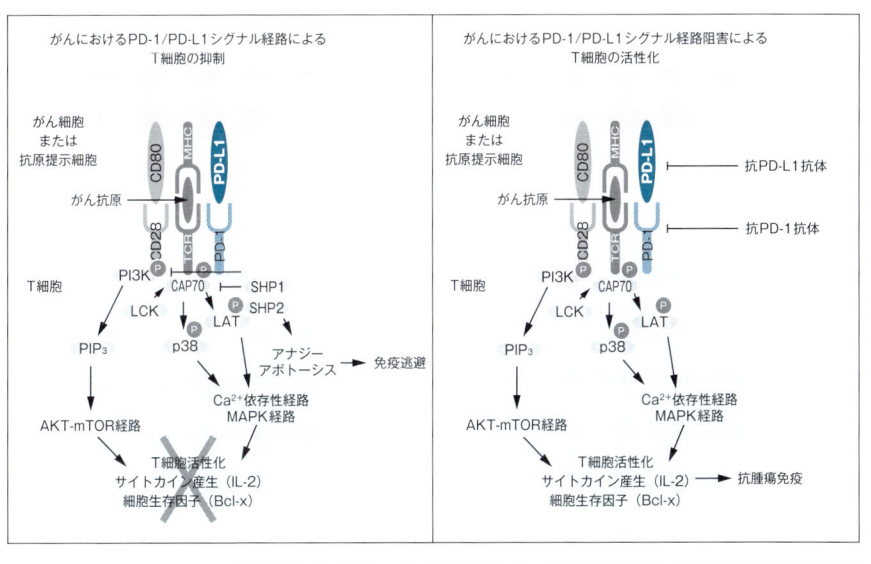

参考図書 ▶『もっとよくわかる！腫瘍免疫学』（西川博嘉／編），羊土社, 2023

MTOR

えむとあ（日本では えむとーる とよばれることもある）

遺伝子名	Mechanistic target of rapamycin kinase
タンパク質名	Serine/threonine-protein kinase mTOR など
パラログ	*SMG1*, *ATR*
オルソログ	🍞 *TOR2* 🧫 *let-363* 🪰 *Tor* 🐟 *mtor* 🐸 *mtor* 🐔 *MTOR* 🐭 *Mtor*

MTOR は，代謝，血管新生，細胞増殖および生存を含むさまざまな細胞機能の制御に働く PI3K/Akt/mTOR シグナルの主要な構成分子であるセリン/スレオニンキナーゼ mTOR をコードする遺伝子である．

▌**遺伝子の構造**　1番染色体短腕（1p36.22）に存在し，約15万6千塩基，60エキソン，向きはマイナス．コードされるタンパク質は2,549 aa．マクロライド系抗生物質ラパマイシンに対して抵抗性を示す酵母変異株の原因遺伝子として同定された *TOR* のホモログであり，真核生物で高度に保存されている．

▌**主な発現組織と関連疾患**　多くの組織で発現が認められ，前立腺でやや発現が高い．知的障害や大頭症が病態となる Smith-Kingsmore 症候群の原因遺伝子である．乳幼児期にてんかん発作を発症する限局性皮質異形成（FCD）Ⅱ型では，*MTOR* 遺伝子変異や異常な活性化がみられる．

▌**主な機能とシグナル経路**　mTOR は複数のタンパク質と複合体を構成して存在しており，ラパマイシン感受性の mTORC1 と非感受性の mTORC2 の2種類が知られている．PI3K/AKT 経路の AKT[10位]は，GTP 結合型 RHEB（Ras homolog enriched in brain）の不活性化（GDP 結合型）にかかわる複合体 TSC1/2 をリン酸化して不活性化する．その結果 mTORC1 は RHEB により活性化される．活性化された mTORC1 はタンパク質合成やオートファジーに寄与する．mTORC2 は AKT，PKC[169位]，SGK1 のキナーゼリン酸化に関与し，細胞骨格のリモデリングや細胞増殖に寄与する．

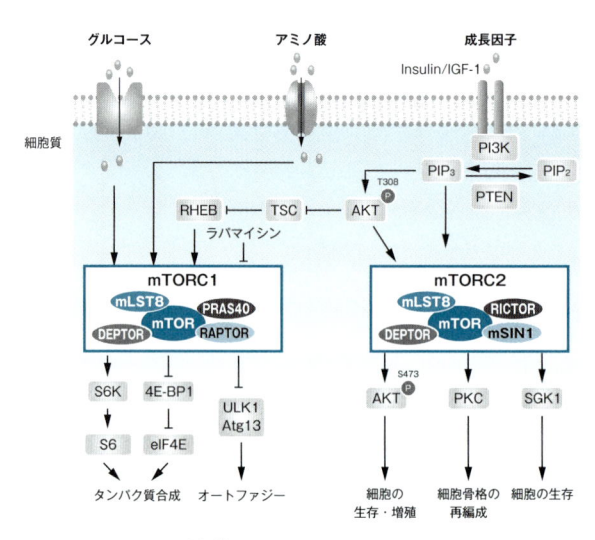

参考図書　▶『がんの分子標的と治療薬事典』（西尾和人・西條長宏／編），羊土社，2010
　　　　　▶『がん生物学イラストレイテッド 第2版』（渋谷正史・湯浅保仁／編），羊土社，2019

34位 CXCL8
しーえっくすしーえるえいと

遺伝子名	C-X-C motif chemokine ligand 8（CXCL8），Interleukin 8（IL-8）など
タンパク質名	CXCL8, IL-8
パラログ	PPBP, PF4, PF4V1, CXCL1〜3, 5, 6, 9〜11, 13
オルソログ	○ - ○ - ○ - ○ - ○ cxcl8a.1, cxcl8a.2 ○ L8L1, IL8L2 ○ Cxcl1

> CXCL8はインターロイキン8（IL-8）として知られる炎症性ケモカインであり，主に好中球の活性化を担い，感染症に対する免疫応答を媒介する．

▌遺伝子の構造　4番染色体の長腕（q13.3）に存在，約1千6百塩基・3エクソン．コードされるタンパク質は99 aa．5種類のアイソフォームが知られている．コードされたタンパク質のうちN末側約2/3の領域にchemokine interleukin-8-likeドメインが存在している．

▌主な発現組織と関連疾患　主にNK細胞，線維芽細胞，マクロファージなどで産出される．主に骨髄で発現している．他には虫垂や胆嚢，膀胱にも発現している．主たる関連疾患としては，全身性炎症反応症候群（SIRS）があげられる．炎症性疾患や感染症にも関連する．

▌主な機能とシグナル経路　感染を防ぎ，病原体を排除するため，好中球，好塩基球，T細胞を引き寄せ，炎症反応を引き起こす．特に好中球の活性化に重要な役割を果たす．CXCL8はその受容体であるCXCR1やCXCR2（Gタンパク質共役型受容体）と強く結合し，効果を発揮する．PI3K（phosphatidylinositol-3 kinase）▶67位やMAPキナーゼ経路▶41位を活性化することによって，走化性（ケモタキシス）の誘導を引き起こす．またRhoキナーゼ▶127位を媒介に，ストレスファイバー形成なども引き起こす．

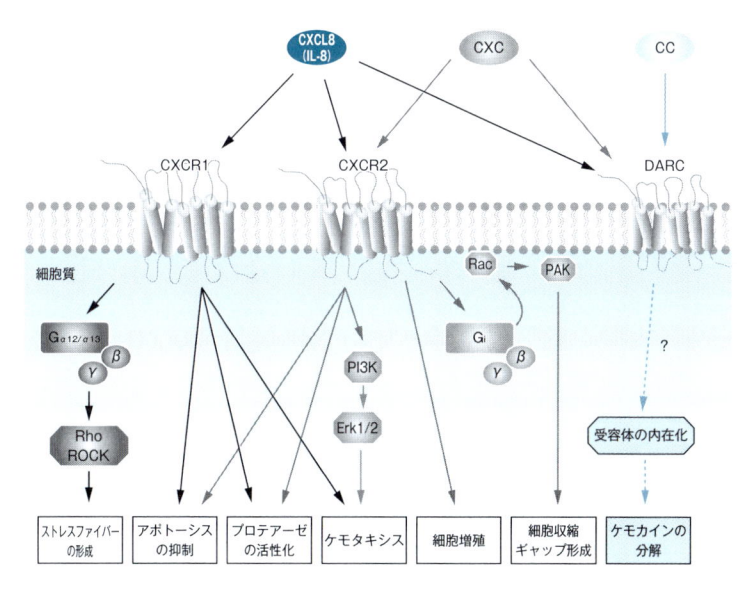

Brat DJ, et al：Neuro Oncol, 7：122-133, doi:10.1215/S1152851704001061（2005）より引用

参考図書　▶Brat DJ, et al：Neuro Oncol, 7：122-133, doi:10.1215/S1152851704001061（2005）

35位 CRP
しーあーるびー

遺伝子名	C-reactive protein（CRP）, PTX1
タンパク質名	CRP, PTX1
パラログ	*APCS, PTX3, PTX4, NPTX2, NPTX1*
オルソログ	🐟 - 🐛 - 🐸 - 🐌 *apcs* 🐟 *crp.1* 🐸 *CRPL1* 🐭 *Crp*

> 急性期応答タンパク質であり，炎症のバイオマーカーとして利用される．凝集や貪食，補体の活性化などの免疫反応にかかわる．

▌遺伝子の構造 1番染色体の長腕（q23.2）に存在，約2千塩基・2エキソン．コードされるタンパク質は225 aa. 7種類のアイソフォームが知られている．コードされたタンパク質のうち多くの部分がペンタキシン（Pentraxin：PTX）ドメインで構成されている．

▌主な発現組織と関連疾患 肝臓で高発現しているが，胆嚢でも発現している．急速なCRP量の上昇は感染症と関連し，緩やかなCRP量の上昇は歯周病や，睡眠障害などに関連する．

▌主な機能とシグナル経路 細菌の凝集，莢膜膨潤，貪食や補体の活性化などの免疫反応にかかわり，これらはCa^{2+}依存的なホスホリルコリンとの結合によって引き起こされる．また，炎症部位ではさまざまな異なるタイプの細胞と相互作用する．炎症によって体液中に放出されると五量体を形成するが，組織内では単量体として存在し，さまざまな活性を示す．重篤な炎症状態だと千倍以上に濃度が増加する急性期応答タンパク質であるため，炎症状態を調べるバイオマーカーとして利用されている．

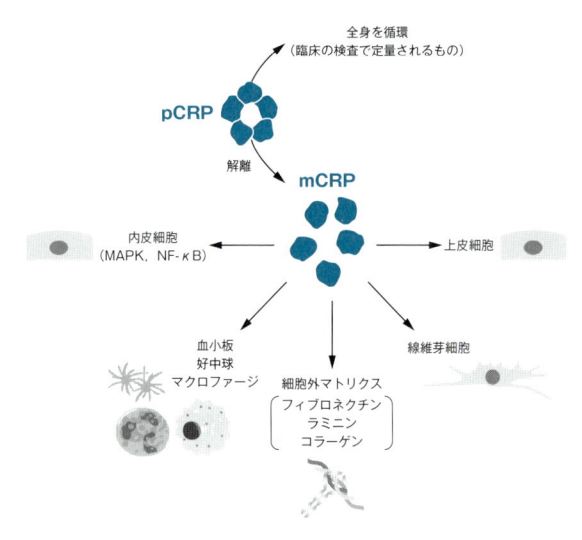

CC BY にもとづき Hart PC, et al：Front Immunol, 11：595835, doi:10.3389/fimmu.2020.595835（2020）より引用

参考図書 ▶Hart PC, et al：Front Immunol, 11：595835, doi:10.3389/fimmu.2020.595835（2020）

36位 VDR
ぶいでぃーあーる

標的治療薬あり

遺伝子名	Vitamin D receptor
タンパク質名	VDR, NR1I1, Vitamin D3 receptor
パラログ	NR1I2/3, NR1H2〜4, NR1D1/2, THRA/B, RORA〜C, RARA/B/G, PPPARA/D/G
オルソログ	⬡ - 🐛 - 🦐 - vdra/b 🐟 - 🐁 VDR 🐄 Vdr

> ビタミンD受容体（VDR）はビタミンD_3（VD_3）と結合し転写因子として遺伝子を発現させCa^{2+}ホメオスタシス，先天的免疫，獲得免疫，細胞分化に関与する．

▌**遺伝子の構造**　12番染色体長腕に存在，約7万5千塩基のゲノムDNAにコードされ，11エキソン，4,616塩基に転写され，タンパク質は427 aa，分子量48.3 kDaとなる．5′端の3エキソン1A，1B，1Cのいずれかと残り8エキソンで構成されるスプライシングバリアントが存在する．

▌**主な発現組織と関連疾患**　単球，好中球，好酸球で発現がみられ，組織では副甲状腺での発現が多い．骨粗しょう症，くる病，血清中の活性型VD濃度が低い場合にがんの罹患率が高い．VDにはがん細胞増殖抑制作用が確認されている．

▌**主な機能とシグナル経路**　皮膚のコレステロールに紫外線が作用するとプレVD_3に変換され，体温で異性化されことで不活性のVD_3になる．さらに肝臓で25位，腎臓で1α位が水酸化され，活性型VD_3となる．活性型VD_3はVDRと結合して細胞質内へトランスロケーションを起こし，VDRどうしのホモ二量体，もしくはレチノイドX受容体（RXR）とヘテロ二量体を形成する．さらに核内移行を起こしVDREに結合することで，pCAF，CBP[▶168位]/p300[▶98位]，SRC[▶83位]などとともにヒストンアセチル化，染色体構造変化を起こし，前記アクチベーターが遊離するとDRIP205，TAFs，TBP，TFIIB，RNA Pol II とともに遺伝子発現を活性化させる．

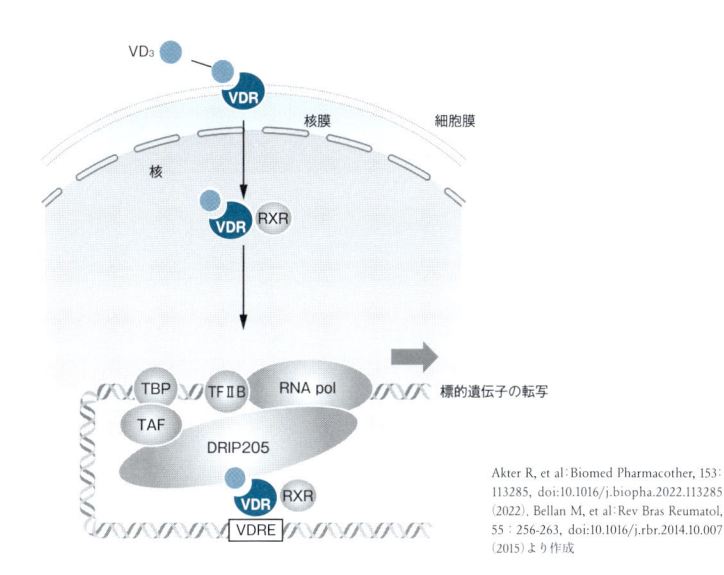

Akter R, et al：Biomed Pharmacother, 153：113285, doi:10.1016/j.biopha.2022.113285（2022）, Bellan M, et al：Rev Bras Reumatol, 55：256-263, doi:10.1016/j.rbr.2014.10.007（2015）より作成

参考図書　▶『骨ペディア　骨疾患・骨代謝キーワード事典』（日本骨代謝学会／編），羊土社，2015

37位 *ADIPOQ*

遺伝子名	Adiponectin, C1Q and collagen domain containing
タンパク質名	ADIPOQ, Adiponectin
パラログ	*C1QTNF3, COL19A1, PDCD7, COL10A1, C1QL1, C1QTNF6, C1QL2*など
オルソログ	🐭 - 🐀 - 🐔 - 🐸 *adipoqa, adipoqb* 🐟 *adipoq* 🦎 *ADIPOQ* 🦠 *Adipoq*

> アディポネクチンは脂肪組織から分泌されるタンパク質ホルモンであり，血漿中を循環し，代謝に関与する．アディポネクチンの受容体候補として，7回膜貫通ドメインを含む*ADIPOR1, ADIPOR2*と前者2つとは相同性の低い*CDH13*（T-cadherin）が知られている．

▌遺伝子の構造　3番染色体長腕（q27.3）に存在．約1万6千塩基・3エキソン．コードされるタンパク質は244 aa．プロモータはTATAボックスを欠くことが知られている．タンパク質はシグナルペプチドをもつが膜貫通疎水性伸張はなく，短いN末端非コラーゲン配列に続いてG-X-Y反復の短いコラーゲン様モチーフをもつ．C末端においてはコラーゲンX，コラーゲンVIII，補体タンパク質C1qと高い類似性を示す．

▌主な発現組織と関連疾患　脂肪組織特異的に発現している．遺伝子変異はアディポネクチン欠乏症と関連している．低アディポネクチンは2型糖尿病の発症と関連することが示唆されている．

▌主な機能とシグナル経路　脂肪組織特異的な血漿タンパク質であるアディポネクチンは，ホルモン作用を有し，エネルギー恒常性，グルコースと脂質の代謝を調節する．また，血管壁の細胞成分に対して抗炎症作用を有する．アディポネクチンは三量体（LMW），六量体（MMW），多量体（HMW）など複数の形態をとっており，それらが受容体を介しPPARα，AMPキナーゼ，p38 MAPキナーゼ[89位]の活性化を促し，グルコースの取り込みや脂肪酸酸化を刺激すると考えられる．

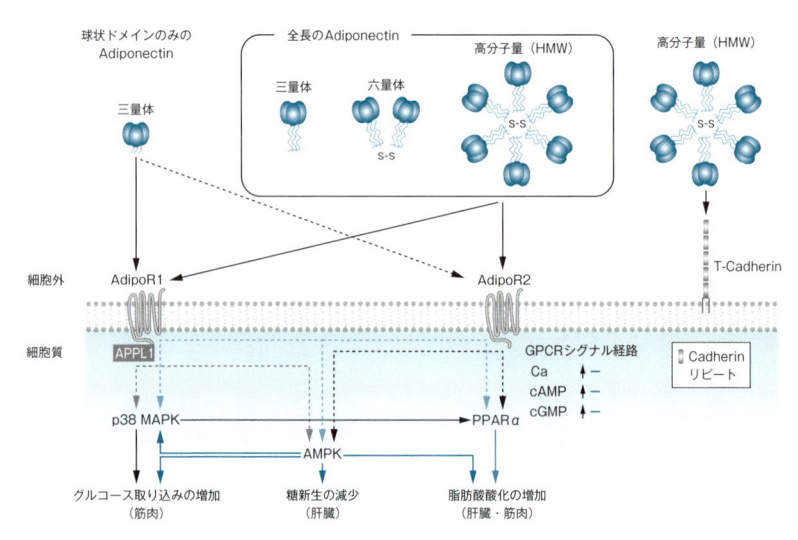

Kadowaki T, et al：J Clin Invest, 116：1784-1792, doi:10.1172/JCI29126（2006）より引用

参考図書
▶『実験医学増刊 エネルギー代謝の最前線』（岡 芳知・片桐秀樹／編），羊土社, 2009
▶『実験医学増刊 「解明」から「制御」へ 肥満症のメディカルサイエンス』（梶村真吾・箕越靖彦／編），羊土社, 2016

えるおーしー 110806262

38位 LOC110806262

遺伝子名	Solute carrier family 6 member 4 gene promoter
タンパク質名	（非コード領域なのでタンパク質に翻訳されない）
パラログ	-
オルソログ	◯ - 🐁 - 🐦 - 🐟 - 🐸 - 🦎 - 🐚 LOC110991260

SLC6A4（solute carrier family 6 member 4）遺伝子[39位]の5′調節領域である．*SLC6A4*遺伝子がセロトニン再取り込みに関与することから，多くの研究でこの領域に存在する多型とさまざまな気分障害，行動障害，ストレス関連の精神病理学的症状との関連が示されている．

▌**遺伝子の構造**　17番染色体長腕（17q11.2）に位置し，約2千塩基．この領域には遺伝子プロモーターと，主要な転写開始部位の約1 kb上流に位置する5-HTTLPR（セロトニントランスポーター遺伝子連結多型領域）とよばれる領域が含まれる．この領域は，長いアレル（L）では20～23塩基対の長さをもつ16個のくり返し単位で構成されている．一方，くり返し単位の6～8番目が欠失すると短いアレル（S）になる．また，この領域ではrs25531やrs25532などの一塩基多型（SNP）も同定されている．

▌**主な発現組織と関連疾患**　反社会性パーソナリティ障害，全般性不安障害，季節性感情障害，社交不安障害との関連が知られる．

▌**主な機能とシグナル経路**　*SLC6A4*プロモーター活性アッセイにおいて，5-HTTLPR領域にはポジティブおよびネガティブに作用するシス調節要素が存在し，LアレルとSアレルもアレル依存的なプロモーター活性を示す．*SLC6A4*遺伝子がセロトニン再取り込みに関与するため，5-HTTLPRおよびrs25531，rs25532などの多型とさまざまな精神病理学的症状との関連が示されている．

17q11.2

LOC110806262　　Solute carrier family 6 member 4（SLC6A4）

3′ UTR

1 2 3 4 5 6 7 8 9 10 11 12 13 14 15

プロモーター　　エキソン　　転写

セロトニントランスポーター
プロモーター多型（5-HTTLPR）

"S"アレル　13コピー

"L"アレル　16コピー

20～23 bpの
くり返し配列

mRNAのコピー数

参考図書 ▶Culverhouse RC, et al：Mol Psychiatry, 23：133-142, doi:10.1038/mp.2017.44（2018）

えすえるしーしっくすえーふぉー

SLC6A4

39位

遺伝子名	Solute carrier family 6 member 4
タンパク質名	Sodium-dependent serotonin transporter（SERT）
パラログ	SLC6ファミリーメンバー
オルソログ	○ - ● mod-5 ● SerT ● slc6a4a, slc6a4b ● slc6a4 ● SLC6A4 ● Slc6a4

神経伝達物質セロトニンをシナプス間隙からプレシナプス神経細胞へ輸送する膜タンパク質をコードする. セロトニンの作用を終結させ, Na$^+$依存的にリサイクルする. アンフェタミンやコカインなどの向精神薬の標的となる. プロモーター領域[▶38位]の反復長多型が, セロトニン取り込み速度に影響を与えることが示されている.

▌**遺伝子の構造**　染色体17q11.2に位置し, 15のエキソンからなる. プロモーター領域に5-HTTLPRとよばれる反復配列多型が存在する. コードされるタンパク質は630 aaからなる.

▌**主な発現組織と関連疾患**　中枢神経系のセロトニン作動性神経細胞で主に発現する. 末梢では血小板や消化管などでも発現がみられる. うつ病, 不安障害, 強迫性障害, 自閉症スペクトラム障害などの精神疾患との関連が示唆されている. また, 薬物依存症との関連も報告されている.

▌**主な機能とシグナル経路**　SERTは, シナプス間隙に放出されたセロトニンをすばやくプレシナプス神経細胞内に取り込むことで, セロトニンシグナルを終結させる. この過程はNa$^+$の濃度勾配を利用したシンポート（共輸送）機構によって行われる. SERTの機能は, セロトニン系の活性を調節するうえで重要である. SERTは, 選択的セロトニン再取り込み阻害薬（SSRI）などの抗うつ薬の主要な標的でもある. SSRIはSERTを阻害することで, シナプス間隙のセロトニン濃度を上昇させ, 抗うつ効果を発揮すると考えられている.

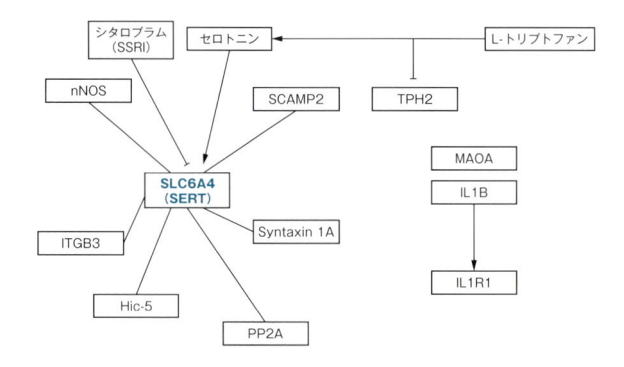

CC0にもとづき Conte V, et al: WikiPathways：https://www.wikipathways.org/instance/WP1455より改変

参考図書 ▶Hasenhuetl PS, et al：J Biol Chem, 291：25864-25876, doi:10.1074/jbc.M116.753319（2016）

びーてぃーじーえすつー　または　こっくすつー

PTGS2

標的治療薬あり

遺伝子名	Prostaglandin-endoperoxidase synthase 2, Cyclooxygenase 2など
タンパク質名	COX-2
パラログ	*PTGS1*
オルソログ	○ - ◎ - ◆ - ◎ *ptgs2, ptgs2a, ptgs2b* ◎ *ptgs2, Str.16299* ◎ *PTGS2* ◎ *Ptgs2*

アラキドン酸をプロスタグランジンH_2（PGH_2）に変換する酵素（シクロオキシゲナーゼ）のうちの1つ．*PTGS1*がコードするCOX-1が胃粘膜，血管内皮，血小板および腎臓の組織保護作用をもつプロスタグランジンの生合成に関与するのに対し，*PTGS2*がコードするCOX-2は主に炎症組織に発現する．そのため，COX-1, COX-2の両方を阻害する初期のNSAIDs（非ステロイド性抗炎症薬）に比べて副作用の少ない選択的COX-2阻害薬が開発され，関節リウマチの治療に用いられている．

▌遺伝子の構造　1番染色体の長腕に存在．約9千塩基・10エキソン．コードされるタンパク質は604 aa.

▌主な発現組織と関連疾患　COX-1は多くの細胞に構成的に発現するが，COX-2はサイトカインTNF-α, IL-1などに誘導されて，線維芽細胞，血管内皮細胞，マクロファージ，滑膜細胞，がん細胞などの炎症関連細胞において発現し，PGE_2やPGI_2を産生して炎症反応に関与する．

▌主な機能とシグナル経路　細胞膜リン脂質からホスホリパーゼA_2によって遊離したアラキドン酸は，COXのもつシクロオキシゲナーゼ活性により酸化されてPGG_2となり，さらに同じCOXのもつヒドロペルオキシダーゼ活性によってPGH_2に変換される．その後，PGH_2は各種合成酵素によりPGE_2, PGI_2, $PGF_{2\alpha}$, PGD_2, TXA_2などに変換され，さまざまな生理作用を示す．

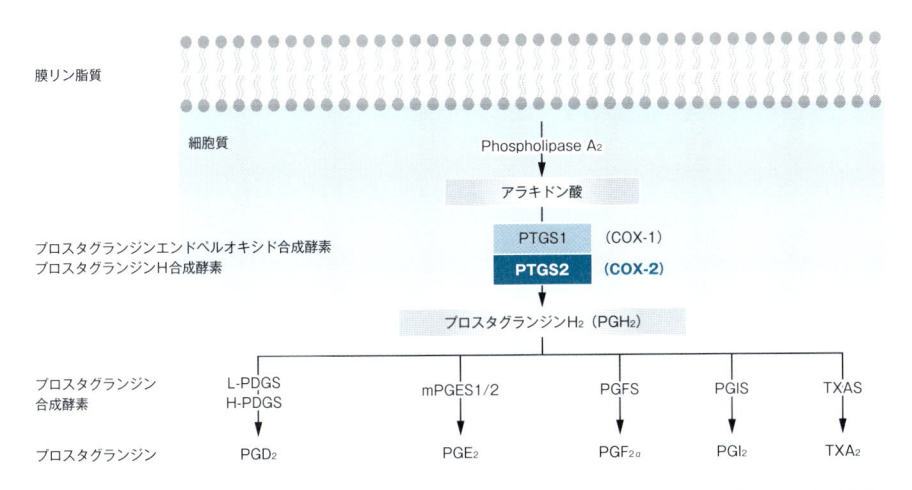

Anamthathmakula P & Winuthayanon W: Endocrinology, 162: , doi:10.1210/endocr/bqab025（2021）より作成

 参考図書　▶『薬の基本と働きがわかる薬理学』（柳田俊彦／編），羊土社, 2023

41位 *MAPK1*
まっぷけーわん

遺伝子名	Mitogen-activated protein kinase 1
タンパク質名	Extracellular signal-regulated kinase（ERK），NS13，ERK2，MAPK2，P42MAPKなど
パラログ	*MAPK3, MAPK7, MAPK14, MAPK11*など
オルソログ	*KSS1, FUS3* ❀ *mpk-1* ❀ *rl* ❀ *mapk1* ❀ *mapk1* ❀ *MAPK1* ❀ *Mapk1*

> *MAPK1*はMAPキナーゼファミリーの1つであり，ERK（ERK2）としても知られる．ERKは複数シグナルの統合点として作用しており，細胞増殖・分化，転写調節，発生など幅広い細胞過程に関与する．*MAPK1*遺伝子を欠失したノックアウトマウスは，発生初期段階で胚致死となる．上流であるMEKキナーゼ活性の阻害剤や，ERKキナーゼ活性阻害剤の開発も進んでいる．

▌遺伝子の構造　22番染色体長腕セントロメア付近（22q11.22）．約1万1千塩基．コードされるタンパク質は360 aa.

▌主な発現組織と関連疾患　ほぼすべての組織で幅広く発現するが，特に脳での発現が高い．変異などはほとんど起きないが，がんにおけるRAS-MAPKシグナル[▶21位]による細胞増殖の中枢を担う遺伝子である．ヌーナン症候群に関与する．

▌主な機能とシグナル経路　RAS-MAPK経路の最下流に位置する遺伝子であり，上流のMEKにリン酸化されることによって活性化する．活性化したMAPK1は核内へ移行し，標的タンパク質をリン酸化する．RSK, ELK, ETS, MSK1/2, MYC[▶29位]などさまざまな下流遺伝子のリン酸化を行う．また，ERKはRAS-MAPK経路の上流に位置するSOSやRAF[▶26位]，MEKにネガティブフィードバックをかけることで，RAS-MAPK経路の終結シグナルを促進する．MAPK3[▶85位]と相互に機能を補い合っている．

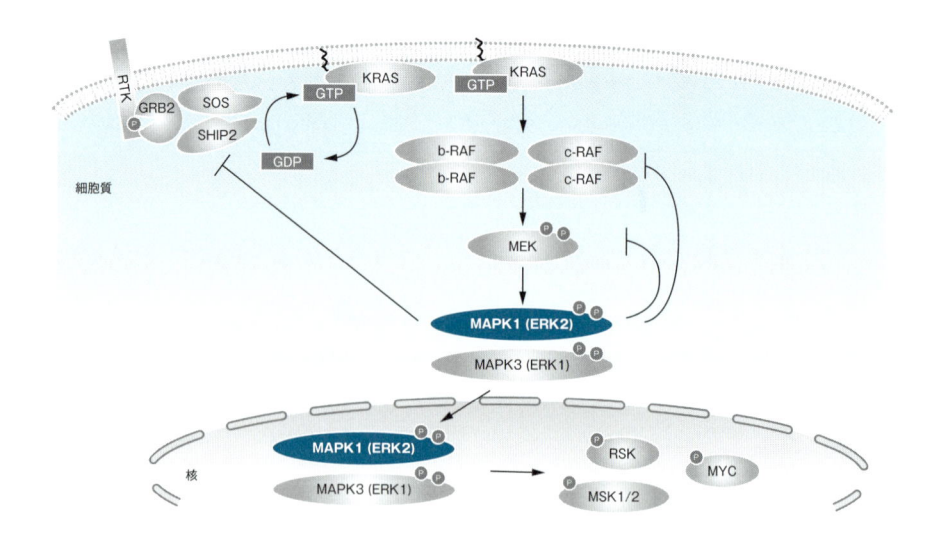

参考図書
▶Timofeev O, et al：NPJ Precis Oncol, 8：70, doi:10.1038/s41698-024-00554-5（2024）
▶Lake D, et al：Cell Mol Life Sci, 73：4397-4413, doi:10.1007/s00018-016-2297-8（2016）

42位 GSTM1
じーえすてぃーえむわん

遺伝子名	Glutathione S-transferase mu 1
タンパク質名	Glutathione S-transferase Mu 1
パラログ	*GSTM5, GSTM4, GSTM2, GSTM3*
オルソログ	🐭 - 🐀 - 🐄 - 🐷 - 🐔 - 🐸 - 🐟 *Gstm2*

酸化ストレスにかかわる危険分子を細胞から排出するために重要なグルタチオン転移酵素のなかでも, mu クラスに属する酵素をコードする遺伝子. 発がん物質, 治療薬, 環境毒素, 酸化ストレス産物などの求電子性化合物を, 生体内還元物質であるグルタチオンと結合させることで解毒化する役割をもつ.

■**遺伝子の構造**　1番染色体短腕(p13.3)に存在. 約6千塩基・8エキソン. コードされるタンパク質は218 aa.

■**主な発現組織と関連疾患**　全身で発現する. 1p13.3は遺伝子多型が多いことで知られる. *GSTM1* の遺伝子多型は発がん物質や毒素などへの感受性へ影響を与え, 発がんリスクなどにかかわる.

■**主な機能とシグナル経路**　図は, 一般的なグルタチオン経路を示している. グルタチオンは, さまざまな経路によって生成される. GSTM1のようなグルタチオン転移酵素は, グルタチオンを基質へ結合させる役割をもつ. グルタチオンが結合したグルタチオン抱合体は, ABCCトランスポーターファミリーのメンバーによって細胞外に排出される. その他にも, ストレス刺激に応答して細胞の運命を決めるための調整役を果たすことも知られている.

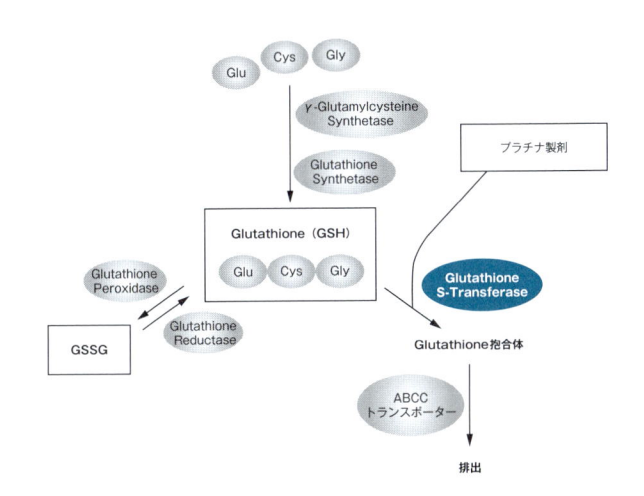

Moyer AM, et al：Cancer Epidemiol Biomarkers Prev, 19：811-821, doi:10.1158/1055-9965.EPI-09-0871（2010）より引用

参考図書
▸Bhattacharjee P, et al：Sci Rep, 3：2704, doi:10.1038/srep02704（2013）
▸McIlwain CC, et al：Oncogene, 25：1639-1648, doi:10.1038/sj.onc.1209373（2006）
▸Levy R & Le TH：Kidney360, 3：2153-2163, doi:10.34067/KID.0004552022（2022）

遺伝子名	Peroxisome proliferator-activated receptor gamma
タンパク質名	Peroxisome proliferator-activated receptor gamma（PPAR-γ）
パラログ	*PPARA, PPARD*
オルソログ	🐭 - 🐀 - 🐸 - *pparg* 🐟 *pparg* 🐔 *PPARG* 🐕 *Pparg*

> 核受容体のペルオキシソーム増殖因子活性化受容体（PPAR）のサブファミリー．レチノイドX受容体（RXR）とヘテロ二量体を形成して，遺伝子の転写を制御する．脂肪細胞の分化を制御する転写因子．

▍遺伝子の構造　3番染色体の短腕に存在．約14万5千塩基・14エキソン．コードされるタンパク質は477 aa あるいは505 aa．プロモーターの違いと選択的スプライシングにより，5′ UTR が異なる4つのスプライスバリアント（PPARG1〜4）が存在する．PPARG1, 3, 4はPPAR-γ1をコードしており，PPARG2はPPAR-γ2をコードしている．PPAR-γ2はN末端側に28 aa 付加されている．

▍主な発現組織と関連疾患　PPAR-γ1は全身で発現している．PPAR-γ2は脂肪組織で発現している．肥満や糖尿病，アテローム性動脈硬化症，がんなどに関係している．

▍主な機能とシグナル経路　PPAR-γはリガンドと結合して活性化すると，核内でRXRとヘテロ二量体を形成し，DNAのPPAR応答配列（PPRE）に結合する．次に，活性化補助因子（コアクチベーター）としてCBP[168位]/p300[98位]を含む複合体が結合して，ヒストンアセチル化を介したクロマチン構造を緩和し，RNAポリメラーゼⅡが転写を実行する．また，PPAR-γはリガンド依存的にNF-κB[15位]やSTAT1[133位]/3[12位]のDNA結合を阻害して，標的遺伝子の転写を抑制することで，炎症反応に抑制的に機能する．

　内因性リガンドとしては，プロスタグランジン，長鎖脂肪酸などがある．外因性リガンドとしては，チアゾリジンジオン，非ステロイド性抗炎症薬がある．

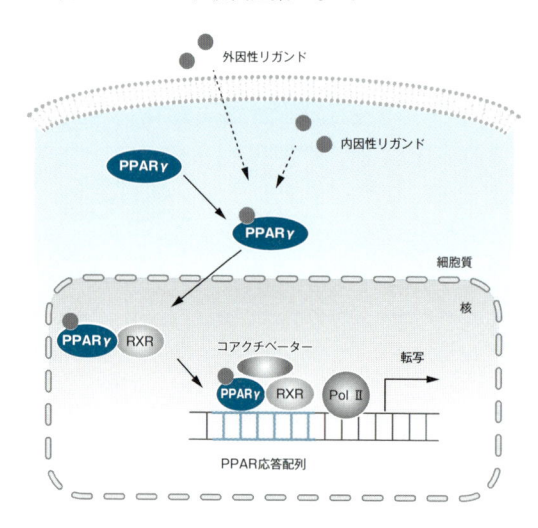

参考図書　▶黒田雅士 他：脂肪細胞分化に対するエピジェネティック制御機構．実験医学, 39:654-60, 2021

BCL2

遺伝子名	BCL2 apoptosis regulator
タンパク質名	BCL2, Apoptosis regulator Bcl-2
パラログ	BAK1, BAX, BCL2L2, BCL2L10, BCL2A1, MCL1, BCL2L1, BOK
オルソログ	🪰 - 🐛 ced-9 🐝 - 🐟 bcl2a, bcl2b 🐸 bcl2 🐔 BCL2 🐭 Bcl2

アポトーシス制御因子として知られているBcl-2ファミリーのメンバーであり，ミトコンドリア外膜に局在しており，リンパ球などの一部の細胞のアポトーシスを阻害する機能を有する（Bcl-2ファミリーはアポトーシスを阻害するものだけでなく誘導するメンバーからも構成されている）．あらゆる生物で最初に同定されたアポトーシス制御因子としても知られている．魚類から哺乳類まで分子構造と機能が高度に保存されている．

■**遺伝子の構造**　18番染色体長腕(q21.33)に存在．約20万塩基・3エキソン．コードされるタンパク質は239 aa．両親媒性αヘリックスに囲まれた疎水性αヘリックスからなる構造を有している．Bcl-2ファミリーのメンバーは，Bcl-2ホモロジー(BH)ドメインと名付けられた4つの特徴的な相同性ドメイン(BH1, BH2, BH3, BH4)の1つ以上を共有しており，BCL2タンパク質は，4つのBHドメインすべてを保存している．C末端には膜貫通ドメインを有する．

■**主な発現組織と関連疾患**　広範囲にわたる組織で発現している．特に甲状腺や脾臓や卵巣で高発現．BCL2の免疫グロブリン重鎖への転座に起因する恒常的な発現は，濾胞性リンパ腫の原因と考えられている．

■**主な機能とシグナル経路**　Bcl-2ファミリーのプロアポトーシス・タンパク質であるBax[132位]やBakは通常，ミトコンドリア膜に作用し，アポトーシス・カスケードにおけるシグナルであるシトクロムCと活性酸素の透過と放出を促進する．BCL2やBcl-xL[249位]はプロアポトーシスタンパク質を阻害することで抗アポトーシス作用を示し，その抑制はBcl-xS[249位]により解除される．

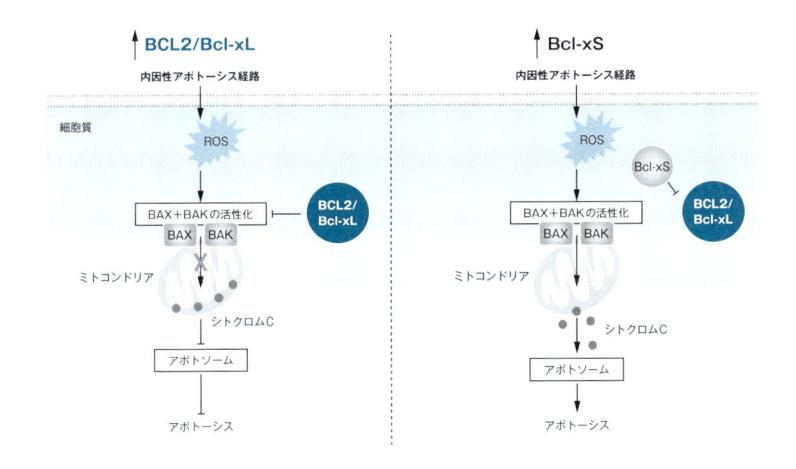

CC BYにもとづき Stevens M & Oltean S：Front Genet, 10：804, doi：10.3389/fgene.2019.00804（2019）より作成

参考図書
▶『実験医学 疾患とアポトーシス研究の新局面』（三浦正幸／企画），羊土社, 2000
▶『がんゲノムペディア』（柴田龍弘／編），羊土社, 2024

45位 CDH1
しーでぃーえいちわん

遺伝子名	CDH1
タンパク質名	Cadherin 1（CDH1），E-Cadherin
パラログ	CDH2〜13/15/17〜20/22〜24, DCHS1/2, CDH26, CDHR1〜3/5, PCDH1/7/9/11X/11Y/20
オルソログ	🐁 - 🐀 - 🐟 - 🐸 cdh1 🐸 XI.7483 🐔 CDH1 🐌 Cdh1

CDH1はCa^{2+}依存的に自己分子どうしで結合する膜タンパク質であり，β-カテニン[17位]，アクチンフィラメント[281位]を介し細胞骨格と連結し接着結合を形成する．シグナル伝達に用いられ細胞増殖，遊走，形態形成，上皮間葉転換（EMT）に関与する．

▌**遺伝子の構造**　16番染色体長腕に存在，約10万塩基のゲノムDNAにコードされ，16エキソンからなる4.5 kbのmRNAに転写され，タンパク質は882 aaに翻訳され，シグナル配列，プリカーサー配列がプロセシングされ728 aaの成熟型となる．成熟型は細胞外の5個のE-カドヘリンリピート，膜貫通後メイン，膜直下のp120結合部位，β-カテニン結合部位をもつ．糖鎖修飾の違いにより120 kDa前後の分子量となる．

▌**主な発現組織と関連疾患**　全身の細胞膜に存在しびまん性胃がん，浸潤性小葉乳がん，大腸がんではCDH1の変異がみられる．

▌**主な機能とシグナル経路**　CDH1は細胞質ドメインでβ-カテニンと結合している．Wnt非存在下ではβ-カテニンは分解され，ユビキチン化されプロテアソームで分解される．Wnt存在下ではFrizzledに結合しβ-カテニンは分解されず，核内移行を起こしTCF[216位]/LEFとともに転写因子として働き，cyclin D1[64位]やc-MYC[29位]などの発現を制御する．p120, α-カテニンはともにNF-κB[15位]，MAPK[41位]経路を介し細胞増殖を制御する．

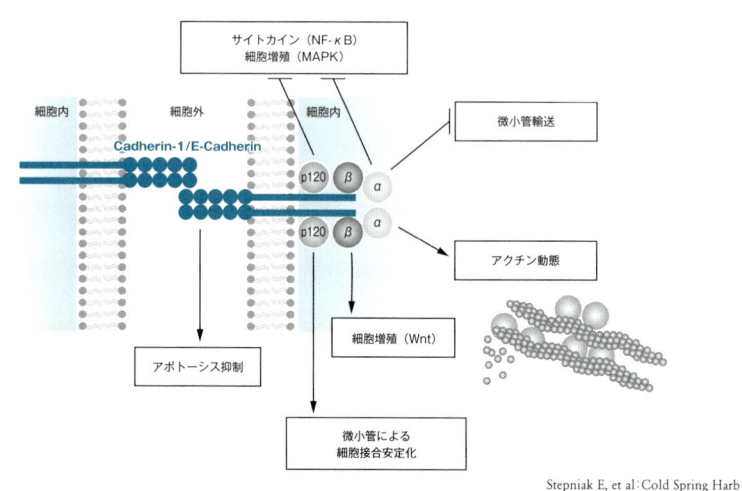

Stepniak E, et al：Cold Spring Harb Perspect Biol, 1：a002949, doi:10.1101/cshperspect.a002949（2009）より引用

参考図書　▶『がん生物学イラストレイテッド 第2版』（渋谷正史・湯浅保仁／編），羊土社，2019

46位

えすえぬしーえー
SNCA

遺伝子名	Synuclein alpha
タンパク質名	Alpha-synuclein
パラログ	*SNCG, SNCB*
オルソログ	○ - 🐛 - 🐟 - 🐭 - 🐸 *snca* 🐔 *SNCA* 🐁 *Snca*

パーキンソン病の原因遺伝子であり，コードされるタンパク質のαシヌクレインはパーキンソン病の病理学的特徴であるレビー小体の構成成分である．αシヌクレインはレビー小体型認知症，多系統萎縮症の脳にも蓄積を認め，これらはαシヌクレイノパチーとよばれる．神経シナプス前終末に多く発現し，シナプス機能の維持に関与している．

▌**遺伝子の構造**　4番染色体の長腕に存在．約11万塩基，6エキソン．コードされるタンパク質は140 aa．

▌**主な発現組織と関連疾患**　主に脳，骨髄に発現する．パーキンソン病の原因遺伝子である．変異を有さない症例においても，コードされるタンパク質はパーキンソン病，レビー小体型認知症，多系統萎縮症の脳内に蓄積を認め，これらの疾患の主病因であると考えられている．

▌**主な機能とシグナル経路**　αシヌクレインは正常では，シナプス小胞のタンパク質として機能している．*SNCA*変異やその他のパーキンソン病原因遺伝子変異，環境要因によって，αシヌクレインの凝集が起こる．凝集したαシヌクレインはミトコンドリアやプロテオスタシスの障害などを引き起こし，神経変性を招く．

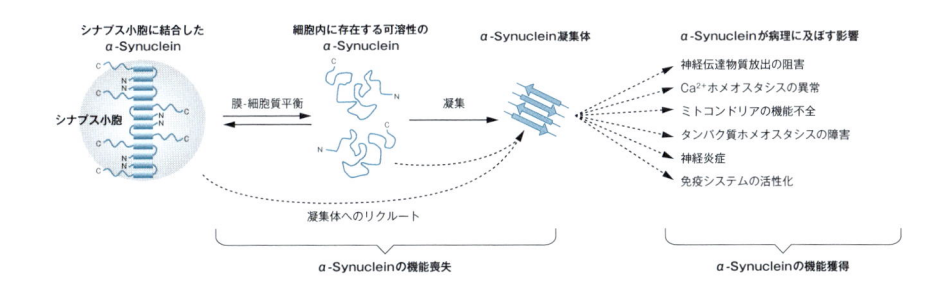

Sharma M & Burré J：Trends Neurosci, 46：153-166, doi:10.1016/j.tins.2022.11.007（2023）より引用

参考図書　▶『実験医学増刊 いま新薬で加速する神経変性疾患研究』（小野賢二郎／編），羊土社, 2023

HLA-B

えいちえるえーびー

47位

遺伝子名	Major histocompatibility complex, class Ⅰ, B
タンパク質名	HLA Class Ⅰ antigen HLA-B など
パラログ	*HLA-A, HLA-C, HLA-E, HLA-F, HLA-G* など
オルソログ	🐭 - 🐀 - 🐂 - *LOC796419* 🐷 - 🐔 - 🐸 *H2-D1* など

自己と非自己の識別に用いられる細胞表面分子MHCクラスⅠ(HLAクラスⅠ)抗原を構成する. 細胞内タンパク質に由来するペプチドを結合して, CD8陽性T細胞への抗原提示を行う. また, 移植における拒絶反応の主要な標的抗原となる.

■遺伝子の構造　6番染色体の短腕に存在. 約3千塩基・8エキソン. コードされるタンパク質は362 aa. MHCクラスⅠ抗原のα鎖をコードし, 15番染色体にコードされるβ_2ミクログロブリンと非共有結合で会合してMHCクラスⅠ抗原を構成する. HLA-A[69位], B, C[140位]は古典的MHCクラスⅠ, HLA-E, F, G[165位]などは非古典的MHCクラスⅠに属する. HLA-Bは多型性に富む.

■主な発現組織と関連疾患　古典的MHCクラスⅠ抗原は, 栄養膜細胞, 精子, 卵母細胞を除くほとんどすべての有核細胞と血小板の表面に発現する. HLA-Bの特定のアレルが自己免疫疾患(強直性脊椎炎, 反応性関節炎, ベーチェット病)のリスクを高めるほか, HIVの治療薬アバカビルに対する過敏症の原因となる.

■主な機能とシグナル経路　細胞質内で産生されたタンパク質(自己タンパク質や, 細胞に感染したウイルスのタンパク質)がプロテアソームで分解され, 8〜12アミノ酸からなるペプチドになったものがMHCクラスⅠ抗原とともに細胞表面に発現し, CD8陽性ナイーブT細胞への抗原提示を行って活性化を誘導する. これにより, ウイルス感染細胞やがん細胞の排除, 自己寛容の誘導を促進する. HLA-Bは特にHIVなどの慢性のウイルス感染の抗原提示にかかわり, 病原体に対する免疫反応を詳細に調節する.

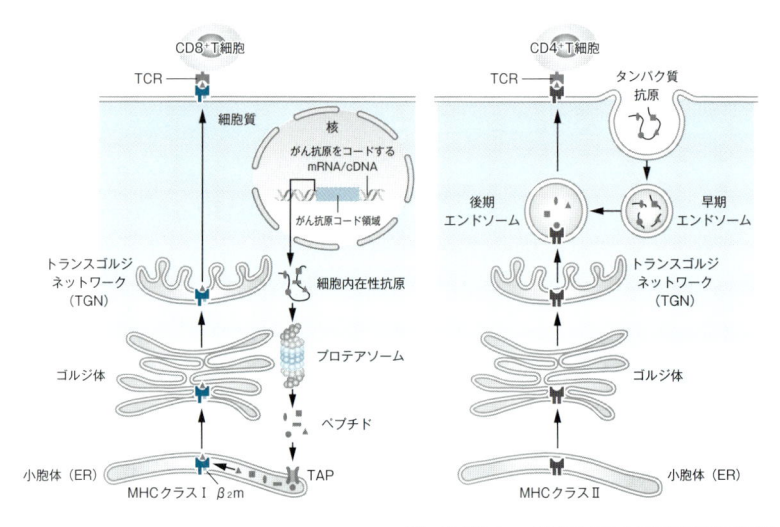

Gilboa E:J Clin Invest, 117:1195-1203, doi:10.1172/JCI31205(2007)より引用

 参考図書　▶『基礎から学ぶ免疫学』(山下政克／編), 羊土社, 2023

NOS3

のすすりー

48位

遺伝子名	Nitric oxide synthase 3(NOS3)
タンパク質名	NOS3
パラログ	*NOS1, NOS2, POR, MTRR, NDOR1*
オルソログ	🦠 - 🐛 - 🌱 - 🐟 - *nos3* 🐁 *NOS3* 🐀 *Nos3*

> NOS3は一酸化窒素合成酵素(nitric oxide synthase)の一種であり,内皮に存在するため endothelial NOSとよばれている.5種類の補因子を利用して,L-アルギニンから一酸化窒素 (NO)を合成する.合成されたNOはさまざまな生理作用を惹起するが,NOS3の産生するNO は主に血管拡張に働く.

▌遺伝子の構造 7番染色体の長腕(q36.1)に存在,約4千4百塩基・28エキソン,コードされる タンパク質は1,203 aa.10種類のアイソフォームが知られている.コードされるタンパク質 には還元酵素ドメイン〔NADPH(nicotinamide adenine dinucleotide phosphate),FAD(flavin adenine dinucleotide),FMN(flavin mononucleotide)と結合〕と酸素添加酵素ドメイン〔ヘム,BH₄ (tetrahydrobiopterin cofactor)と結合〕,そしてそれらに挟まれるようにCalmodulin(CaM)結合ド メインが存在している.

▌主な発現組織と関連疾患 主に脾臓で高発現している.298番目のアスパラギン酸残基の置換は 冠攣縮と関連している.

▌主な機能とシグナル経路 NOS3はホモ二量体で作用し,5つの補因子であるNADPH,FAD, FMN,ヘム,BH₄とCaMを利用して,L-アルギニンからシトルリンとNOを生成する.NOはフリー ラジカルの一種であり,神経伝達,抗菌・抗腫瘍などの生体反応に関与している.NOは細胞膜を自 由に通過するため,隣接する細胞に働きかけて,効果を発揮する.血管内皮においては,NOは可溶 性グアニル酸シクラーゼを標的にし,血管拡張を引き起こす.またNOは血小板の活性化を引き起こ して,血液凝固を促進することも知られている.
　なおパラログの比較の文脈では,NOS1(neuronal NOS)は神経系のシグナル伝達に,NOS2 (inducible NOS)[▶213位]は生体防御に,NOS3(endothelial NOS)は血管拡張に主に働くと考えると よい.

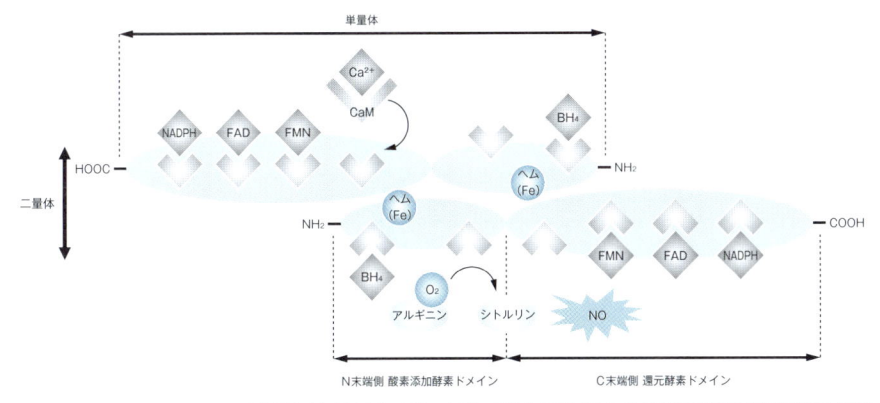

CC BYにもとづきMedina AM, et al:J Bras Nefrol, 40:273-277, doi:10.1590/2175-8239-JBN-3824(2018)より作成

参考図書 ▶Medina AM, et al:J Bras Nefrol, 40:273-277, doi:10.1590/2175-8239-JBN-3824(2018)

49位

MDM2
えむでぃーえむつー

遺伝子名	MDM2 proto-oncogene
タンパク質名	E3 ubiquitin-protein ligase Mdm2
パラログ	MDM4
オルソログ	🐭 - 🦠 - 🐛 - 🐟 mdm2 🐀 mdm2 🐦 MDM2 🐸 Mdm2

MDM2 は E3ユビキチンリガーゼをコードする遺伝子である. MDM2はがん抑制遺伝子 *TP53*[*1位] の産物であるp53と結合し, ユビキチン化することによりp53の分解誘導を行う. 細胞生存シグナル存在下ではMDM2はリン酸化されて活性化しており, p53の発現を非常に低レベルに保っている.

▌**遺伝子の構造**　12番染色体長腕(12q15)に存在し, 約4万2千5百塩基, 12エキソン, 向きはプラス. コードされるタンパク質は491 aa. 選択的スプライシングにより, 11のアイソフォームが存在する.

▌**主な発現組織と関連疾患**　多くの組織で発現が認められる. さまざまながん種でMDM2の過剰発現がみられる・また, 関連疾患として早老症の1つLessel-Kubisch症候群がある.

▌**主な機能とシグナル経路**　MDM2はp53をユビキチン化し, プロテアソームによる分解誘導を行う. MDM2のパラログMDM4 (MDMX) も同様にp53に直接作用して抑制因子として働くが, E3ユビキチンリガーゼ活性はもたない. *CDKN2A*[▶28位] にコードされるp14ARFはMDM2と安定な複合体を形成し, p53の分解が抑制されている. 放射線や紫外線などによるDNA損傷が起きると, DNA損傷チェックポイントにかかわるセリン/スレオニンキナーゼATMやATRが活性化し, MDM2やp53がリン酸化されることで, MDM2とp53の結合が解離し, p53は安定化する. また, MDM2自身がp53の標的遺伝子のため, DNA損傷などのストレス応答がない場合には, *TP53* と *MDM2* の発現は両者とも低いレベルで維持される. がんにおいてはMDM2の過剰発現がみられる例があり, その場合p53が分解されてがん抑制に至らず, 発がんの原因となる.

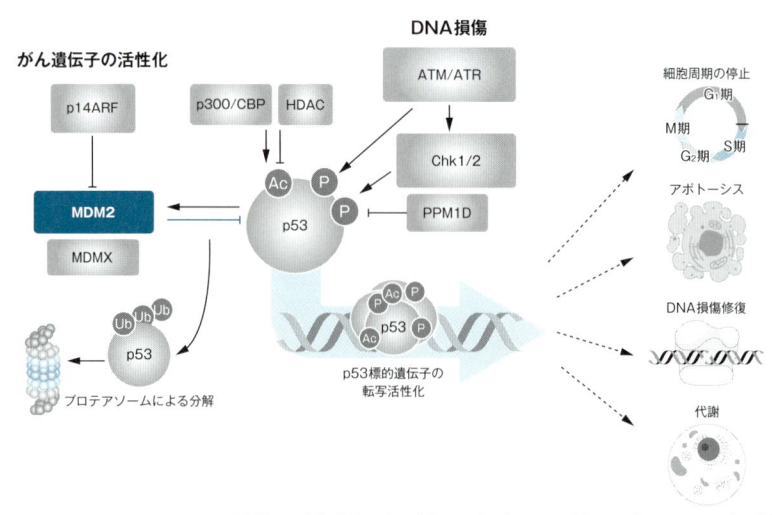

参考図書　『がんゲノムペディア』(柴田龍弘／編), 羊土社, 2024
『がん生物学イラストレイテッド 第2版』(渋谷正史・湯浅保仁／編), 羊土社, 2019

50位

しーえっくすしーあーるふぉー
CXCR4

遺伝子名	C-X-C motif chemokine receptor 4（CXCR4）
タンパク質名	CXCR4
パラログ	*CXCR1〜3, 5, ACKR2, CCR1〜8*など23種類
オルソログ	○ - ◎ - ♠ - ◎ *cxcr4a, cxcr4b* ◎ *cxcr4* ◎ *CXCR4* ◎ *Cxcr4*

CXCモチーフをもつケモカインCXCL12/SDF1[86位]をリガンドとして機能する，受容体をコードする遺伝子．CXCR4はリガンドの結合によって細胞内のシグナル経路を活性化し，さまざまな遺伝子の発現を誘導する．主に免疫反応に関連している．

▌**遺伝子の構造** 2番染色体の長腕（q22.1）に存在，約1千7百塩基・4エキソン．コードされるタンパク質は352 aa. 7種類のアイソフォームが知られている．コードされるタンパク質のN末端側にリガンド結合に重要な部位が存在している．

▌**主な発現組織と関連疾患** 主に骨髄，リンパ節で発現している．他には脾臓や虫垂などにも発現．免疫不全症の一種であるWHIM症候群と関連している．また，卵巣がん，乳がん，前立腺がんなど，多くのがんとの関連がある．

▌**主な機能とシグナル経路** CXCサイトカインであるCXCL12/SDF1の7回膜貫通型受容体として細胞膜に存在し，機能する．リガンドが結合することによって，細胞内の多様なシグナル経路を活性化させる結果，さまざまな反応などを引き起こす．例えば細胞内のCa^{2+}の上昇とMAPK1/MAPK3[41位, 85位]の活性化により，ケモタキシスを誘導する．また，Akt[10位]を介した細胞の生存シグナルの活性化や，NF-κB[15位]を介した免疫関連遺伝子の発現誘導なども引き起こす．また創傷治癒時における細胞遊走の制御などにもかかわる．

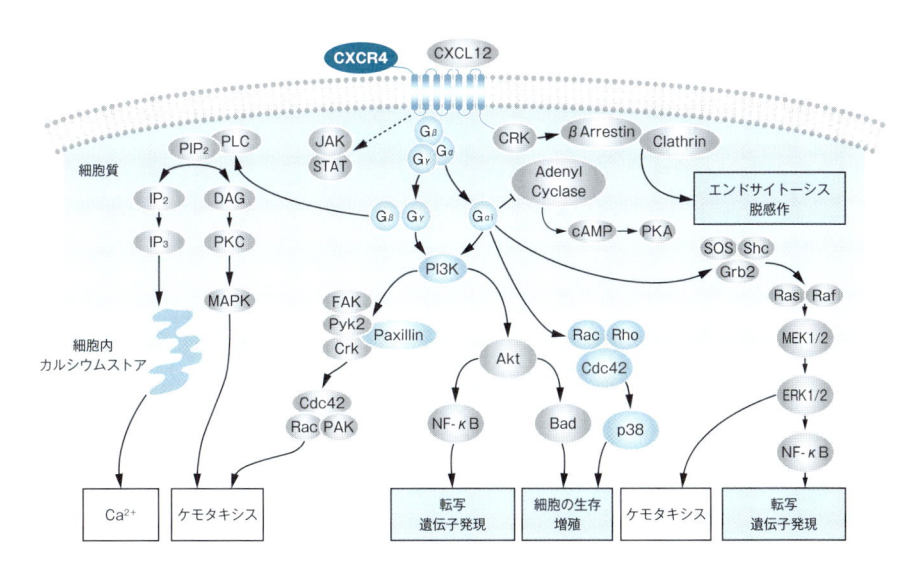

Teicher BA & Fricker SP：Clin Cancer Res, 16：2927-2931, doi:10.1158/1078-0432.CCR-09-2329（2010）より引用

参考図書 ▶Teicher BA & Fricker SP：Clin Cancer Res, 16：2927-2931, doi:10.1158/1078-0432.CCR-09-2329（2010）

51位

<番うぶるかつーと または びーあーるしーえーつー>

BRCA2

遺伝子名	BRCA2 DNA Repair Associated, FANCD1, XRCC11
タンパク質名	Breast cancer type 2 susceptibility protein (BRCA2)
パラログ	-
オルソログ	⊘ - 🐭 - 🐁 *Brca2* 🐸 *brca2* 🐛 *brca2* 🐔 *BRCA2* 🐟 *Brca2*

> DNA二本鎖切断後の相同組換え修復を介して, ゲノム安定性の維持に寄与している. BRCA2はBRCA1[14位]とともに相同鎖交換反応を担うRAD51[221位]と相互作用し, DNA損傷部位の一本鎖DNAに結合する. がん抑制遺伝子として知られている.

▌遺伝子の構造 13番染色体の長腕に存在. 約8万5千塩基・28エキソン. コードされるタンパク質は3,418 aa. エキソン11が最も大きく, 多くの変異が認められる. そこにはRAD51との相互作用に重要なBRCリピートが存在する.

▌主な発現組織と関連疾患 リンパ組織, 骨髄, 精巣などで発現している. *BRCA2*の変異は遺伝性の乳がん・卵巣がんのリスクとなる. さらに前立腺がんや男性乳がんの発症にも関与している. また*BRCA2*の変異はファンコニ貧血(常染色体潜性遺伝)の原因でもあり, 患者の多くは急性骨髄性白血病やさまざまながんを発症しやすくなる.

▌主な機能とシグナル経路 BRCA2は, DNA損傷部位に局在するBRCA1と相互作用しているPALB2によって, 損傷部位に移行する. さらに, DNAの相同鎖交換反応を担うRAD51と相互作用して複合体を形成することで, DNA修復を行う.

　BRCA2がCDKによるリン酸化を受けると, Plk1[197位]を介したRAD51のリン酸化が起こり, リン酸化によりRAD51が複製フォークへ安定的に相互作用できるようになることで, DNA損傷の修復が亢進すると考えられている.

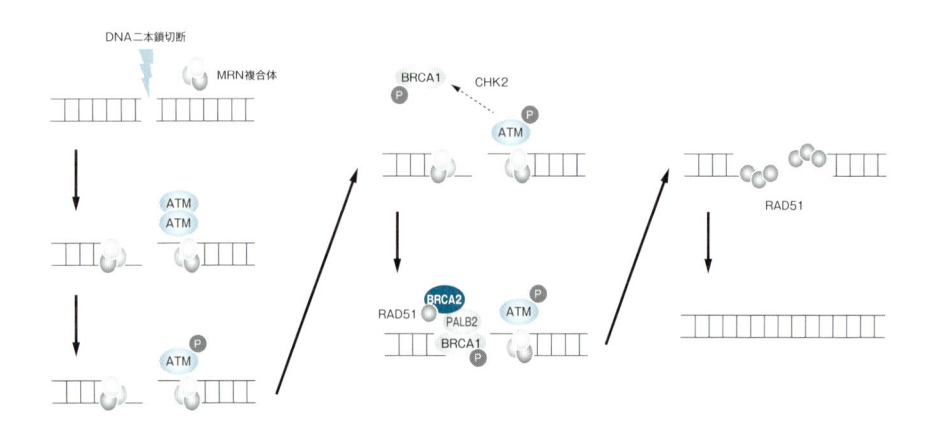

参考図書 ▶『がん生物学イラストレイテッド 第2版』(渋谷正史・湯浅保仁／編), 羊土社, 2019

52位 *MAPT*
まっぷてぃー

遺伝子名	Microtubule-associated protein tau
タンパク質名	Microtubule-associated protein tau
パラログ	MAP2, MAP4
オルソログ	○ - ◈ ptl-1 ◈ tau ◈ mapta, maptb ◈ mapt ◈ MAPT ◈ Mapt

> コードされるタンパク質のタウはアルツハイマー病患者の神経細胞内で凝集し，病理学的特徴である神経原線維変化を形成する．タウは進行性核上性麻痺，皮質基底核変性症などでも蓄積を認め，これらの疾患は総称としてタウオパチーとよばれる．

▌**遺伝子の構造**　17番染色体の長腕に存在．約13万塩基，13エキソン．コードされるタンパク質は833 aa．スプライシングによりエキソン10を含まないタンパク質は3リピートタウ，含むものは4リピートタウとよばれる．

▌**主な発現組織と関連疾患**　中枢神経に多く発現する．タウタンパク質はアルツハイマー病，進行性核上性麻痺，皮質基底核変性症などの神経変性疾患患者の脳内に蓄積を認める．

▌**主な機能とシグナル経路**　タウは微小管タンパク質のチューブリンに結合し微小管の形成および安定化，軸索輸送に関与している．軸索以外にもシナプス，樹状突起，核，細胞質とさまざまな部位に局在し，シナプス形成や伝達，スパイン形成，DNAやRNAの保護，翻訳，ヘテロクロマチンの安定化など，その機能は多岐にわたるとされている．

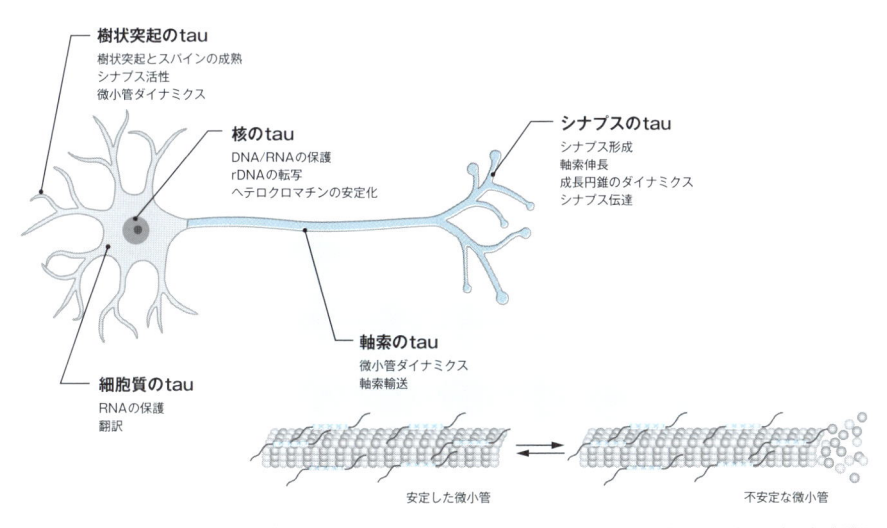

樹状突起のtau
樹状突起とスパインの成熟
シナプス活性
微小管ダイナミクス

核のtau
DNA/RNAの保護
rDNAの転写
ヘテロクロマチンの安定化

シナプスのtau
シナプス形成
軸索伸長
成長円錐のダイナミクス
シナプス伝達

軸索のtau
微小管ダイナミクス
軸索輸送

細胞質のtau
RNAの保護
翻訳

安定した微小管　　不安定な微小管

参考図書 ▶『実験医学増刊 いま新薬で加速する神経変性疾患研究』（小野賢二郎／編），羊土社，2023

53位 IFNG
いんたーふぇろんがんま

遺伝子名	Interferon gamma
タンパク質名	IFN-γ
パラログ	-
オルソログ	○- ○- ○- ○- ○- ○ FN-GAMMA ○ Ifng

T細胞, NK細胞, NKT細胞, マクロファージ, 樹状細胞などから産生され, 抗ウイルス作用を示すタンパク質. マクロファージの活性化, 樹状細胞の抗原提示能増強, B細胞の抗体産生におけるIgGへのクラススイッチの誘導にかかわる.

▌**遺伝子の構造**　12番染色体の長腕に存在. 約5千塩基・4エキソン. コードされるタンパク質は166 aa. 3種類のインターフェロン（Ⅰ型, Ⅱ型, Ⅲ型）のうちⅡ型に属する.

▌**主な発現組織と関連疾患**　血液, 肺, リンパ節, 脾臓, 脂肪組織に高発現. 結核などの肉芽腫形成, 原虫やウイルス感染の病態にかかわる.

▌**主な機能とシグナル経路**　IFN-γが二量体を形成して受容体のIFNGR-1, IFNGR-2に結合すると, JAK1, JAK2[65位]がリクルートされ, JAK2のリン酸化によってJAK1もリン酸化される. 転写因子STAT1[133位]がJAK2によってリン酸化され, 二量体となって核移行し, IRF1, IRF9などを含むインターフェロン誘導遺伝子を転写して, 炎症反応や自然免疫・適応免疫を制御する.

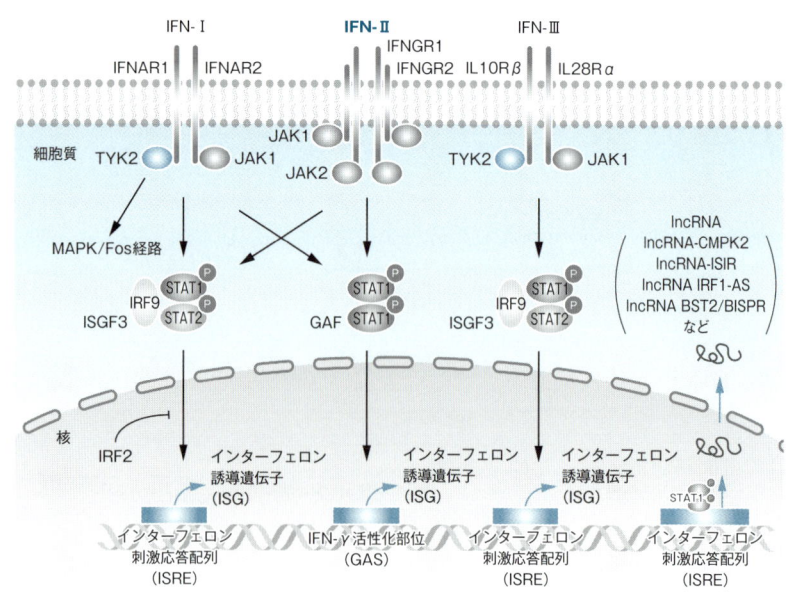

CC BYにもとづきLei B, et al：Front Microbiol, 13：962186, doi:10.3389/fmicb.2022.962186（2022）より引用

参考図書	▶『医系免疫学 改訂16版』（矢田純一／著）, 中外医学社, 2021

54位 *TERT*

たーと

遺伝子名	Telomerase reverse transcriptase
タンパク質名	Telomerase reverse transcriptase（TERT）
パラログ	-
オルソログ	🦠 EST2 🪱 trt-1 🪰 - 🐟 tert 🐸 tert 🐔 TERT 🐭 Tert

細胞の不死化に関与する遺伝子．テロメアの伸長を行うテロメラーゼの主要サブユニットであるテロメラーゼ逆転写酵素をコードする．特にヒトの *TERT* は *hTERT* と表される．染色体末端を保護するテロメアは，細胞分裂を行うたびに短くなるが，ヒトでは生殖細胞や幹細胞，一部のがん細胞などでテロメラーゼ活性により，テロメアの伸長が行われている．特にがん細胞においては，テロメラーゼが活性化しており，テロメアの長さが維持されることにより，無制限の増殖が可能になる．

▌**遺伝子の構造**　5番染色体の短腕（p15.33）に存在，約4万2千塩基・16エキソン，コードされるタンパク質は1,132 aa．逆転写酵素ドメインとRNA相互作用ドメイン（RD1, RD2）をもつ．

▌**主な発現組織と関連疾患**　正常な体細胞では発現がきわめて低いか発現しておらず，生殖細胞や幹細胞などを含む組織において，特異的に発現している．甲状腺がんや膀胱がんなどで，*TERT* のプロモーター領域に変異が確認されている．

▌**主な機能とシグナル経路**　テロメアの伸長は，鋳型となるRNA（テロメラーゼRNA要素：TERC）の配列をもとにテロメラーゼ逆転写酵素によって行われる．TERCは正常細胞でも発現しているため，テロメラーゼ活性はTERTの発現に依存していると考えられている．TERTの発現はさまざまなレベルの制御を受けているが，がん細胞などのTERTが発現している細胞では，プロモーター領域の変異がみられる．C250TやC228Tなどの変異がよく知られ，ETS転写因子などが結合できるコンセンサス配列が新たに生まれることで，*TERT* 遺伝子の発現が活性化する．

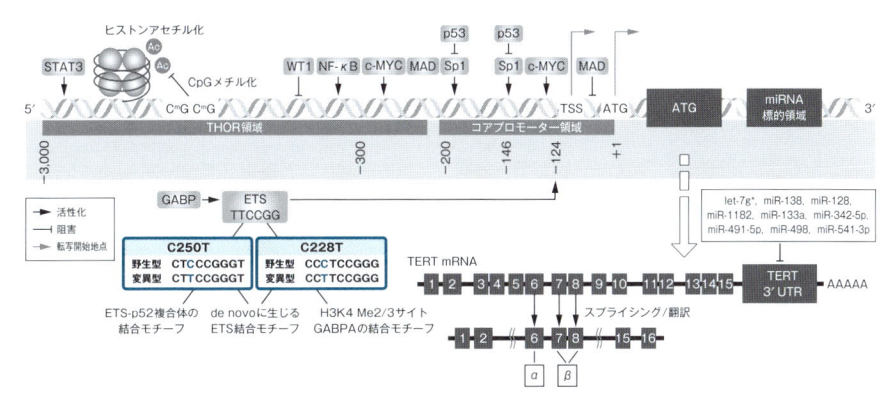

CC BYにもとづき Dratwa M, et al：Front Immunol, 11：589929, doi:10.3389/fimmu.2020.589929（2020）より引用

参考図書
▸ Liu M, et al：Cell Death Dis, 15：90, doi:10.1038/s41419-024-06454-7（2024）
▸ Dratwa M, et al：Front Immunol, 11：589929, doi:10.3389/fimmu.2020.589929（2020）

55位 IGF1
あいじーえふわん

遺伝子名	Insulin like growth factor 1
タンパク質名	Insulin-like growth factor Ⅰ（IGF1）
パラログ	*IGF2, INS*
オルソログ	🐭 - 🐀 - 🐦 - *igf1* 🐟 *igf1* 🐸 *IGF1* 🪰 *lgf1*

> IGF1はインスリン遺伝子ファミリーに属しており, インスリン[150位]に類似した分子構造をもつ主に肝臓で産生されるホルモンである. 小児の成長に重要な役割を果たす.

▌遺伝子の構造　12番染色体長腕(q23.2)に存在. 約8万6千塩基・4エキソン. コードされるタンパク質は153 aa. N末端およびC末端のプロペプチド領域を含む不活性な前駆体タンパク質の状態から, タンパク質分解プロセスを経て成熟したIGF1が生成される. 成熟したIGF1は70 aaからなる一本鎖ポリペプチドであり, 分子内に3カ所のジスルフィド結合を有している.

▌主な発現組織と関連疾患　広範囲な組織にわたって発現しており, 特に子宮内膜や脂肪, 肝臓で高発現. 遺伝子欠損はインスリン様成長因子Ⅰ欠損症の原因となっている. この疾患は出生前および出生後の重度の発育不全, 感音性難聴, 精神遅滞が認められる.

▌主な機能とシグナル経路　IGF1自体の産生は成長ホルモンによる刺激を受けている. IGF1タンパク質はプロセシングを経て, 特異的な受容体に結合してその機能を発揮する. IGF1の作用を主に媒介する受容体はIGF1R[113位]であり, IGF1Rはさまざまな組織や細胞種で細胞表面に存在している. IGF1Rへの結合によって細胞内のシグナル伝達が開始され, AKTシグナル伝達経路[10位]を活性化し細胞の成長や増殖を刺激する. AKTシグナル伝達経路の最も強力な天然活性化因子の1つとして知られている. またプログラム細胞死の強力な阻害因子としても機能する.

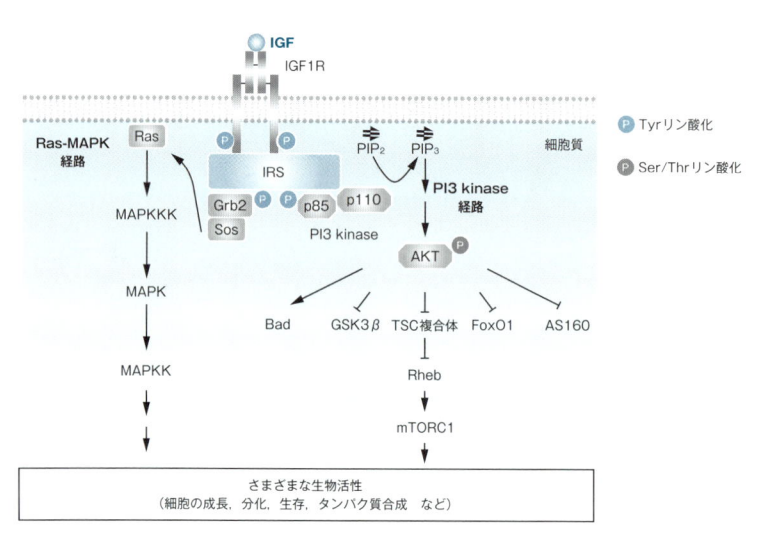

Hakuno F & Takahashi SI: J Mol Endocrinol, 61: T69-T86, doi:10.1530/JME-17-0311 (2018) より引用

 参考図書 ▶『サイトカイン・増殖因子キーワード事典』(宮園浩平 他／編), 羊土社, 2015

56位 *COMT*

<ruby>こむと</ruby>

遺伝子名	Catechol-O-methyltransferase
タンパク質名	Catechol-O-methyltransferase（COMT）
パラログ	*TOMT, LRTOMT, COMTD1*
オルソログ	♡ - 🐛 - 🐸 - 🐢 *comta, comtb* 🐟 *comt, comt.2* 🐭 *COMT* 🐁 *Comt*

コードするタンパク質はカテコール-O-メチル基転移酵素（COMT）であり, カテコラミンを分解する酵素である. COMT阻害薬はパーキンソン病薬のレボドパ（ドパミン前駆体）と併用され, 末梢組織でレボドパの分解を防ぎ, 中枢神経への移行を高める作用をもつ.

▌遺伝子の構造　22番染色体の長腕に存在. 約2万8千塩基, 6エキソン. コードされるタンパク質は271 aa.

▌主な発現組織と関連疾患　全身に発現する. COMT阻害薬はパーキンソン病の治療薬として用いられる.

▌主な機能とシグナル経路　COMTはドパミンやアドレナリンなどのカテコラミンを分解する酵素である. COMT阻害薬は, レボドパ, 芳香族アミノ酸脱炭酸酵素（AADC）阻害薬と併用されることで, レボドパの末梢組織での分解を減らし中枢神経への移行を高める作用をもつため, パーキンソン病治療薬として用いられる.

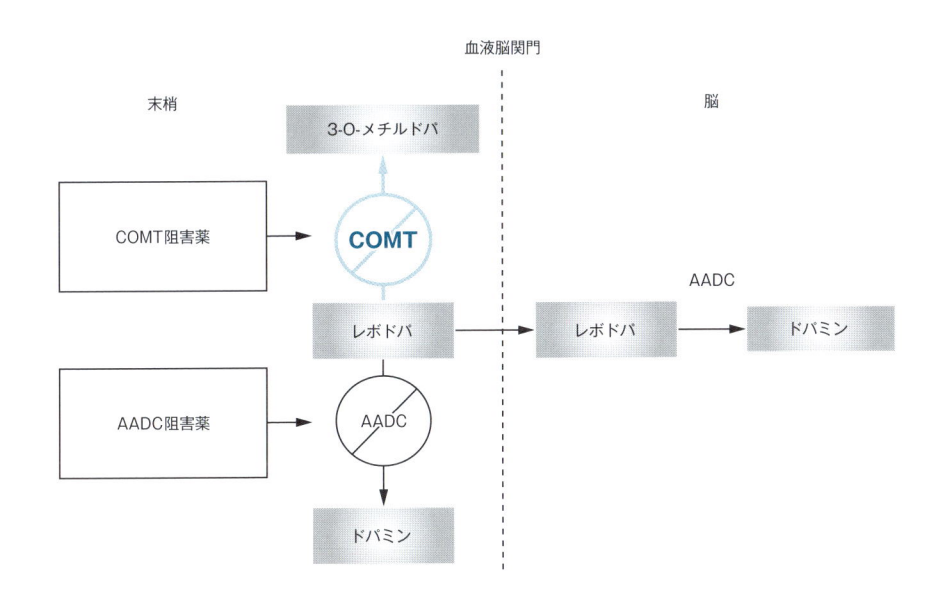

Antonini A, et al：Neuropsychiatr Dis Treat, 4：1-9, doi:10.2147/ndt.s2404（2008）より引用

 参考図書　▶『医学のあゆみ パーキンソン病を解剖する — 過去, 現在, そして未来へ』（服部信孝／編）, 医歯薬出版, 2021

57位 CD4
しーでぃーふぉー

遺伝子名	CD4 molecule
タンパク質名	CD4 antigen など
パラログ	-
オルソログ	♡ - 🦟 - 🐡 - 🐸 - 🐔 CD4 🐁 Cd4

一部のT細胞の表面に発現する糖タンパク質. T細胞受容体TCRの補助受容体として, MHCクラスⅡ分子とともに提示された抗原ペプチドの認識に用いられる. CD4を発現する活性化T細胞はヘルパーT細胞とよばれ, 異なる機能をもつTh1, Th2, Th17, Tfh, Treg などのサブセットにわかれる.

■遺伝子の構造　12番染色体の短腕に存在. 約3万1千塩基・11エキソン. コードされるタンパク質は458 aa.

■主な発現組織と関連疾患　白血球, 脾臓, リンパ節などに高発現. CD4が欠損すると原発性免疫不全になる.

■主な機能とシグナル経路　CD4陽性のナイーブT細胞はMHCクラスⅡ[76位]上に提示された抗原ペプチドを認識して活性化し, サイトカインや細胞間相互作用の影響でエフェクターT細胞やメモリーT細胞に分化する. エフェクターT細胞は, それが産生するサイトカインによって, Th1細胞（IFN-γ[53位]）, Th2細胞（IL-4[108位], IL-5, IL-13[277位]）, Th17細胞（IL-17[16位]）, Tfh細胞（IL-21）, 制御性T細胞（TGF-β[7位]）などに分けられる.

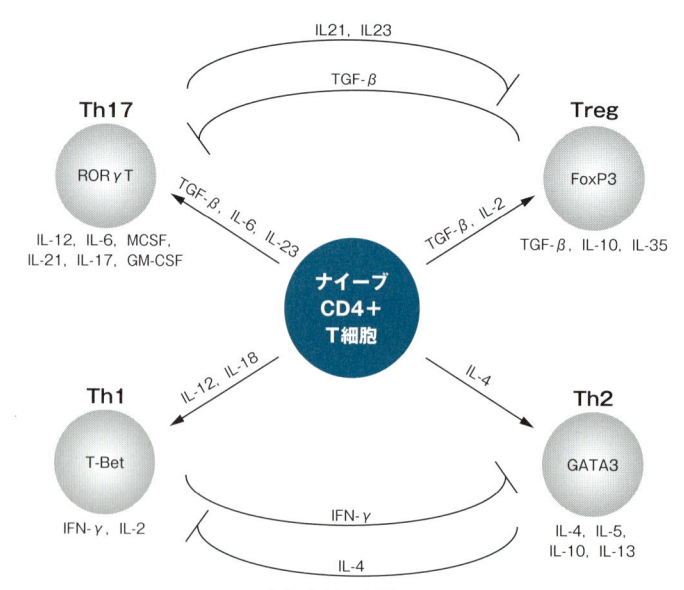

Świderska M, et al：Clin Exp Hepatol, 3：127-134, doi:10.5114/ceh.2017.68466（2017）より引用

参考図書　『基礎から学ぶ免疫学』（山下政克／編）, 羊土社, 2023

58位 MMP2

えむえむぴーつー

標的治療薬開発中

遺伝子名	Matrix metallopeptidase 2
タンパク質名	MMP2, Gelatinase A, Type Ⅳ collagenase
パラログ	*MMP1/3/7/8/10〜17/19〜21/23B/24〜28, HPX*
オルソログ	🦪 - 🐚 - 🐛 - 🐟 *mmp2* 🐸 - 🐔 *MMP2* 🐭 *Mmp2*

> MMPはサイトカイン, 増殖因子などで誘導される亜鉛要求性のエンドペプチダーゼでヒトでは24種, マウスにおいて23種存在する. MMP2はMMP9[▶19位]とともにゼラチナーゼに分類される.

▌遺伝子の構造　16番染色体長腕に存在, 約1万7千塩基のゲノムDNAにコードされ13エキソンからなる3,514塩基のmRNAに転写され, タンパク質は660 aaに翻訳され, 29 aaのシグナル配列, 82 aaのプロペプチド, 触媒ドメイン, 4個のヘモペクシンドメインから構成される. MMP2は72 kDaのプロエンザイムとして分泌され, プロMMP2は細胞表面のMT1-MMPで分解後に自己消化により62 kDaの活性型になる.

▌主な発現組織と関連疾患　子宮内膜ストロマ細胞, 線維芽細胞で発現し, 組織では膀胱, 胎盤, 子宮内膜などで発現している. 多中心性骨溶解症との関連が知られる.

▌主な機能とシグナル経路　Ⅰ〜Ⅴ, Ⅶ, Ⅹ, ⅩⅠ型コラーゲン, エラスチン, ビトロネクチン, ラミニン, アグリカン, リンクプロテイン, バーシカン, デコリンなどの細胞外マトリクス(ECM), プロIL-1β[▶18位]を分解する. ECMリモデリング, 血管新生, 遊走, 転移, アテローム性動脈硬化性プラーク, 関節・骨破壊に関与する. TIMP2はMMP2に結合し阻害する. MMP2はECMにトラップされている増殖因子やサイトカインを遊離させる. さらにMMP2はTGF, LAP, デコリンなどのlatent TGF-β binding proteinsで構成される潜在型TGF-β[▶7位]を分解し活性型とする.

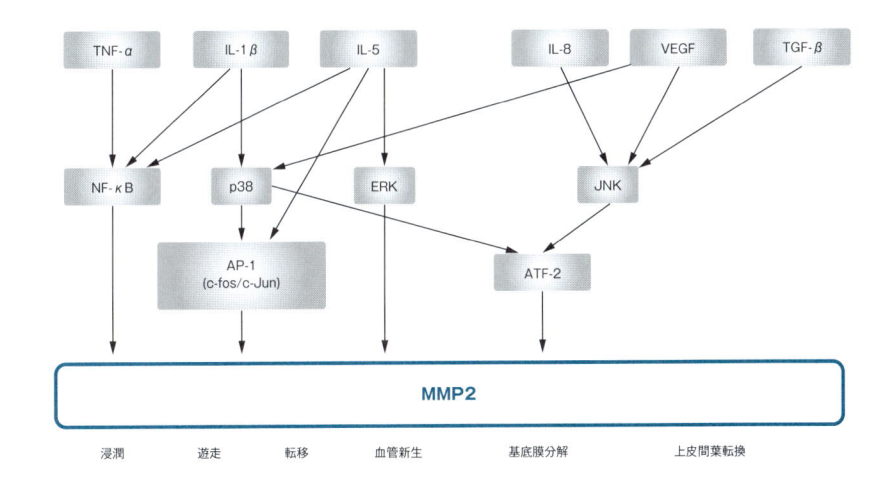

参考図書　▶『がん生物学イラストレイテッド 第2版』(渋谷正史・湯浅保仁／編), 羊土社, 2019

59位 CFTR
しーえふてぃーあーる

がん遺伝子パネル検査対象遺伝子
標的治療薬あり

遺伝子名	Cystic fibrosis transmembrane conductance regulator
タンパク質名	Cystic fibrosis transmembrane conductance regulator（CFTR），cAMP-dependent chloride channel など
パラログ	-
オルソログ	🐛 - 🦠 - 🐟 - *cftr* 🐸 *cftr* 🐀 *CFTR* 🐁 *Cftr*

CFTRは上皮細胞に存在するイオンチャネルで，塩化物イオンと重炭酸イオンの輸送を担う．*CFTR*遺伝子の変異は嚢胞性線維症（cystic fibrosis）の原因となる．特に508番目のフェニルアラニンの欠失（ΔF508）は最も一般的な変異である．CFTRΔF508変異体はタンパク質の折りたたみ異常のためユビキチン化され分解される．CFTRの品質管理機構が治療の重要なターゲットとなっている．

▌**遺伝子の構造**　7番染色体長腕q31.2に存在．約19万塩基．27エキソン．コードされるタンパク質は1,480 aa．

▌**主な発現組織と関連疾患**　CFTRは主に気道，膵臓，汗腺，消化管などの上皮細胞に存在する．特に気道でのCFTR異常は粘液の粘度を高め，慢性的な細菌感染や炎症を引き起こすことで呼吸機能を低下させ，致命的な呼吸不全に至ることがある．また，膵臓では消化酵素の分泌が減少し，消化不良を引き起こすなど症状は多岐にわたる．日本においては稀な疾患であるが，コーカソイドでは高頻度（約3,500人に1人）で発症する．

▌**主な機能とシグナル経路**　CFTRはcAMP依存性の塩化物イオンチャネルとして機能し，ATPによる二量体形成により活性化される．これにより，塩化物イオンと重炭酸イオンが細胞外へ輸送され，水分移動と粘液の粘度調節が行われる．CFTRの機能異常は，塩化物イオンの輸送を障害し，細胞外の水分量や粘度に影響を及ぼす．ΔF508変異はフォールディング異常を引き起こすため小胞体品質管理機構によって認識され，ユビキチン化された後プロテアソームで分解される．CFTRの機能を回復させるための標的治療薬が複数開発されているが，いまだ根本的な治療法には至っていない．

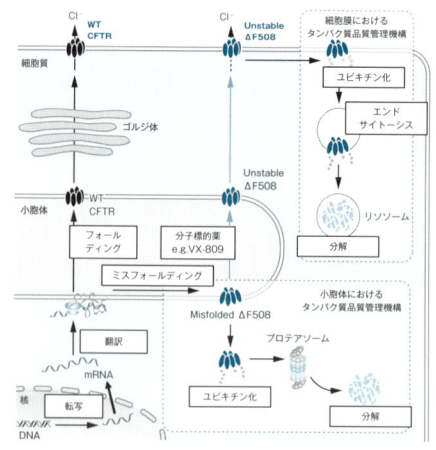

Okiyoneda T & Lukacs GL: J Cell Biol, 199: 199-204, doi:10.1083/jcb.201208083（2012）より作成

参考図書　福田亮介 & 沖米田 司：嚢胞性線維症原因遺伝子産物CFTRの品質管理機構と機能制御．生化学，92：179-188，2020

GSTT1
じーえすてぃーてぃーわん

60位

遺伝子名	Glutathione S-transferase theta 1
タンパク質名	Glutathione S-transferase theta-1 (GSTT1)
パラログ	-
オルソログ	○ - ◉ - ♠ - ⬡ - ◔ - ♥ - ⬧ -

酸化ストレスにかかわる危険分子を細胞から排出するために重要なグルタチオン転移酵素のなかでも，theta クラスに属する酵素をコードする遺伝子．GSTT1酵素は，エチレンオキシドや臭化メチル，その他のハロゲン化代謝物の解毒を触媒すると報告されている．ハプロタイプ特異的であり，全人口の38%ではこの遺伝子が欠けているといわれている．

▌遺伝子の構造　22番染色体の長腕に存在．約8千塩基・5エキソン．コードされるタンパク質は240 aa．

▌主な発現組織と関連疾患　全身で発現する．GSTT1による解毒能力の機能不全は，前立腺がんを含むさまざまながんの病因に関与していることが示唆されている．

▌主な機能とシグナル経路　グルタチオン付加による解毒触媒以外に，GSTT1は図のように細胞の運命決定にも関与する．通常は単量体のGSTT1として存在し，阻害因子との結合により活性が抑えられている．酸化ストレス刺激が存在する場合，GSTT1は二量体化し，p38[89位] およびMK2との結合により，自らの発現を上昇させる．これらの現象はp38とMK2の活性化を誘導し，MKK3との相互作用，ミトコンドリア膜電位分極の減少を通じて，アポトーシスと細胞老化の活性化を引き起こす．

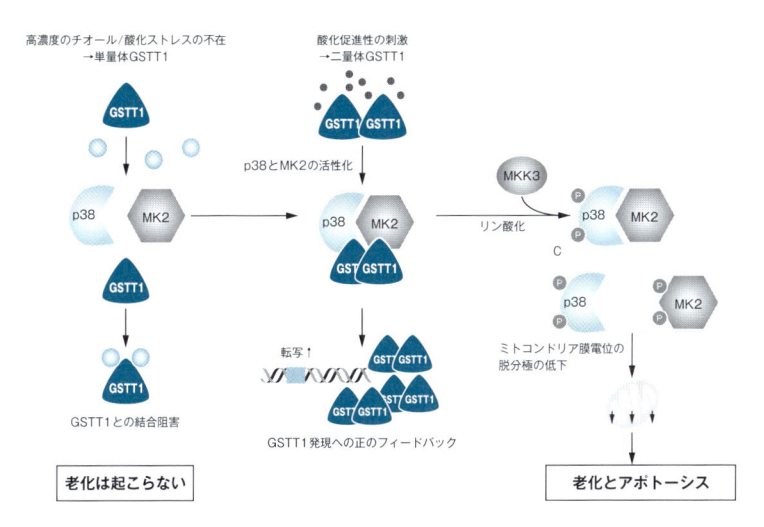

Wang Y, et al：J Cancer, 7: 1680-1693, doi:10.7150/jca.15494（2016）より引用

参考図書

▶Zhou TB, et al：Am J Epidemiol, 180：1-10, doi:10.1093/aje/kwu112（2014）
▶Goodsell DS（工藤高裕／訳）：PDBj 入門今月の分子 グルタチオン転移酵素：https://numon.pdbj.org/mom/212?l=ja

LEP
えるいーぴー

遺伝子名	Leptin
タンパク質名	LEP, Leptin
パラログ	-
オルソログ	🐭 - 🦎 - 🐢 - 🐠 lep 🐦 - 🐀 Lep

> レプチンは脂肪細胞によってつくり出されるペプチドホルモンであり, 強力な飽食シグナルを伝達し, 食物摂取の抑制や交感神経活動亢進によるエネルギー消費を促進することで, 体重調節において重要な役割を果たす. 肥満ではレプチンの感受性が低下し, 高いレプチンレベルであっても満腹感を感知できなくなる. ギリシャ語で「痩せる」を意味する「leptos」を語源としている.

▐ **遺伝子の構造** 7番染色体長腕(q32.1)に存在. 約1万6千塩基・3エキソン. コードされるタンパク質は167 aa. コード領域は第2と第3エキソンに含まれている.

▐ **主な発現組織と関連疾患** 脂肪組織特異的に高発現を示す. レプチン産生の欠損は重度の遺伝性肥満を引き起こす. また遺伝子変異は2型糖尿病の発症にも関連している.

▐ **主な機能とシグナル経路** 脂肪細胞から分泌されたレプチンはサイトカイン受容体ファミリーの1回膜貫通型受容体であるレプチン受容体(*LEPR*)[▶273位]を介して作用する. レプチンは*LEPR*遺伝子が生成する複数の受容体アイソフォームに結合するが, そのうちのLepRbだけの細胞内シグナルドメインが機能する. これらの受容体は視床下部の核に発現しており, 中枢神経で働くことで食欲抑制へとつながる. レプチンが結合したLepRbはSTAT3[▶12位]/5を活性化し, リン酸化されたSTAT3/5が遺伝子発現を変化させると考えられている. レプチンは体重に対する作用の他に, 雌雄の生殖においても重要な役割を果たす. その他にも造血, 血管新生, 創傷治癒, 免疫および炎症反応の調節など, さまざまな機能を有する.

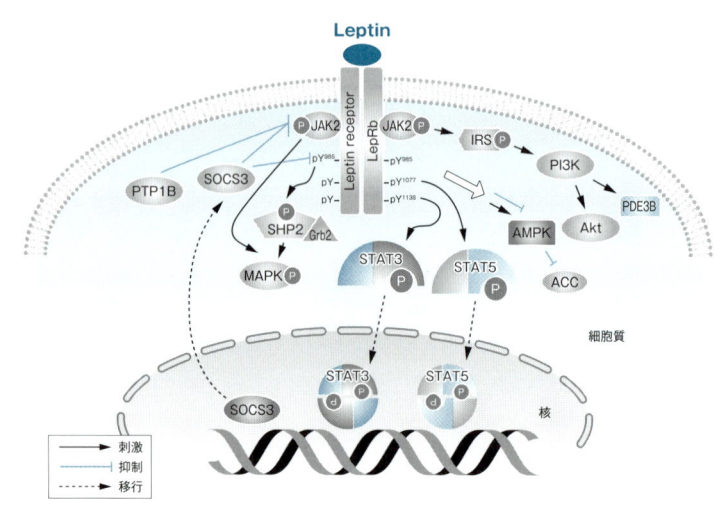

Park HK & Ahima RS: F1000Prime Rep, 6:73, doi:10.12703/P6-73 (2014) より引用

参考図書
▶『実験医学増刊 エネルギー代謝の最前線』(岡 芳知・片桐秀樹／編), 羊土社, 2009
▶『実験医学増刊「解明」から「制御」へ 肥満症のメディカルサイエンス』(梶村真吾・箕越靖彦／編), 羊土社, 2016

62位

しーでぃーけーえぬわんえー
CDKN1A

遺伝子名	Cyclin dependent kinase inhibitor 1A
タンパク質名	Cyclin-dependent kinase inhibitor 1, CDK-interaction protein 1, p21CIP1など
パラログ	CDKN1B, CDKN1C
オルソログ	♡ - 🐝 - 🐟 - 🐭 cdkn1a ♡ - 🐸 CDKN1A 🐁 Cdkn1a

> CDKN1A はサイクリン依存性キナーゼ(CDK)阻害分子 p21CIP1 をコードする遺伝子である. サイクリンE-CDK2[189位]複合体またはサイクリンD[64位]-CDK4[299位]複合体に結合することでCDK2やCDK4を不活化し, G1/S チェックポイントにおける細胞周期進行の調節因子として機能する.

▌**遺伝子の構造** 6番染色体短腕(6q21.2)に存在し, 約1万1千塩基, 6エキソン, 向きはプラス. コードされるタンパク質は164 aa.

▌**主な発現組織と関連疾患** 多くの組織で発現が認められるが, 発現量は一様ではない.

▌**主な機能とシグナル経路** CDKN1A(p21CIP1)の発現は, がん抑制タンパク質 p53[1位]によって厳密に制御されており, DNA損傷などさまざまなストレス刺激に反応し, 細胞周期のG1期での停止に関与する. 分裂促進シグナルはサイクリンD-CDK4複合体を制御し, RB1[94位]タンパク質がリン酸化され, E2F[174位]から解離することで転写因子 E2F の活性が亢進するため, E2F の転写標的遺伝子が発現誘導される.

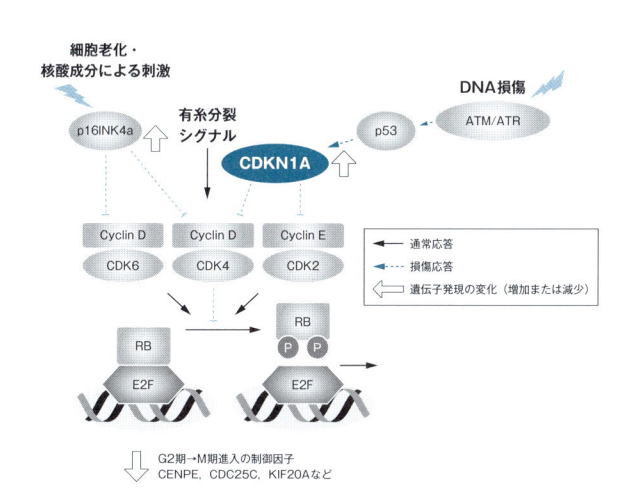

CC BY 4.0にもとづき Sakai R, et al：Int J Mol Sci, 15：17256-17269, doi:10.3390/ijms151017256（2014）より引用

参考図書
▶『がんゲノムペディア』（柴田龍弘／編）, 羊土社, 2024
▶『実験医学増刊（Vol.23 No.2）ヒトと医学のステージへ拡大する細胞周期2013』（中山敬一／編）, 羊土社, 2013

63位 NFE2L2

えぬえふいーつーえるつー

遺伝子名	NFE2 like bZIP transcription factor 2
タンパク質名	NEF2L2, Nuclear factor erythroid 2-related factor 2（Nrf2）など
パラログ	*NRF1, NRF3*
オルソログ	🐟 *YAP1* 🐛 *Nrf-2* 🪰 *Dref-1* 🐟 *Nrf2a* 🐸 *Nrf2* 🐔 *Nrf2* 🐭 *Nrf2*

> 酸化ストレスや電子供与体など，さまざまな細胞ストレスに応答する転写因子NEF2L2（Nrf2）をコードする遺伝子．ヒトのがんの約20％で*NFE2L2*の変異が確認されており，この変異によりNFE2L2が恒常的に活性化されることで，がん細胞の増殖と生存が促進される．活性化されたNFE2L2はがん細胞の抗酸化機構などを亢進させ，化学療法への抵抗性を高める．一方，NFE2L2は正常細胞においては生体防御因子として機能する．

▌遺伝子の構造　2番染色体の長腕に存在，約3万塩基・6エキソン．コードされるタンパク質は605 aa．スプライシングの変化，あるいはプロモーターの使い分けにより，主に5つのアイソフォーム（Nrf2-α1, Nrf2-α2, Nrf2-β1, Nrf2-β2, Nrf2-β3）が知られる．

▌主な発現組織と関連疾患　全身で発現し，特に肺の上皮細胞で高発現．NFE2L2の発現異常は，慢性閉塞性肺疾患，神経変性疾患，肺がんなどの疾患に関与する．

▌主な機能とシグナル経路　NFE2L2は，抗酸化酵素・解毒酵素遺伝子の転写活性化や，炎症抑制に関与する．Kelch-like ECH-associated protein 1（KEAP1）-NFE2L2システムでは抑制，phosphatidyl inositol 3-kinase（PI3K）/Akt経路，mitogen-activated protein kinase（MAPK）カスケードでは活性化される．

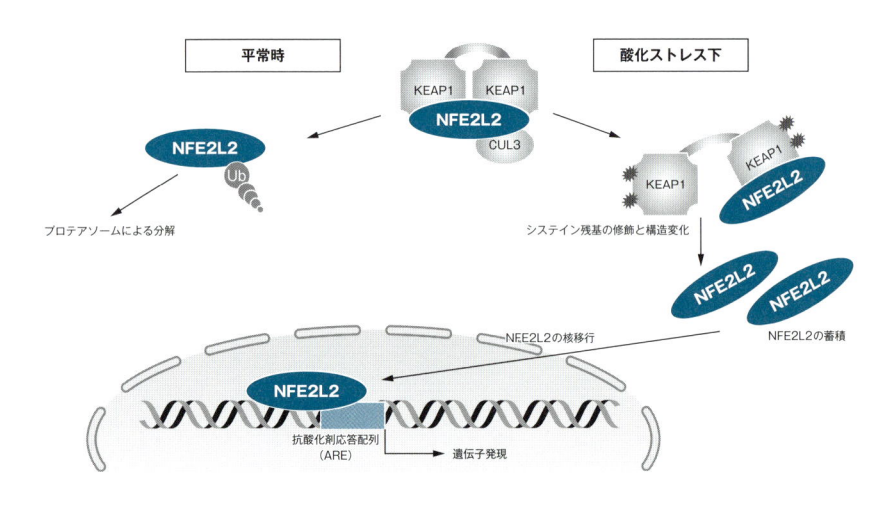

CCにもとづき Hellyer JA, et al：J Thorac Oncol, 16：395-403, doi:10.1016/j.jtho.2020.11.015（2021）より引用

参考図書
▶『細胞の分子生物学 第6版』（ALBERTS 他／編，中村桂子 他／訳），ニュートンプレス，2017
▶『Essential 細胞生物学（原書第5版）』（中村桂子 他／編），南江堂，2021

64位 CCND1
しーしーえぬでぃーわん

遺伝子名	Cyclin D1
タンパク質名	G1/S-specific cyclin-D1, B-cell lymphoma 1 protein など
パラログ	CCND2, CCND3
オルソログ	○ - ◈ cyd-1 ◈ CycD ◈ ccnd1 ◈ ccnd1 ◈ CCND1 ◈ Ccnd1

CCND1は細胞周期にかかわるサイクリンD1をコードする遺伝子である。サイクリンD1はサイクリンファミリーとよばれるタンパク質ファミリーに属しており，発現量やリン酸化に応じてG1期からS期への細胞周期の移行に関与している。さまざまながん種においてCCND1の過剰発現がみられる。

▌**遺伝子の構造**　11番染色体長腕（11q13.3）に存在し，約1万3千塩基，5エキソン，向きはプラス。コードされるタンパク質は295 aa．N末端側にRB（retinoblastoma tumor suppressor protein）結合ドメイン，C末端側にPEST配列（Pro, Glu, Ser, Thrを多く含む配列）とよばれるタンパク質分解が促進されるシグナル配列をもつ。

▌**主な発現組織と関連疾患**　発現量に多寡はあるものの，リンパ球や骨髄を除くほぼすべての組織で発現が認められる。B-cell lymphoma 1（BCL1）の異名のとおり，マントル細胞リンパ腫や多発性骨髄腫，慢性リンパ性白血病では，11番染色体のCCND1（BCL1）と14番染色体の免疫グロブリンIGHが転座によりキメラ融合遺伝子IGH::CCND1となり過剰発現している。サイクリンD1の過剰発現により腫瘍化が起こっていると考えられている。

▌**主な機能とシグナル経路**　サイクリンD1は細胞周期のG1期において，サイクリン依存性キナーゼCDK4[299位]およびCDK6と複合体を形成し，G1/Sチェックポイント制御因子RB1[94位]をリン酸化する。その結果，RB1と結合することで不活化されていた転写制御因子E2F[174位]が機能できるようになり，E2FによるS期関連遺伝子の転写が誘導され，細胞周期がS期へと進行する。サイクリンD1とCDK4またはCDK6との結合は，CDK阻害因子であるINK4ファミリー（p15, p16[28位], p18, p19），CIP/KIPファミリー（p21[62位], p27[134位], p57）により阻害され，細胞周期は負に調節されている。

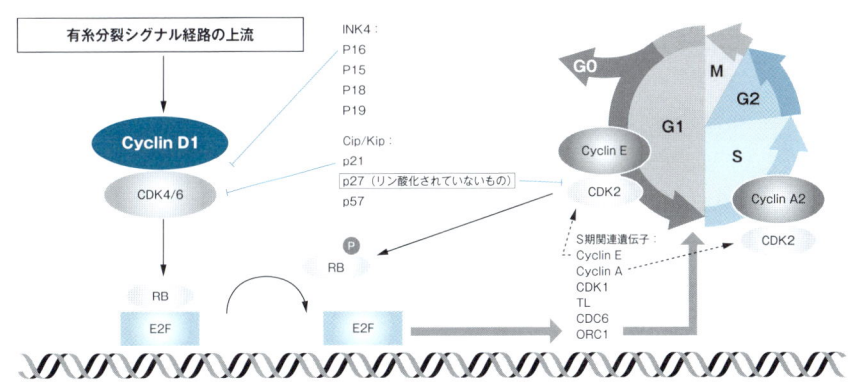

参考図書

▶『がんゲノムペディア』（柴田龍弘／編），羊土社，2024
▶『実験医学増刊（Vol.23 No.2）ヒトと医学のステージへ拡大する細胞周期2013』（中山敬一／編），羊土社，2013

遺伝子名	Janus kinase 2
タンパク質名	JAK2など
パラログ	JAK1, JAK3, TYK2など
オルソログ	♥ - ♠ - ♣ - 🐟 jak2a, jak2b 🐸 jak2, Str.1955 🐔 JAK2 🐭 Jak2

細胞内チロシンキナーゼで，JAK1，JAK3，TYK2とともにJAKファミリーを形成する．JAK-STAT経路によってサイトカインのシグナルを下流に伝える．

▌遺伝子の構造　9番染色体の短腕に存在．約14万6千塩基・28エキソン．コードされるタンパク質は1,132 aa．N末端にエリスロポエチン受容体と結合するFERMドメイン，転写因子STAT[12位]と結合するSH2ドメイン，C末端にチロシンキナーゼドメインをもつ．

▌主な発現組織と関連疾患　末梢血単核細胞と卵巣に高発現．JAK2の変異は骨髄増殖性腫瘍の原因として知られる．

▌主な機能とシグナル経路　サイトカインが受容体に結合すると，受容体が重合し，細胞内のJAKが活性化される．活性化されたJAKは受容体をリン酸化し，そこに結合したSTATをチロシンリン酸化して活性化する．活性化したSTATは二量体となって核に移行し，標的遺伝子を転写する．どのJAK，STATが使われるかはサイトカインによって異なる．例えば，IL-4[108位]ではJAK1/3とSTAT6が，IFN-γ[53位]ではJAK1/2とSTAT1[133位]が用いられる．JAK阻害薬のトファシチニブはJAK-STATシグナル経路を阻害して免疫を抑制することから，関節リウマチや潰瘍性大腸炎の治療薬として用いられている．

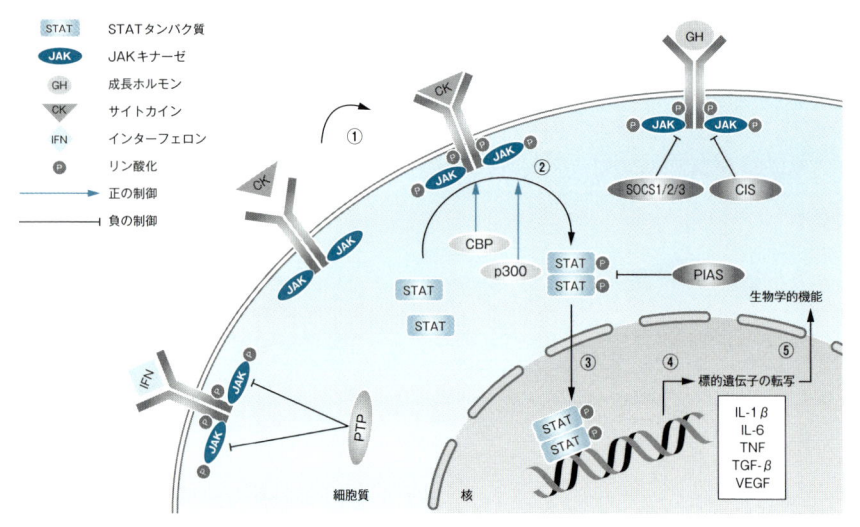

Hong L, et al：Ophthalmol Ther, 11：2005-2026, doi:10.1007/s40123-022-00581-0（2022）より引用

参考図書 ▶『シグナル伝達キーワード事典』（山本 雅 他／編），羊土社, 2012

66位 *SIRT1*
さーとわん

遺伝子名	Sirtuin 1
タンパク質名	NAD-dependent protein deacetylase sirtuin-1（SIRT1）
パラログ	*SIRT2〜7*
オルソログ	🦠 *SIR2, HST1* 🪱 *sir-2.1* 🐟 *Sirt1* 🐸 *SIRT1* 🐔 *sirt1* 🐭 *SIRT1* 🐀 *Sirt1*

NAD$^+$依存性脱アセチル化酵素であるサーチュインをコードする．酵母，線虫，ショウジョウバエで寿命延長効果が報告されているため，「長寿遺伝子」ともよばれる．哺乳類ではSIRT1〜7が存在し，SIRT1, 6, 7は核内に，SIRT3, 4, 5はミトコンドリアに，SIRT2は細胞質に局在することが知られている．飢餓やエネルギー制限により活性化することが知られ，また，ポリフェノールの1種であるレスベラトロールによる活性化が示唆されたことから，食品によるサーチュインの活性化が研究されている．

▎**遺伝子の構造**　10番染色体の長腕（q21.3）に存在，約3万4千塩基・9エキソン．コードされるタンパク質は747 aa.

▎**主な発現組織と関連疾患**　広範な組織で発現がみられる．SIRT1とp53[1位]は直接相互作用することが知られ，がんとの関連が示唆されている．

▎**主な機能とシグナル経路**　SIRT1は，脱アセチル化作用により細胞周期，DNA損傷への応答，代謝，アポトーシス，オートファジーなどさまざまな細胞機能の制御に関与している．ヒストンの脱アセチル化以外にも，PCAFの脱アセチル化による骨格筋分化の阻害や，p53[1位]の脱アセチル化による活性低下などに関与している．図にはアポトーシスにおけるSIRT1の役割を示す．SIRT1はp53やNF-κB[15位]，FOXO1[242位]などの転写因子の脱アセチル化によりアポトーシスを調節していることがわかる．

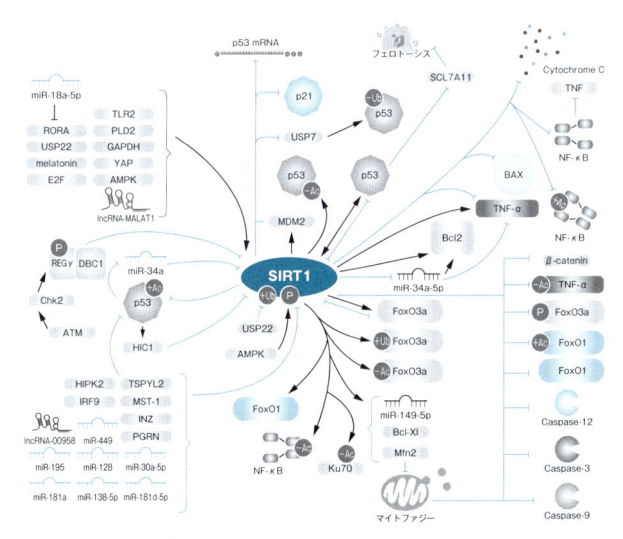

CC BY 4.0にもとづきWu QJ, et al：Signal Transduct Target Ther, 7：402, doi:10.1038/s41392-022-01257-8（2022）より引用

参考図書
▶Guarente L：Genes Dev, 27：2072-2085, doi:10.1101/gad.227439.113（2013）
▶Wu QJ, et al：Signal Transduct Target Ther, 7：402, doi:10.1038/s41392-022-01257-8（2022）

67位

びーあいけーすりーしーえー　または　びっくすりーしーえー

PIK3CA

がん遺伝子パネル検査対象遺伝子

標的治療薬あり

遺伝子名	Phosphatidylinositol-4, 5-bisphosphate 3-kinase catalytic subunit alpha
タンパク質名	PI3K, p110-alpha, PI3K-alpha, HMH, MCAP, MCM など
パラログ	PIK3CB, PIK3CD, PIK3CG, PIK3C2A, PIK3C2B など
オルソログ	♂ - ♠ age-1 ♦ Pi3K92E ≋ pik3ca ◈ pik3ca-A ♞ PIK3CA ♘ Pik3ca

PIK3CA のコードするホスファチジルイノシトール-3キナーゼ（PI3K）p110αは，クラス I PI3キナーゼの触媒サブユニットとして機能する．PI3K-AKT-mTOR経路[▶33位]の中枢を担う遺伝子であり，受容体型チロシンキナーゼからのシグナルを受けとり，ホスファチジルイノシトールのリン酸化を行う．がんをはじめとするさまざまな病気で変異や関与が確認されていることから治療標的分子として着目されている．PI3KαおよびPI3Kδに対して阻害活性を有するコパンリシブが臨床で使用されている．

▌**遺伝子の構造**　3番染色体長腕末端付近（3q26.32）．約9万2千塩基．コードされるタンパク質は1,068 aa.

▌**主な発現組織と関連疾患**　ほぼすべての組織で幅広く発現する．点変異などで活性化するドライバーがん遺伝子として知られている．*PIK3CA* 変異は乳がんにおいてよくみられるが，他にも肺がん，卵巣がん，大腸がん，胃がんなどでも確認されている．他にも，Cowden症候群/PTEN過誤腫症候群，脳動静脈奇形，角化症，巨指症，母斑などにも関与する．*PIK3CA* の体細胞活性化変異は，クリッペル・トレノネー・ウェーバー症候群や血管奇形でも確認されている．

▌**主な機能とシグナル経路**　p85α（*PIK3R1*）[▶206位]と複合体を形成し，PI3Kとして機能する．RAS[▶21位]によって細胞膜に動員され，ホスファチジルイノシトールのリン酸化を行うことで，AKT-mTOR経路の活性化を行う．受容体型チロシンキナーゼからのシグナルを伝達し，代謝，血管新生，細胞増殖を亢進させる．p85αによってキナーゼ活性が制御される．

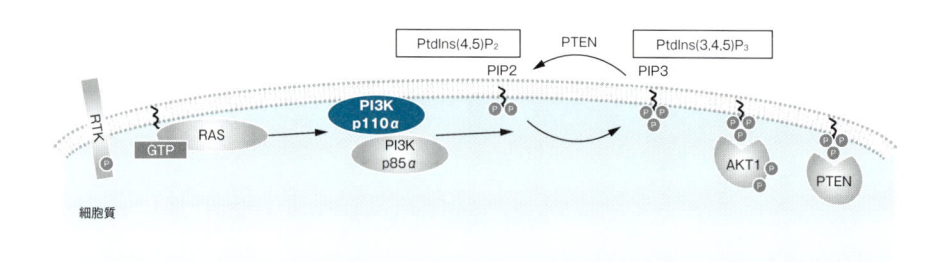

参考図書　▶ Vasan N & Cantley LC：Nat Rev Clin Oncol, 19：471-485, doi:10.1038/s41571-022-00633-1（2022）

68位 *GSTP1*

じーえすてぃーぴーわん

遺伝子名	Glutathione S-transferase pi 1
タンパク質名	Glutathione S-transferase P（GSTP1）
パラログ	-
オルソログ	🐁 - 🐀 - 🐒 - 🐟 - 🐸 - 🦎 - 🐦 *Gstp1*

酸化ストレスにかかわる危険分子を細胞から排出するために重要なグルタチオン転移酵素のなかでも, pi クラスに属する酵素をコードする遺伝子. GSTP1はグルタチオン転移酵素のなかでも特に存在量が多い. 分子量22.5 kDaの2つの同じサブユニットからなる二量体タンパク質で機能することが知られる.

▌**遺伝子の構造**　11番染色体の長腕に存在. 約2千8百塩基・7エキソン. コードされるタンパク質は210 aa.

▌**主な発現組織と関連疾患**　全身で発現し, 特に食道で高発現. がんやその他の病気に対する感受性に役割があると考えられている.

▌**主な機能とシグナル経路**　グルタチオンを付加する解毒触媒作用以外の役割として, GSTP1は細胞の生存と増殖の促進にかかわる可能性が示唆されている. GSTP1が存在しない場合は, JNK[▶145位]が自由にリン酸化され, 下流の細胞死経路を活性化させることが推測されている. 酸化ストレスによるBCL2[▶44位]やp65[▶70位]レベルの低下も細胞死経路を活性化させる. GSTP1は, JNKや活性酸素種（ROS）との相互作用により, 細胞死経路活性化を抑制させる方向に働く可能性が考えられている.

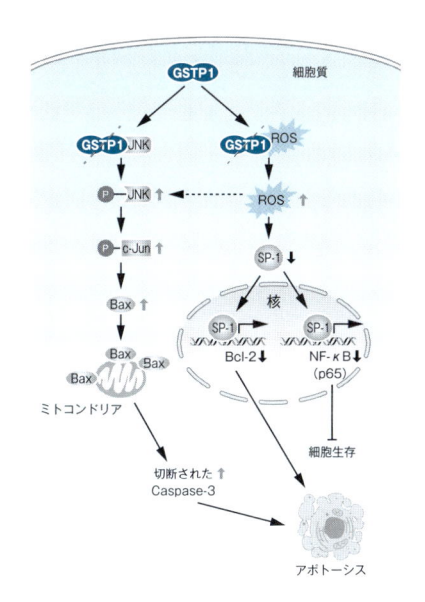

CC BYにもとづき Singh RR, et al：Cancers (Basel), 12：, doi:10.3390/cancers12061501（2020）より引用

参考図書
▶ Lei X, et al：J Transl Med, 19：297, doi:10.1186/s12967-021-02978-0（2021）
▶ Cui J, et al：Int J Oncol, 56：867-878, doi:10.3892/ijo.2020.4979（2020）

HLA-A

69位 えいちえるえーえー

遺伝子名	Major histocompatibility complex, class Ⅰ, A
タンパク質名	Human leukocyte antigen A, MHC Class Ⅰ Antigen HLA-A など
パラログ	*HLA-B, HLA-C, HLA-E, HLA-F, HLA-G* など
オルソログ	◯ - 🐭 - 🐀 *LOC563036* 🐔 - 🐟 *LOC100858733* 🦠 *H2-K1*など

> 自己と非自己の識別に用いられる細胞表面分子MHCクラスⅠ（HLAクラスⅠ）抗原を構成する. 細胞内タンパク質に由来するペプチドを結合して, CD8陽性T細胞への抗原提示を行う. また, 移植における拒絶反応の主要な標的抗原となる.

▍**遺伝子の構造**　6番染色体の短腕に存在. 約3千塩基・8エキソン. コードされるタンパク質は365 aa. MHCクラスⅠ抗原のα鎖をコードし, 15番染色体にコードされるβ_2ミクログロブリンと非共有結合で会合してMHCクラスⅠ抗原を構成する. HLA-A, B[▶47位], C[▶140位]は古典的MHCクラスⅠ, HLA-E, F, G[▶165位]などは非古典的MHCクラスⅠに属する. HLA-AはHLA-Bに比べて多型性が少ない.

▍**主な発現組織と関連疾患**　古典的MHCクラスⅠ抗原は, 栄養膜細胞, 精子, 卵母細胞を除くほとんどすべての有核細胞と血小板の表面に発現する. HLA-Aの特定のアレルがHIV感染時のHIV増殖能を高めること, EBV陽性ホジキンリンパ腫のリスクを下げることが知られている.

▍**主な機能とシグナル経路**　細胞質内で産生されたタンパク質（自己タンパク質や, 細胞に感染したウイルスのタンパク質）がプロテアソームで分解され, 8〜12アミノ酸からなるペプチドになったものがMHCクラスⅠ抗原とともに細胞表面に発現し, CD8陽性ナイーブT細胞への抗原提示を行って活性化を誘導する. これにより, ウイルス感染細胞やがん細胞の排除, 自己寛容の誘導を促進する. また, CD8α分子を発現する樹状細胞では, ウイルス感染細胞や腫瘍細胞などの外来性抗原を取り込み, MHCクラスⅠ抗原上に発現させることができる（クロスプレゼンテーション）.

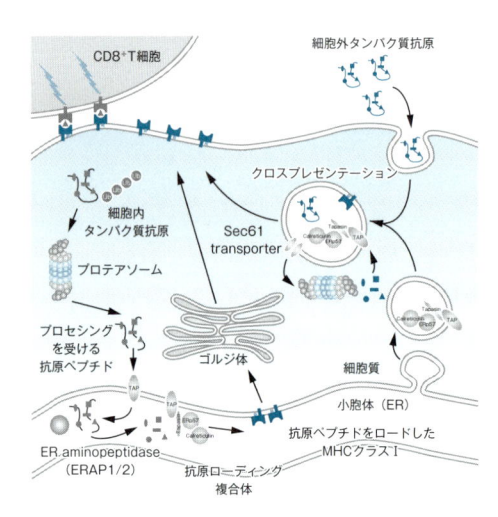

参考図書　『基礎から学ぶ免疫学』(山下政克／編), 羊土社, 2023

70位 *RELA*
れら または あーるいーえるえー

遺伝子名	RELA proto-oncogene, NF-κB subunit
タンパク質名	NF-κB p65, Nuclear factor NF-kappa-B p65 subunit, Transcription factor p65
パラログ	*RELB, c-REL, p50/NFKB1, p52/NFKB2*
オルソログ	○ - 🦠 *rel-1* 🪰 *Relish* 🐟 *nfkb1* 🐸 *nfkb1* 🐦 *RELA* 🐭 *Rela*

炎症応答の司令塔として知られる重要な転写因子. Nuclear factor-kappa B（NF-κB）▶15位経路の中核を成す. さまざまなストレス刺激を感知し, サイトカインやケモカイン, 抗アポトーシス因子, 細胞増殖因子などの発現を誘導することで, 炎症反応や生存シグナルを制御する. ヒト疾患においてRELAの異常は高頻度（>50%）で観察され, がん, 自己免疫疾患, 神経変性疾患など多様な病態に関与する.

▌遺伝子の構造　11番染色体の長腕に存在. 約1万塩基・13エキソン. コードされるタンパク質は551 aa. スプライシングの変化, あるいはプロモーターの使い分けにより, 主に5つのアイソフォーム（p65, p65Δ, アイソフォーム3, アイソフォーム4, Δp65）が知られる.

▌主な発現組織と関連疾患　全身で発現し, 特に免疫細胞で高発現. RELAの異常な活性化や発現異常は, 自己免疫疾患, 神経変性疾患, がんなどの疾患に関与する.

▌主な機能とシグナル経路　RELAは, 炎症性サイトカイン遺伝子の転写を活性化, 細胞増殖・生存関連遺伝子の発現を促進, 免疫応答関連遺伝子の転写を制御する. 古典的NF-κBパスウェイでは標的遺伝子の転写を活性化, 非古典的NF-κBパスウェイでは遺伝子発現を制御する. また, リン酸化などを介してDNA結合能や転写活性化能を調節する.

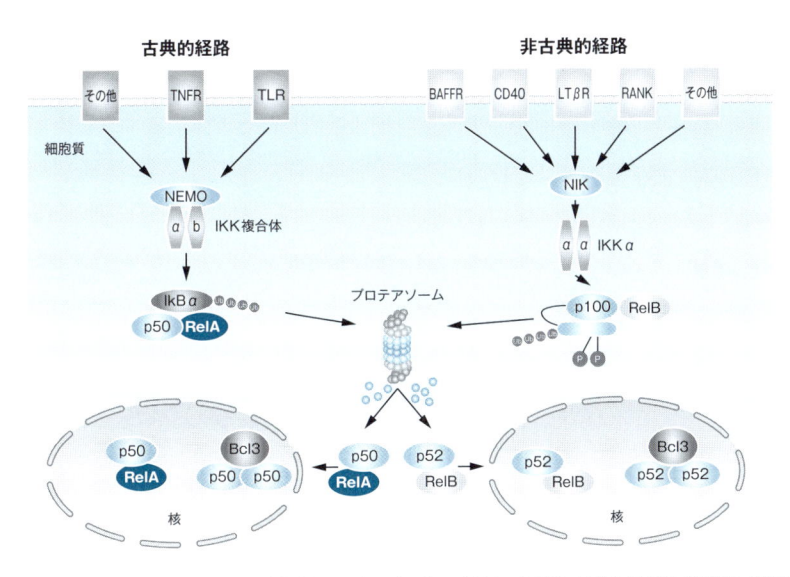

CC BY 4.0にもとづき Dimitrakopoulos FD, et al：Sci Rep, 9：14299, doi:10.1038/s41598-019-50528-y（2019）より引用

参考図書　▶『細胞の分子生物学 第6版』（ALBERTS 他／編, 中村桂子 他／訳）, ニュートンプレス, 2017
▶『Essential細胞生物学（原書第5版）』（中村桂子 他／編）, 南江堂, 2021

71位 CCR5
しーしーあーるふぁいぶ

遺伝子名	C-C motif chemokine receptor 5（CCR5）
タンパク質名	CCR5
パラログ	CCR1〜4,, 6〜8, CCRL1, 2, ACKR1, XCR1など23種類
オルソログ	♡ - ♣ - ♠ - ENSDARG00000070755など ◐ ccr2 ♥ CCR5 ◔ Ccr5

> CCモチーフをもつケモカインCCL5[229位]を主なリガンドとする受容体をコードする．リガンドと結合したCCR5は細胞内のシグナル経路を活性化する．主にはPI3K/AKT[10位]，NF-κB[15位]，HIF[9位]，RAS/ERK/MEK[21位]，JAK/STAT[12位]，TGF-β/SMAD[7位]の各経路であり，これらの活性化によって炎症をはじめとするさまざまな生理現象を引き起こす．炎症性疾患や糖尿病などと関連するとされている．

▌**遺伝子の構造**　3番染色体の短腕(p21.3)に存在，約3万4百塩基・3エキソン．コードされるタンパク質は352 aa．2種類のアイソフォームが知られている．

▌**主な発現組織と関連疾患**　全身での発現が認められるが，盲腸とリンパ節での発現量が高い．炎症性腸疾患，肝炎，がん，2型糖尿病などの疾患と関連するとされている．

▌**主な機能とシグナル経路**　CCR5は，ケモカインのなかでもCCサブファミリーの一種であるCCL5をメインのリガンドとする．CCL5は多くの炎症性細胞に発現しているが，特にT細胞と単球に多い．CCL5はCCR1，CCR3，CCR5を受容体としてもつが，CCR5と最も強く結合するとされている．CCR5は7回膜貫通型のGタンパク質共役受容体で，その下流にPI3K/AKT，NF-κB，HIF，RAS/ERK/MEK，JAK/STAT，TGF-β/SMADの各経路があるとされている．これらは，炎症性細胞の遊走のほか，細胞増殖，血管新生，アポトーシス，浸潤，分裂，がん転移，炎症などに関連する．

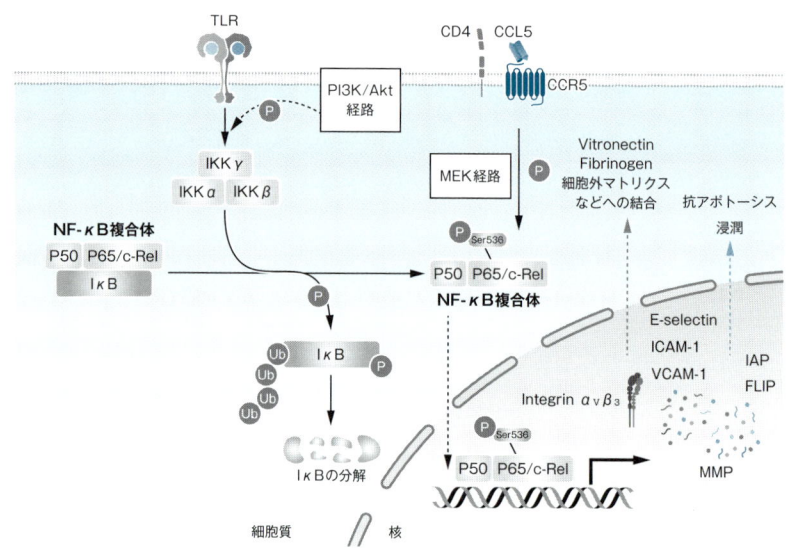

Zeng Z, et al：Genes Dis, 9：12-27, doi:10.1016/j.gendis.2021.08.004（2022）より引用

 参考図書　▶Zeng Z, et al：Genes Dis, 9：12-27, doi:10.1016/j.gendis.2021.08.004（2022）

72位 CCL2
しーしーえるつー

遺伝子名	C-C motif chemokine ligand 2（CCL2），GDCF-2，HC11，MCAF，MCP-1，MCP1，MGC9434，SCYA2，SMC-CF
タンパク質名	CCL2
パラログ	*CCL1, CCL3, CCL4, XCL1, XCL2*など合計26種類
オルソログ	♂ - 🐀 - 🐁 - 🐟 *ccl35.1, ccl35.2* 🦠 - 🐛 - 🦠 -

CCモチーフをもつケモカインCCL2をコードする遺伝子である．CCR2を受容体として，シグナル経路の活性化と下流遺伝子の発現を誘導し，MCP1（monocyte chemotactic protein 1）の異名のとおり単球を中心とした炎症性細胞のリクルートのほか，さまざまな生理作用を引き起こす．

▌**遺伝子の構造**　17番染色体の長腕(q12)に存在，約7百塩基・3エキソン．多くのケモカイン遺伝子群が，この17番染色体の長腕にクラスターとして存在している．コードされるタンパク質は99 aaで，chemokine interleukin-8-likeドメインをもつ．3種類のアイソフォームが知られている．

▌**主な発現組織と関連疾患**　単球，マクロファージ，樹状細胞などで産生される．全身で発現しているが，胆嚢と虫垂で高発現している．乾癬，関節リウマチ，アテローム性動脈硬化症のような単球浸潤を特徴とする疾患に関与しているとされる．

▌**主な機能とシグナル経路**　CCL2はその受容体であるCCR2と結合する．CCL2とCCR2の結合は，細胞内のJAK/STAT経路の活性化，p38MAPK▶89位やPI3K▶67位/AKT▶10位を介したNF-κB▶15位経路の活性化を引き起こし，それぞれの下流にある遺伝子の転写を活性化する（CCL2自身の発現が増強される正のフィードバック機構も有する）．その結果，単球および好塩基球に対する走化性活性を示すほか（好中球や好酸球に対する走化性活性は示さない），腫瘍細胞の生存，増殖，遊走，アポトーシスの抑制などが起こる．

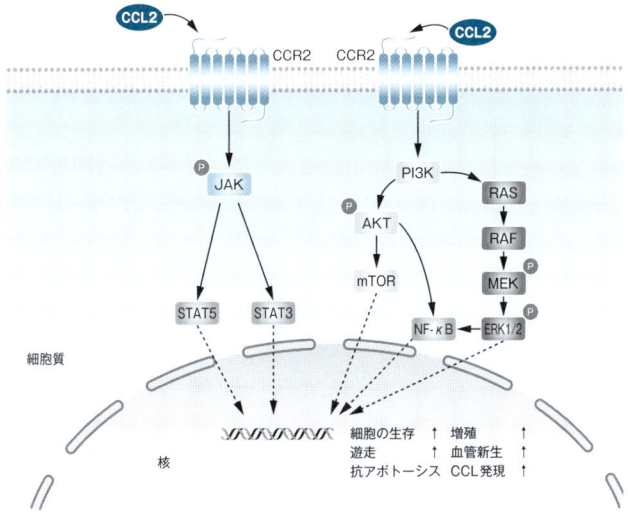

参考図書　▶Xu M, et al：Cell Prolif, 54：e13115, doi:10.1111/cpr.13115（2021）

73位

IL17A

あいえるせぶんてぃーんえー　または　いんたーろいきんせぶんてぃーんえー

標的治療薬あり

遺伝子名	Interleukin 17A
タンパク質名	IL-17A, IL-17など
パラログ	*IL17B, IL17C, IL17D, IL17F, IL25*
オルソログ	🐭 - 🐀 - 🐵 - *il17a/f3, il17a/f1* 🐸 - 🐔 *IL17F* 🐟 *Il17a*

CD4陽性T細胞, CD8陽性T細胞, γδT細胞, 自然リンパ球などが産生する炎症性サイトカインで, IL-17ファミリーの1つ. 線維芽細胞や内皮細胞からのサイトカイン, ケモカインやプロスタグランジンの産生を促す. IL-17を産生するTh17細胞は, CD4陽性T細胞からIL-6[▶4位]やTGF-β[▶7位]によって生成する.

▌遺伝子の構造
6番染色体の短腕に存在. 約4千塩基・3エキソン. コードされるタンパク質は155 aa. ホモ二量体もしくはIL-17Fとのヘテロ二量体として働く.

▌主な発現組織と関連疾患
IL-23の作用を受けたTh17細胞, CD8陽性メモリーT細胞, 自然免疫系のγδT細胞, NK細胞, NKT細胞などが産生し, 関節リウマチ, 乾癬, 多発性硬化症などに関与する.

▌主な機能とシグナル経路
マクロファージ, 上皮細胞, 血管内皮細胞や線維芽細胞に作用して, IL-1, IL-6, TNF-α[▶3位], RANKL[▶285位]などの炎症性サイトカインやCXCL1, CXCL8[▶34位]などのケモカインの産生を誘導する. 好中球の走化性を促進し, 炎症反応に関与する. IL-17Aが受容体であるIL-17RAとIL-17RCのヘテロマーに結合すると, Act1によるユビキチン化でTRAF6[▶232位]を活性化して転写因子NF-κB[▶15位], AP-1[▶105位], c/EBPを誘導する.

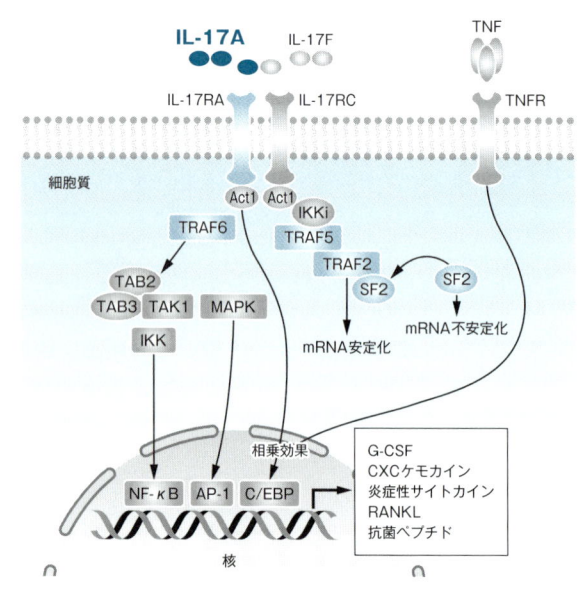

Zenobia C & Hajishengallis G：Periodontol 2000, 69：142-159, doi:10.1111/prd.12083（2015）より引用

参考図書 ▶『サイトカイン・増殖因子キーワード事典』（宮園浩平 他／編）, 羊土社, 2015

74位 TLR2

てぃーえるあーるつー

遺伝子名	Toll like receptor 2（TLR2）
タンパク質名	TLR2
パラログ	*RXFP2, TLR1, LRRC3B, CD180, TLR4, TLR6, TLR8*など合計22種類
オルソログ	○ - 🐝 - 🐜 - 🐟 *tlr2* 🐸 *tlr2* 🐦 *TLR2* 🐭 *Tlr2*

微生物の表面を認識するパターン認識受容体であるTLRファミリーに属する遺伝子である．TLR2は他のTLRファミリーのタンパク質とヘテロ二量体を形成することで，TLR4とは異なる微生物の表面分子を認識（結合）して，細胞内のシグナル経路を活性化する．これにより，下流の遺伝子発現を誘導し，自然免疫反応や炎症反応を活性化する．

▌遺伝子の構造　4番染色体の長腕（q31.3）に存在，約3千6百塩基・4エキソン．コードされるタンパク質は784 aa．コードされたタンパク質はC末側に，Leucine-rich repeatモチーフを，N末側にToll/interleukin-1 receptor homology（TIR）ドメインをもつ．14種類のアイソフォームが知られている．

▌主な発現組織と関連疾患　B細胞や単球で多く発現している．全身で発現しているが，虫垂と骨髄で高発現している．複数の自己免疫疾患に関連している．

▌主な機能とシグナル経路　パターン認識受容体のTLRファミリーのメンバーである．TLR1や6とヘテロ二量体を形成し，微生物細胞の表面の分子構造（LAM, PGN, BLP）をリガンドとして認識する．リガンドを認識したTLR2は細胞内シグナルを発生させる．具体的にはMyD88やIRAK，TRAF▶232位などを経由して，JNK▶145位，MAPK▶89位，ERK▶41位, 85位の活性化，さらにNF-κB▶15位の活性化と核移行によって，TLR2の標的遺伝子の発現を誘導する．これによって，自然免疫反応の活性化ならびに炎症反応などにかかわる．また細菌由来のリポタンパク質をリガンドとして，アポトーシスの活性化にも関与すると考えられている．

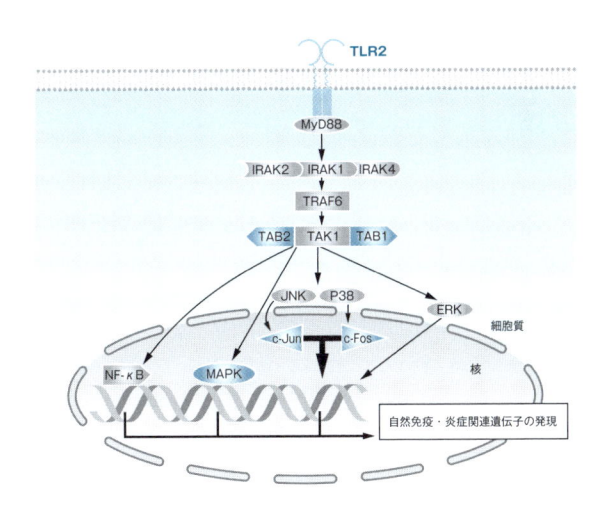

Naghib M, et al：Viral Immunol, 35：15-23, doi:10.1089/vim.2021.0141（2022）より引用

参考図書	▶Naghib M, et al：Viral Immunol, 35：15-23, doi:10.1089/vim.2021.0141（2022）

NOTCH1

がん遺伝子パネル検査対象遺伝子
標的治療薬あり

遺伝子名	Notch receptor 1
タンパク質名	Neurogenic locus notch homolog protein 1
パラログ	*NOTCH2, NOTCH3, NOTCH4*
オルソログ	♥ - 🐛 *lin-12, glp-1* 🐟 N 🐠 *notch1a, notch1b* 🐭 *notch1* 🐦 *NOTCH1* 🐸 *Notch1*

NOTCHファミリーに属するⅠ型膜貫通タンパク質をコードする. 進化的に保存された細胞間シグナル伝達経路であるNotchシグナリングの主要な受容体の1つである. 多様な細胞・組織の発生に重要な役割を果たす. 変異は複数の疾患と関連している.

▌**遺伝子の構造** 染色体9q34.3に位置し, 34のエキソンからなる. コードされるタンパク質は2,555 aaからなり, 細胞外ドメイン(EGF様リピートとLNRを含む), 膜貫通ドメイン, 細胞内ドメイン(RAM, アンキリンリピート, TAD, PESTを含む)をもつ.

▌**主な発現組織と関連疾患** 胎児期から成体まで造血系細胞, 神経系, 心臓, 血管内皮細胞, 皮膚など多くの組織で発現する. 関連疾患には, 大動脈弁疾患, アダムス・オリバー症候群, T細胞急性リンパ芽球性白血病(T-ALL), 慢性リンパ性白血病(CLL), 頭頸部扁平上皮がんなどがある. これらの疾患では, NOTCH1の機能獲得型変異または機能喪失型変異が病態に関与している.

▌**主な機能とシグナル経路** NOTCH1は, 隣接する細胞上のリガンド(DeltaやJaggedファミリー)と結合することで活性化される. 活性化されたNOTCH1は, γセクレターゼ[203位]による切断を受け, 細胞内ドメイン(NICD)が核内へ移行する. NICDは転写因子RBPJ(CSL)とMAMLと結合し, 標的遺伝子(HES, HEYファミリーなど)の発現を誘導する. 主な機能には, 幹細胞の自己複製と分化のバランス調整, 多様な細胞・組織タイプの発生過程における重要な役割がある. NOTCH1シグナルの異常は, 発生異常やがんを含むさまざまな疾患の原因となる. そのため, NOTCH1は重要な治療標的として注目されており, シグナル経路を標的とした治療法の開発が進められている.

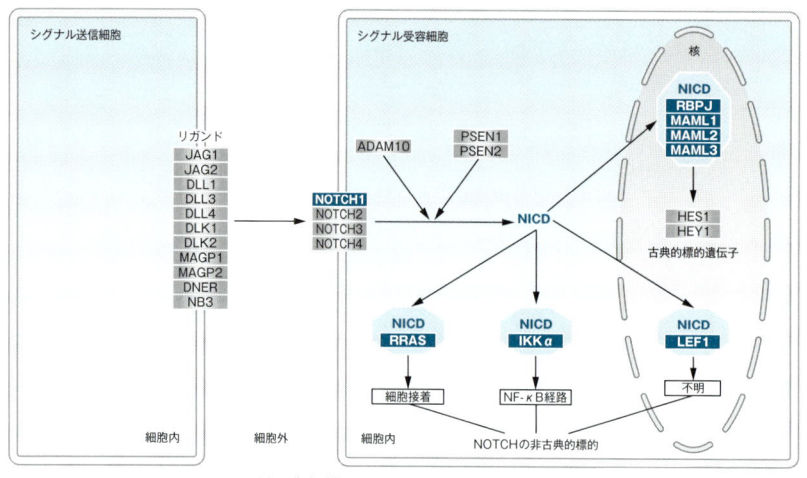

CC0にもとづきAAR&Co, et al:WiliPathways:https://www.wikipathways.org/instance/WP3845より引用

参考
図書
▶ Nandagopal N, et al:Cell, 172:869-880.e19, doi:10.1016/j.cell.2018.01.002(2018)
▶ Wieland E, et al:Cancer Cell, 31:355-367, doi:10.1016/j.ccell.2017.01.007(2017)

HLA-DQB1

えいちえるえーでぃーきゅーびーわん

遺伝子名	Major histocompatibility complex, class Ⅱ, DQ beta 1
タンパク質名	HLA Class Ⅱ Antigen DQB1, MHC Class Ⅱ Antigen DQB1など
パラログ	*HLA-DQB2, HLA-DPB1, HLA-DRB1*など
オルソログ	◯ - 🐢 - 🐠 - 🐛 - 🐟 *hla-drb1* 🐭 - 🐁 *H2-Ab1*

自己と非自己の識別に用いられる細胞表面分子MHCクラスⅡ（HLAクラスⅡ）抗原を構成する．外来タンパク質に由来するペプチドを乗せてCD4陽性T細胞への抗原提示が行われる．また，移植における拒絶反応の主要な標的抗原となる．

▌遺伝子の構造 6番染色体の短腕に存在．約7千塩基・6エキソン．コードされるタンパク質は261 aa．MHCクラスⅡ抗原のβ鎖をコードし，*HLA-DQA1*[▶215位]でコードされるα鎖と非共有結合で会合してMHCクラスⅡ抗原HLA-DQを構成する．同様に，HLA-DPA1とHLA-DPB1の会合でHLA-DPが，またHLA-DRAとHLA-DRB1[▶22位]/3/4/5の会合でHLA-DRが構成される．

▌主な発現組織と関連疾患 樹状細胞，マクロファージ，B細胞，胸腺上皮細胞，精子などに発現し，IFNγや感染・炎症によって発現が増強する．HLA-DRB1に比べて多型性は少ないが，*HLA-DQB1*の特定のアレルが全身性強皮症，セリアック病，ナルコレプシーなどのリスクを高めることが指摘されている．

▌主な機能とシグナル経路 樹状細胞などの抗原提示細胞が外来性抗原（細菌や寄生虫，毒素など）をエンドサイトーシスで取り込むと，プロテアーゼによりペプチド断片に分解され，MHCクラスⅡ抗原に結合した形で細胞表面に発現する．CD4陽性ナイーブT細胞はこの抗原を認識し，ヘルパーT細胞に分化する．自己免疫疾患においては，外来性抗原のかわりに自己抗原が誤って提示される．セリアック病では，*HLA-DQB1*の特定のアレルがグルテン由来のペプチドの提示にかかわり，自己免疫反応を引き起こす．

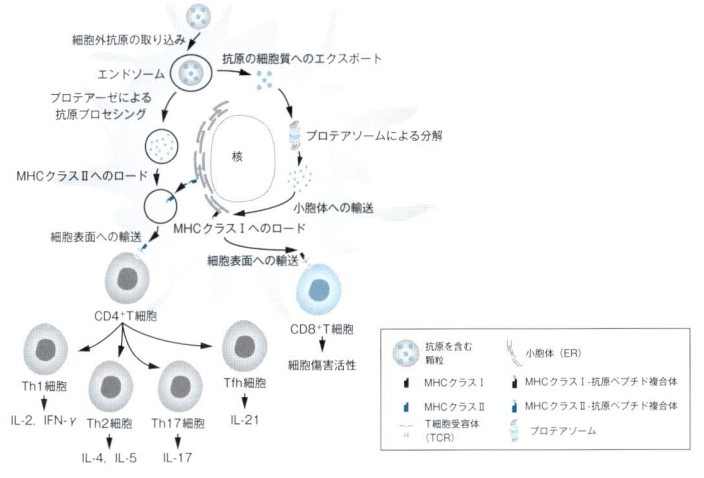

Wibowo D, et al：Biomaterials, 268：120597, doi:10.1016/j.biomaterials.2020.120597（2021）より引用

参考図書 ▶『基礎から学ぶ免疫学』（山下政克／編），羊土社, 2023

77位 *MIR21*

みーるとぅえんてぃーわん　または　みあとぅえんてぃーわん

遺伝子名	microRNA 21
タンパク質名	（非コードRNAなのでタンパク質に翻訳されない）
パラログ	-
オルソログ	🐭 - 🐀 - 🐂 - *miR-434* 🐔 *miR-434* 🐟 *miR200c* 🦎 *mir-21a*

細胞増殖・分化，細胞死，炎症，免疫など，さまざまな生物学的機能に関与するマイクロRNAの代表格．細胞が傷つきDNAが損傷を受けると，MIR21は修復因子を活性化し，DNA修復を促進する．一方，損傷が修復できないほど深刻な場合は，MIR21は細胞死を実行するプログラムを起動し，損傷を受けた細胞を排除する．がん細胞で細胞の異常な増殖を促進する一方で，炎症反応を抑制する役割も担っており，二面性をもつマイクロRNAである．

▌遺伝子の構造　17番染色体の長腕に存在，71塩基・1エキソン．タンパク質はコードされない．スプライシングの変化，あるいはプロモーターの使い分けにより，主に5つのアイソフォーム（miR-21-5p, miR-21-3p, miR-21-5p-1, miR-21-5p-2, miR-21-3p-1）が知られる．

▌主な発現組織と関連疾患　全身で発現し，特に血液細胞，免疫細胞，腫瘍細胞で高発現．MIR21の発現異常は，さまざまながん，炎症性疾患，自己免疫疾患などに関与する．

▌主な機能とシグナル経路　MIR21は，細胞増殖・分化に関与するさまざまな遺伝子の発現を調節，細胞死を実行するプログラムを起動，炎症反応を抑制する．主なシグナル経路として，p53▶1位経路，c-Myc▶29位経路，NF-κB▶15位経路，Toll-llike受容体（TLR）▶25位, 74位経路，T細胞受容体（TCR）経路，インターフェロン（IFN）シグナルに関与する．

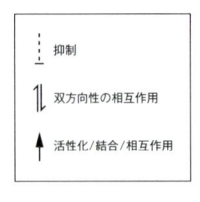

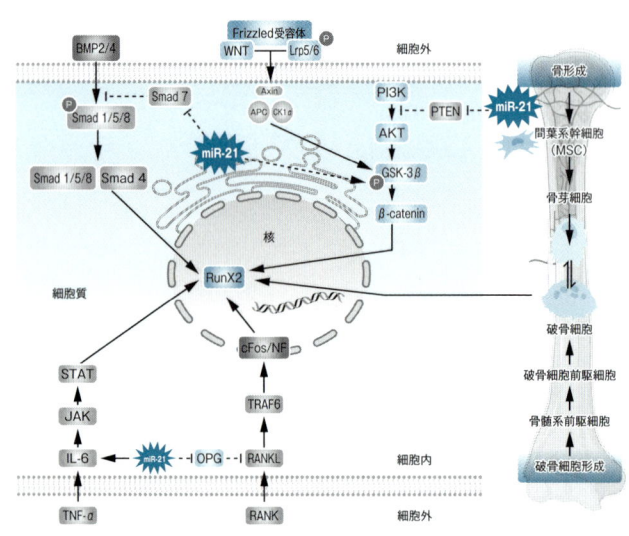

CC BYにもとづきSubramaniam R, et al：Int J Mol Sci, 24：11330, doi:10.3390/ijms241411330（2023）より引用

参考図書　▶『細胞の分子生物学 第6版』（ALBERTS 他／編，中村桂子 他／訳），ニュートンプレス，2017
▶『Essential細胞生物学（原書第5版）』（中村桂子 他／編），南江堂，2021

遺伝子名	Serpin family E member 1
タンパク質名	Plasminogen activator inhibitor 1（PAI, PAI-1）, Serpin E1
パラログ	SERPINE2（他多数）
オルソログ	🐭 - 🐀 - 🐄 - 🐟 serpine1 🐸 serpine1 🐔 - 🐢 Serpine1

> セリンプロテアーゼインヒビター（serine proteinase inhibitors）のメンバーであるPAI-1をコードしており，線溶（fibrinolysis）を負に制御し，血栓の溶解を阻害する．また，プロテアーゼインヒビターとしての機能の他にもさまざまな機能があることが知られる．

■**遺伝子の構造**　7番染色体長腕（q22.1）に存在．約1万2千塩基・9エキソン．コードされるタンパク質は402 aa．Serpinファミリーに属している．C端側にdisorder領域が確認されている．

■**主な発現組織と関連疾患**　胆嚢，胎盤，肝臓などの組織で発現．また，内皮細胞で発現する．まれな常染色体潜性遺伝の血液疾患として知られるPAI-1欠損症（PAI-1D）に関連する．

■**主な機能とシグナル経路**　主にプロテアーゼインヒビターとして機能する．1つはプラスミノーゲンをプラスミンに変換する組織型プラスミノーゲンアクチベーター（PLAT/tPA）のインヒビターとして機能し，線溶の抑制に必要であり血栓の制御された分解に関与する．もう1つはウロキナーゼ型プラスミノーゲンアクチベーター（PLAU/uPA）のインヒビターとして機能し，細胞の接着と拡散の制御に関連する．

　プロテアーゼインヒビターとしての機能とは別に，細胞移動の制御因子としても知られる．また，皮膚損傷修復時に機能する表皮の大部分を占めるケラチノサイト（keratinocyte）の遊走刺激に必要である．

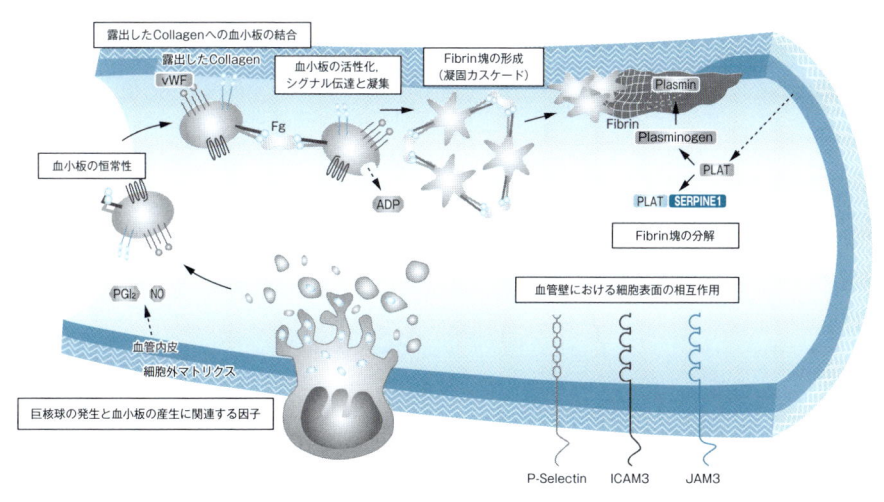

D'Eustachio P, et al：reactome：https://reactome.org/PathwayBrowser/#/R-HSA-109582より引用

参考図書　▶日本血栓止血学会用語集：plasminogen activator inhibitor-1（PAI-1）：https://jsth.medical-words.jp/words/word-334/

79位 ATM
えーてぃーえむ

遺伝子名	Serine-protein kinase ATM, TEL1
タンパク質名	Serine-protein kinase ATM
パラログ	ATR, PRKDC, MTOR, SMG1, TRRAP
オルソログ	TEL1 atm-1 - atm atm ATM Atm

PI3K関連キナーゼファミリーに属するセリン/スレオニンキナーゼ. DNA損傷に対する細胞応答とゲノム安定性に必要な細胞周期チェックポイントのシグナル伝達を制御している.

▮**遺伝子の構造**　11番染色体の長腕に存在. 約14万6千塩基・67エキソン. コードされるタンパク質は3,056 aa. 複数のバリアントが存在している. さまざまながんでプロモーターの高メチル化が報告されている.

▮**主な発現組織と関連疾患**　リンパ組織で特に発現している. 遺伝子変異は毛細血管拡張性運動失調症(常染色体潜性遺伝)の原因であり, 患者の多くは免疫不全を伴う. さらに白血病やさまざまながんの発症リスクが高い.

▮**主な機能とシグナル経路**　不活性状態のATMは多量体を形成して細胞質に存在している. DNAの二本鎖切断が生じると, MRN複合体が感知して, 多量体のATMをリクルートする. ATMは自己リン酸により単量体の活性化型になり, ヒストンH2AXをリン酸化してDNA損傷修復反応を開始する. 続いて, BRCA1▶14位を損傷部位にリクルートする. また, チェックポイントキナーゼCHK2 (CHEK2遺伝子)をリン酸により活性化して, G1期で細胞周期を停止させる. さらに, p53▶1位をリン酸化により活性化させ, p21▶62位を発現させることで, G1期での細胞周期の停止や老化, アポトーシスを誘導する.

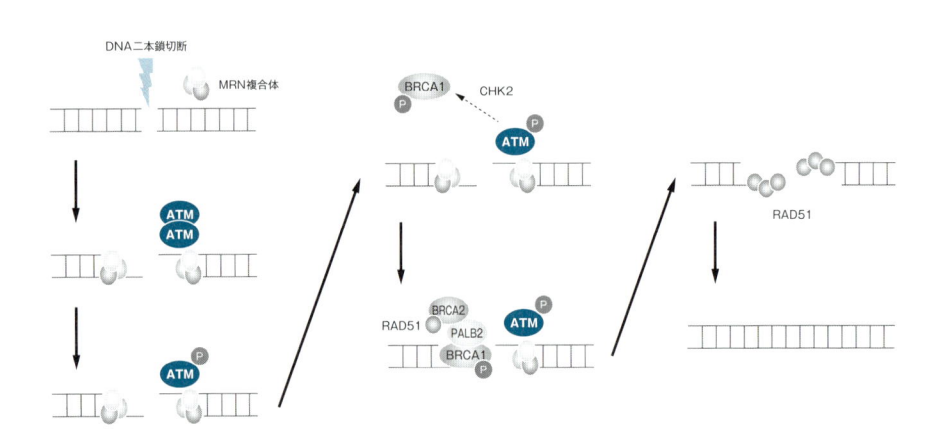

参考図書　▶『がん生物学イラストレイテッド 第2版』(渋谷正史・湯浅保仁／編), 羊土社, 2019

80位 EZH2
いーじーえいちつー

遺伝子名	Enhancer of zeste 2 polycomb repressive complex 2 subunit
タンパク質名	Histone-lysine N-methyltransferase EZH2
パラログ	EZH1, KMT2A, SETD1A, NSD1, EHMT1, SUV39H1など
オルソログ	🐛 - 🦠 set6, met-1など 🐟 Set2, G9aなど 🐸 ezh2 🐭 ezh2 🐵 EZH2 🐭 Ezh2

EZH2はエピジェネティクスな遺伝子発現制御を行うヒストンメチル基転移酵素をコードする. PRC2(polycomb repressive complex 2)の触媒サブユニットであり, 主にヒストンH3の27番目のリジン残基をトリメチル化(H3K27me3)することにより, 遺伝子発現を抑制する. 細胞周期の調節, 細胞増殖, 分化, 老化, 免疫などさまざまな生物学的プロセスに影響していることが知られているが, がん細胞で発現が高いことから特にがんとの関連が研究されている.

■**遺伝子の構造** 7番染色体の長腕(36.1)に存在. 約7万7千塩基・19エキソン. コードされるタンパク質は751 aa.

■**主な発現組織と関連疾患** 骨髄などで発現が高いが, 広範な組織で発現している. 乳がんをはじめ, さまざまながんにおいてEZH2の発現が上昇しており, EZH2を対象とした阻害剤が開発されている.

■**主な機能とシグナル経路** EZH2はPRC2の触媒サブユニットであり, EED(embryonic ectoderm development)やSUZ12(suppressor of zeste 12)などと複合体を形成することで, 主にヒストンH3の27番目のリジン残基をトリメチル化することにより, 遺伝子発現を抑制する. 近年, EZH2のヒストンメチル化を介さない遺伝子発現制御機構が研究されており, GATA4のリジン299を直接メチル化することでp300[98位]によるアセチル化を阻害するという報告もある.

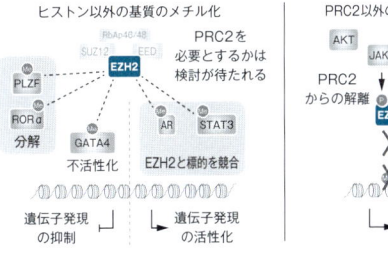

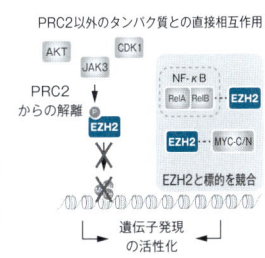

CC BYにもとづきZimmerman SM, et al：Front Oncol, 13：1233953, doi:10.3389/fonc.2023.1233953(2023)より引用

参考図書
▶Zimmerman SM, et al：Front Oncol, 13：1233953, doi:10.3389/fonc.2023.1233953(2023)
▶『ゲノム 第4版』(T. A. Brown／著, 石川冬木・中山潤一／監訳), p.352, MEDSi, 2018

GSK3B

じーえすけーすりーべーた

遺伝子名	Glycogen synthase kinase 3 beta
タンパク質名	Glycogen synthase kinase-3 beta（GSK-3β）
パラログ	GSK3A（Glycogen synthase kinase 3 alpha）
オルソログ	🦠 MCK1, RIM11　🦠 gsk-3　🐝 sgg（shaggy）　🐟 gsk3b　🐸 gsk3b　🐔 GSK3B 🐭 Gsk3b

グリコーゲン合成酵素キナーゼサブファミリーに属するセリン/スレオニンキナーゼ GSK-3βをコードする. グルコース恒常性の負の調節因子であり, エネルギー代謝, 炎症, 小胞体ストレス, ミトコンドリア機能, アポトーシス経路に関与する. また, Wnt[17位]やインスリン[151位]シグナルの重要な構成要素でもある.

▍**遺伝子の構造**　染色体3q13.33に位置し, 12のエキソンからなる. タンパク質は420 aaからなり, N末端のSer9リン酸化部位が活性調節に重要である.

▍**主な発現組織と関連疾患**　広範な組織で発現するが, 特に脳, 肝臓, 骨格筋で高レベルの発現がみられる. 関連疾患には, アルツハイマー病, パーキンソン病, 双極性障害, 2型糖尿病, がん（大腸がん, 膵臓がんなど）, 炎症性疾患, 心血管疾患が含まれる.

▍**主な機能とシグナル経路**　GSK-3βは, 多数の基質をリン酸化することで多様な細胞プロセスを調節する多機能なキナーゼである. その主要な機能には, グルコース恒常性とエネルギー代謝の調節, 炎症反応の制御, 小胞体ストレス応答とミトコンドリア機能の調節, 細胞周期制御が含まれる. GSK-3βの活性は, 主にそのSer9のリン酸化によって調節される. Akt[10位], PKA[298位], p90RSKなどのキナーゼがSer9をリン酸化し, GSK-3βを不活性化する. GSK-3βはその多面的な機能から, さまざまな疾患の治療標的として注目されている. 特に, 神経変性疾患や気分障害の治療薬開発において重要な標的となっている.

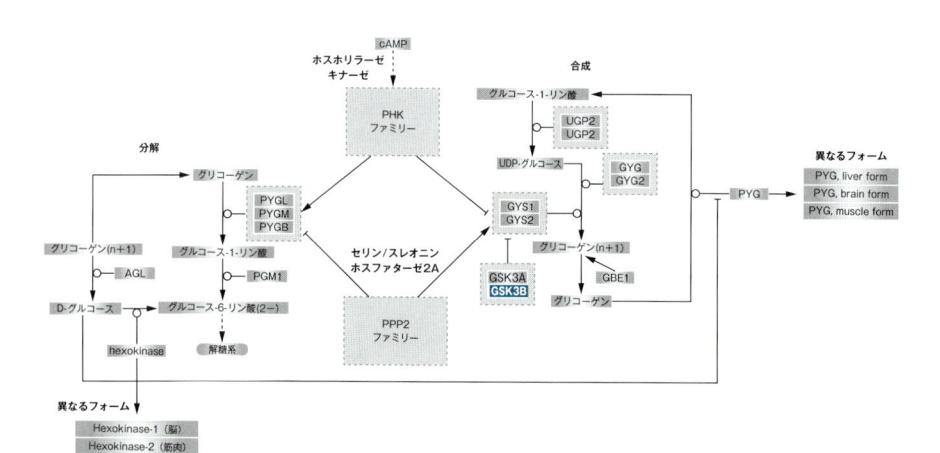

CC0にもとづき Kdahlquist K, et al：WiliPathways：https://www.wikipathways.org/instance/WP500 より改変

参考図書　▶Beurel E, et al：Pharmacol Ther, 148：114-131, doi:10.1016/j.pharmthera.2014.11.016（2015）

82位 PARP1
ぱーぷわん

がん遺伝子パネル検査対象遺伝子

標的治療薬あり

遺伝子名	Poly(ADP-ribose) polymerase 1
タンパク質名	Poly(ADP-ribose) polymerase 1（PARP1）
パラログ	PARP2, PARP3
オルソログ	🍄 - 🦠 parp-1 🐟 Parp 🐛 parp1 🐸 parp1 🐥 PARP1 🐭 Parp1

> ポリADPリボースの産生と標的タンパク質のポリADPリボシル化を行うタンパク質．PARP1も自己修飾によって活性化する．DNA損傷を最初期に検知して，クロマチン構造の脱凝縮や関連分子との相互作用を介して，修復を促す．転写共役ヌクレオチド除去修復，マイクロホモロジー媒介末端結合，DNAミスマッチ修復など，複数のDNA修復経路の調節に関与する．

▌**遺伝子の構造**　1番染色体の長腕に存在．約4万7千塩基・23エキソン．コードされるタンパク質は1,014 aa.

▌**主な発現組織と関連疾患**　全身で発現しており，特にリンパ組織で高発現．さまざまながんで過剰発現が確認されている．胃がんの発生・増殖時において，ピロリ菌によってポリADPリボースの産生と自己修飾により活性化される．

▌**主な機能とシグナル経路**　PARP1はDNAの損傷部位に結合し，自己修飾によってポリADPリボシル化する．これによってXRCC1[99位]，さらにDNA修復に必要な因子をリクルートする．

　PARP1はDNAのマイクロホモロジー媒介末端結合にも関与する．このDNA修復は欠失変異が導入されるため，遺伝子変異が起こりやすくなる．

　また，PARP1は標的タンパク質のポリADPリボシル化を介して，転写調節，アポトーシス，免疫にも関与している．DNA損傷を介したNF-κB[15位]の活性化にも関与しており，炎症性メディエーター（TNF-α[3位]，IL-6[4位]など）の転写にもかかわる．また，クロマチンタンパク質のHMGB1[91位]のポリADPリボシル化はNF-κB[15位]経路の活性化を誘導する．

　PARPは阻害剤が臨床で用いられており，BRCA1[14位]/2[51位]などの相同組換え修復タンパク質に変異のあるがんでは，二本鎖切断後の相同組換え修復ができず，細胞死が誘導されることを利用している．

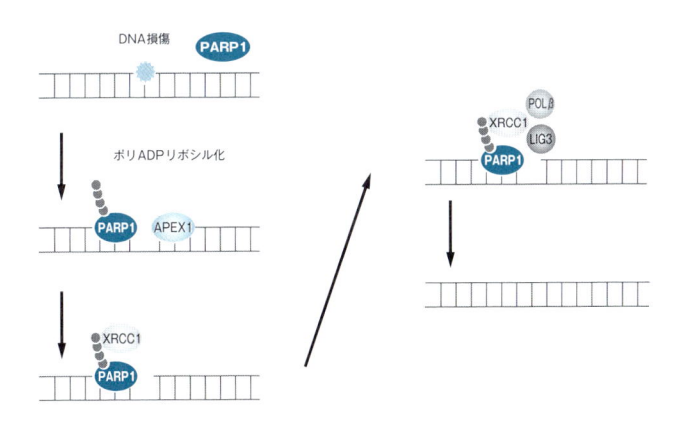

参考図書　▶『がんゲノムペディア』（柴田龍弘／編），羊土社，2024

83位 SRC

さーく

遺伝子名	SRC proto-oncogene, non-receptor tyrosine kinase, c-Src
タンパク質名	Proto-oncogene tyrosine-protein kinase Src
パラログ	BLK, FYN, FGR, HCK, LCK, LYN, YES
オルソログ	🐛 - 🦟 - 🐸 - src 🐭 src 🐔 SRC 🐵 Src

非受容体型チロシンキナーゼ．細胞内外の刺激を受けて，さまざまなシグナル経路を活性化する．遺伝子の転写や細胞周期，細胞接着，細胞遊走，細胞死などを制御することで，発生や神経，免疫など多彩な機能に関与している．その一方で，Srcの制御の異常により，がんの発生や悪性化が誘導される．

▌**遺伝子の構造**　20番染色体の長腕に存在．約6万塩基・21エキソン．コードされるタンパク質は536 aa.

▌**主な発現組織と関連疾患**　全身で発現している．大腸がんや乳がんなど，多くのがんで高発現と遺伝子変異が確認されている．先天性血小板減少症の原因遺伝子の1つである．

▌**主な機能とシグナル経路**　Srcファミリーキナーゼ（Src, Fyn, Yes, Lck, Lyn, Hck, Fgr, Blk）に属するチロシンキナーゼ．N末端が脂肪酸修飾を受けて細胞膜に結合した状態で存在している．通常は不活性化状態だが，EGFR[2位]などの受容体やインテグリン[90位]などの膜タンパク質，FAKなどの細胞質内のシグナル伝達因子の活性化など，細胞内外の刺激を受けることで活性化する．活性化したSrcはSTAT3[12位]やRAS[21位]，MAPK[41位]経路，PI3K-Akt[10位]経路などをリン酸化することで活性化させる．活性化したSrcは負の調節因子Cskキナーゼとなり，PAG1/Cbpによって，不活性化される．このシグナル伝達の活性化の一部と不活性化は，細胞膜上のドメインである脂質ラフトで制御されている．

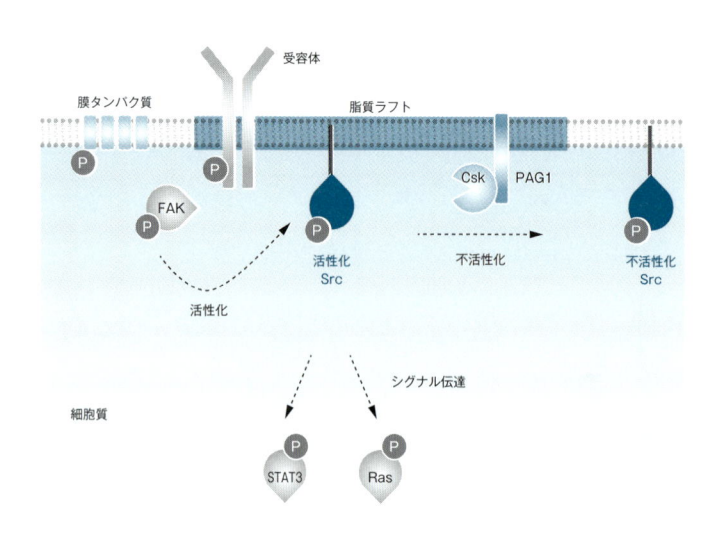

参考図書　▶『がん生物学イラストレイテッド 第2版』（渋谷正史・湯浅保仁／編），羊土社，2019

84位 <ruby>F2<rt>えふつー</rt></ruby>

遺伝子名	Coagulation factor Ⅱ, thrombin
タンパク質名	Prothrombin, coagulation factor Ⅱ
パラログ	PAMR1
オルソログ	🐭 - 🐀 - 🐮 - 🐟 f2 🐸 f2 🐔 F2 🐢 F2

血液凝固カスケードに関連し,凝固第Ⅱ因子としても知られるプロトロンビンをコードしている.このタンパク質は多段階で分解され,活性化セリンプロテアーゼであるトロンビンを形成する.止血にとどまらず,細胞増殖,組織修復,血管新生,炎症にも関与している.*F2*の変異はさまざまな血栓症を引き起こす.

▌**遺伝子の構造**　11番染色体短腕(p11.2)に存在.約2万塩基・14エキソン.コードされるタンパク質は622 aa. Peptidase S1ファミリーに属する.また,2個のクリングルドメイン,GLAドメイン(生体膜結合ドメイン)をもつ.

▌**主な発現組織と関連疾患**　肝臓で特異的に発現.プロトロンビン抗原量,活性がともに低下している先天性プロトロンビン欠乏症,および抗原量は正常であるが,活性が低下している先天性プロトロンビン異常症に関連する.

▌**主な機能とシグナル経路**　トロンビン(活性化トロンビン)は,アルギニンとリジンの後の結合を切断する.血液凝固や止血などにかかわる糖タンパク質であるフィブリノーゲンをフィブリンに変化させる.また,凝固第Ⅴ因子(*F5*)[▶96位],第Ⅷ因子,第ⅩⅢ因子などを活性化させる.高親和性トロンビン受容体であるトロンボモジュリンとの複合体は,プロテインCを活性化させる.なお,過剰のトロンビンが存在する場合,セリンプロテアーゼインヒビター(SERPIN)の一員であるアンチトロンビン(AT)と結合する.

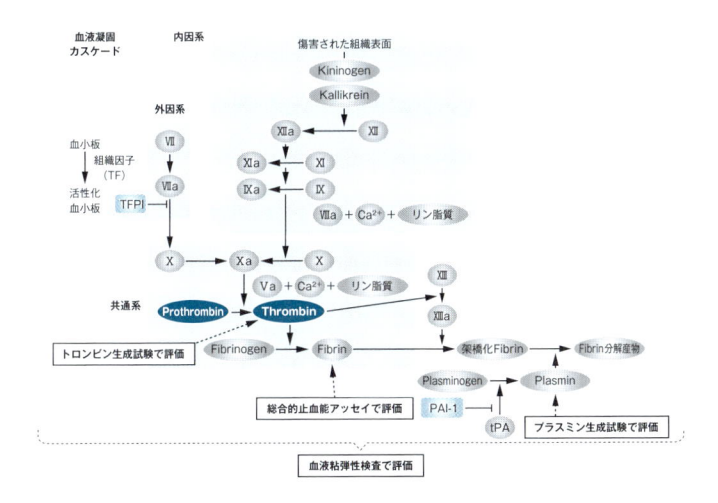

CC BY 4.0にもとづき Lim HY, et al: J Pers Med, 12:, doi:10.3390/jpm12071140(2022)より引用

参考図書　▶日本血栓止血学会用語集:プロトロンビン・トロンビン / prothrombin / thrombin: https://jsth.medical-words.jp/words/word-566/

85位

まっぷけーすりー
MAPK3

遺伝子名	Mitogen-activated protein kinase 3
タンパク質名	Extracellular signal-regulated kinase 1（ERK1），ERK-1，ERT2，P44ERK1，p44MAPK など
パラログ	*MAPK1, MAPK7, MAPK14, MAPK11, MAPK6* など
オルソログ	🧬 *FUS3, KSS1* 🐛 *mpk-1* 🪰 *rl* 🐟 *mapk3* 🐸 - 🐔 - 🐁 *Mapk3*

> *MAPK3* は MAP キナーゼファミリーの1つであり，ERK1 としても知られる．*MAPK3* 遺伝子を欠失したノックアウトマウスは生存可能であり，*MAPK1*[41位] と機能を補い合っているためだと考えられている．T 細胞のみ例外であり，*MAPK3* 欠失によってその発生が抑制される．上流である MEK キナーゼ活性の阻害剤や，ERK キナーゼ活性阻害剤の開発も進んでいる．

▎**遺伝子の構造**　16番染色体短腕セントロメア付近（16p11.2）．約9千4百塩基．コードされるタンパク質は379 aa.

▎**主な発現組織と関連疾患**　ほぼすべての組織で幅広く発現する．変異などはほとんど起きないが，がんにおける RAS-MAPK シグナルによる細胞増殖の中枢を担う遺伝子である．

▎**主な機能とシグナル経路**　RAS-MAPK 経路[21位]の最下流に位置する遺伝子であり，上流の MEK にリン酸化されることによって活性化する．活性化した MAPK1 は核内へ移行し，標的タンパク質をリン酸化する．ELK, ETS, MSK1/2, MYC[29位] などさまざまな下流遺伝子のリン酸化を行う．また，ERK は RAS-MAPK 経路の上流に位置する SOS や RAF[26位]，MEK にネガティブフィードバックをかけることで，RAS-MAPK 経路の終結シグナルを促進する．MAPK1 と相互に機能を補い合っている．

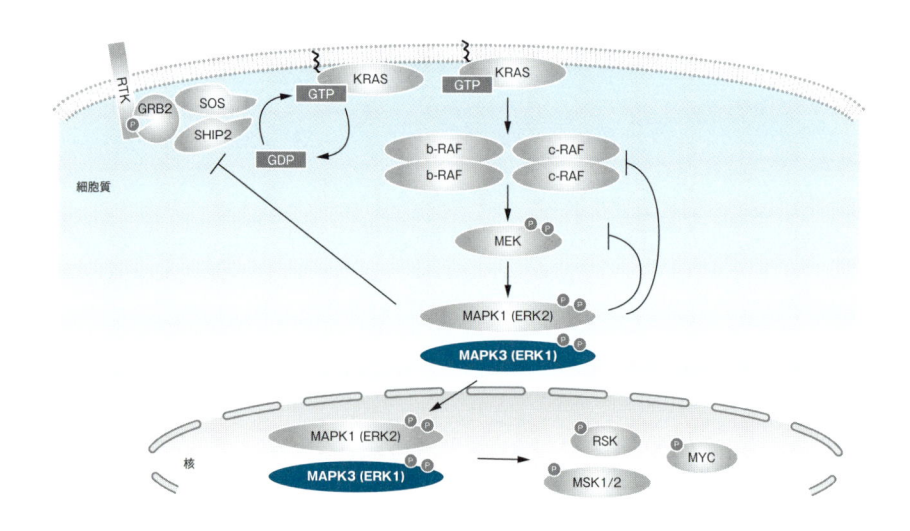

参考図書　▶Timofeev O, et al：NPJ Precis Oncol, 8：70, doi:10.1038/s41698-024-00554-5（2024）
　　　　▶Lake D, et al：Cell Mol Life Sci, 73：4397-4413, doi:10.1007/s00018-016-2297-8（2016）

しーえっくすーしーえるとうえるぶ
CXCL12

遺伝子名	C-X-C motif chemokine ligand 12（CXCL12），SDF1
タンパク質名	CXCL12
パラログ	-
オルソログ	⬡ - 🐝 - 🐛 - 🐟 *cxcl12a, cxcl12b* 🐸 *cxcl12* 🐔 *CXCL12* 🐁 *Cxcl12*

CXCモチーフをもつ，間質細胞由来のケモカインの一種である．CXCR4[▶50位]のリガンドとして機能し，細胞内シグナル経路を活性化することで，走化性，細胞の生存，増殖，細胞内Ca^{2+}の増加，遺伝子の転写など，さまざまな反応を引き起こす．

▌**遺伝子の構造**　10番染色体の長腕（q11.21）に存在，約2千塩基・6エキソン．コードされるタンパク質は89 aaで，Chemokine interleukin-8-likeドメインをもつ．7種類のアイソフォームが知られている．

▌**主な発現組織と関連疾患**　さまざまな種類の細胞で産生され，全身の組織で発現しているが，特に高発現している組織は，子宮内膜と脾臓である．変異はヒト免疫不全ウイルス1型感染に対する抵抗性と関連があるとされている．

▌**主な機能とシグナル経路**　CXCL12はCXCR4のリガンドとして機能する．CXCR4と結合することで，細胞腫によって異なる下流のシグナル経路を活性化し，走化性，細胞の生存，増殖，細胞内Ca^{2+}の増加，遺伝子の転写など，さまざまな反応を引き起こす．T細胞および単球に活性を示すが，好中球には活性を示さない．図中のシグナル経路のほかに，細胞接着因子であるインテグリンのアロステリック部位に結合することによって，CXCR4非依存的にも活性化することが知られている．

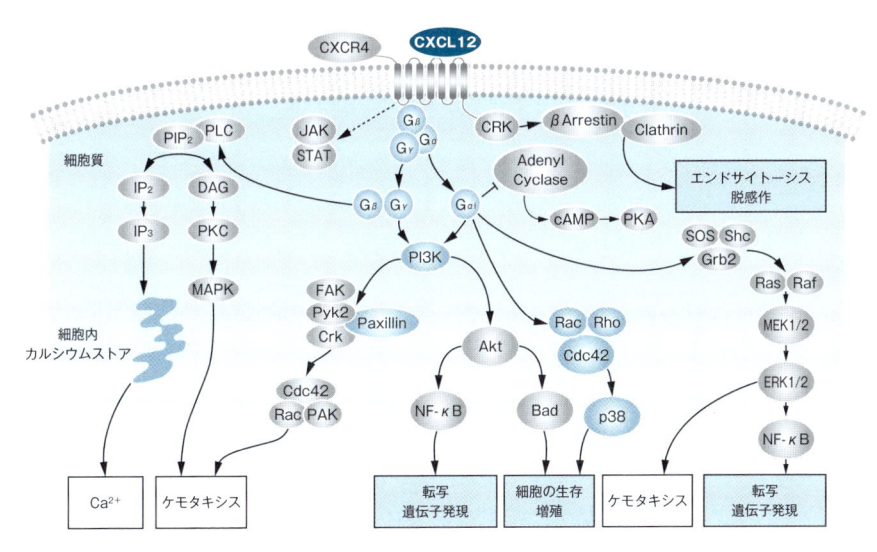

Teicher BA & Fricker SP：Clin Cancer Res, 16：2927-2931, doi:10.1158/1078-0432.CCR-09-2329（2010）より引用

参考
図書　▶Teicher BA & Fricker SP：Clin Cancer Res, 16：2927-2931, doi:10.1158/1078-0432.
CCR-09-2329（2010）

87位

しーでぃーふぉーてぃーふぉー
CD44

遺伝子名	CD44
タンパク質名	CD44
パラログ	*LYVE1*
オルソログ	🐟 - 🐸 - 🐭 - *cd44a/b* 🐔 - 🐵 *CD44* 🐀 *Cd44*

> CD44は全身で発現のみられるホーミング，細胞接着，相互作用，遊走，血管新生，転移，浸潤，創傷治癒，組織形成に関与する非キナーゼの膜貫通型糖タンパク質である．ヒアルロン酸（HA），オステオポンチン，コラーゲン，マトリクスメタロプロテアーゼ（MMP）に結合する．細胞外からリガンド結合，ステム，バリアブル，膜貫通，細胞内ドメインとなっている．

■遺伝子の構造　11番染色体短腕に存在，約5万塩基のゲノムDNAにコードされ，タンパク質は分子量85～200 kDaとなっている．CD44スタンダード（CD44s）はエキソン1～5と16～20から構成される．CD44sをコアに選択的スプライシングでCD44v3，CD44v8～10のようなスプライシングバリアントが生成される．

■主な発現組織と関連疾患　CD44sは最も発現が多くHA受容体，取り込み，分解に関与する．CD44vは子宮，胃がんなどで高発現しがんの予後不良マーカーと考えられている．上皮間葉転換ではCD44vからCD44sへの切りかえがみられる．

■主な機能とシグナル経路　CD44はホモ二量体を形成し，MMP9[▶19位]と結合，CD44を分解し，MMP9産生を上昇させ，ECMを分解する．またTGF-β[▶7位]などのサイトカイン，増殖因子を遊離させる．HAはCD44単体，TLR2[▶74位]/4[▶25位]などとRho[▶127位]，Src[▶83位]，NF-κB[▶15位]などを介し細胞に反応を引き起こす．

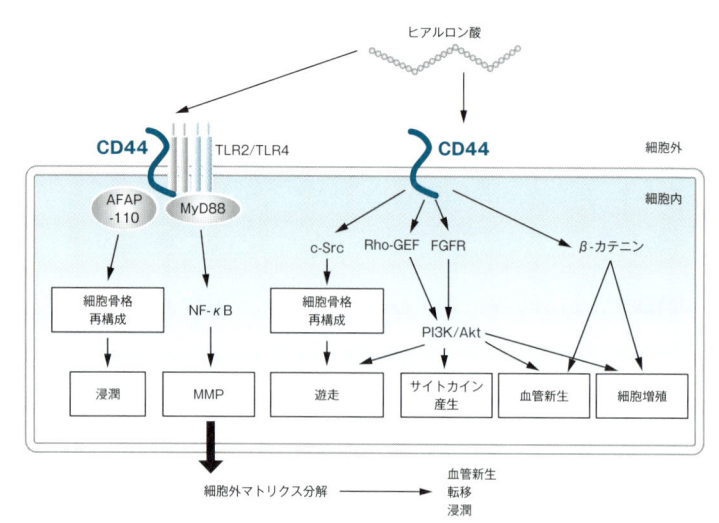

Roedig H, et al：Semin Cancer Biol, 62：31-47, doi:10.1016/j.semcancer.2019.07.026（2020），Spinelli FM, et al：Clin Transl Immunology, 4：e52, doi:10.1038/cti.2015.35（2015）より作成

参考図書　▶永野　修・佐谷秀行：CD44によって制御されるがん組織の不均一性．実験医学, 31：27-32, 2013

88位 ACE2
えーすつー

遺伝子名	Angiotensin converting enzyme 2
タンパク質名	Angiotensin-converting enzyme 2（ACE2）
パラログ	*ACE*
オルソログ	○ - *acn-1* ✿ - *ace2* *ace2* *ACE2* *Ace2*

> レニン-アンジオテンシン系に関連するカルボキシペプチダーゼをコードしており，血液量，全身血管抵抗，心血管系の恒常性に関与している．また，COVID-19を引き起こすSARS-CoV-2の宿主受容体としても知られており，2020年から急激に報告数が増加した遺伝子である．

■遺伝子の構造　X染色体短腕（p22.2）に存在．約11万塩基・18エキソン．コードされるタンパク質は805 aa．Peptidase M2ファミリーに属する．C末端は膜貫通タンパク質であるコレクチンと相同性をもつ．

■主な発現組織と関連疾患　小腸，十二指腸，精巣などの組織で発現．ヒトコロナウイルスHCoV-NL63，重症急性呼吸器症候群（SARS）コロナウイルスであるSARS-CoVおよびSARS-CoV-2のスパイク糖タンパク質に対する機能的な受容体として知られる．

■主な機能とシグナル経路　血圧調節に関連するレニン-アンジオテンシン代謝経路に関連する．アンジオテンシンⅠを心筋細胞で抗肥大作用をもつアンジオテンシン1-9（9アミノ酸で構成されるペプチド）に，アンジオテンシンⅡを血管拡張および抗増殖作用をもつアンジオテンシン1-7（同7アミノ酸）に変換する．これにより，血管収縮作用をもつアンジオテンシンⅡの作用を相殺する．

　また，他の血管作動性ペプチド（vasoactive peptide）であるニューロテンシン，キネテンシン，Des-Arg-ブラジキニンのC末端残基を除去するほか，アペリン-13などのその他の生物学的なペプチドの切断にも関与する．

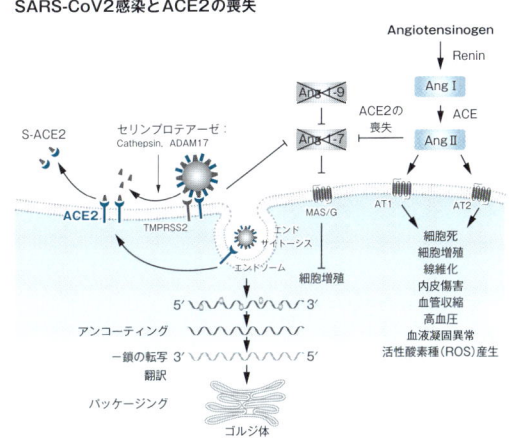

CC BYにもとづきSamavati L & Uhal BD: Front Cell Infect Microbiol, 10：317, doi:10.3389/fcimb.2020.00317（2020）より引用

参考図書　▶松井利郎：レニン-アンジオテンシン系と血圧調節．化学と生物，53：228-235（2015）

MAPK14

まっぷけーふぉーてぃーん

遺伝子名	Mitogen-activated protein kinase 14
タンパク質名	p38 mitogen-activated protein kinases(p38), RK, CSBP, PRKM14, p38alphaなど
パラログ	*MAPK11, MAPK12, MAPK13, MAPK9, MAPK10*など
オルソログ	*HOG1* ⚙ *pmk-1, pmk-2* ♦ *Mpk2* ～ *mapk14a, mapk14b* ♻ *mapk14* 🐁 *MAPK14* ♨ *Mapk14*

p38分裂促進因子活性化タンパク質キナーゼ(p38 mitogen-activated protein kinases)ともよばれ, サイトカインシグナル, 紫外線応答, 熱ショック, 浸透圧ショックなどさまざまなストレス応答の中枢を担うMAPKである. 細胞の分化, アポトーシス, オートファジーに関与する. p38-α(*MAPK14*), -β (*MAPK11*), -γ(*MAPK12*/ERK6), -δ(*MAPK13*/SAPK4)の4種のp38 MAPKが存在する. p38を標的とした阻害剤開発も進んでいるが, 臨床応用には至っていない.

▌遺伝子の構造　6番染色体短腕(6p21.31). 約9万6千塩基. コードされるタンパク質は360 aa.

▌主な発現組織と関連疾患　ほぼすべての組織で幅広く発現するが, 骨髄などで発現が高い. 変異などはほとんど起きないが, がんにおけるストレス応答シグナルの中枢を担う遺伝子である. 自己免疫疾患や炎症プロセスにおける標的分子としても着目されている.

▌主な機能とシグナル経路　ストレス応答によって活性化したMKK3およびMKK6によるリン酸化を受けることで, p38 MAPKは活性化される. 活性化されたp38 MAPKはMAPKAPK(MK2など)をリン酸化することで活性化させる. また, 転写因子ATF2, MAC, MEF2などをリン酸化し, 転写活性を制御する. α, β, γ, δそれぞれ下流の標的遺伝子が異なり, 特徴的なストレス応答シグナルを活性化させる. MKK3/6の上流はASK1やTAK1が存在する.

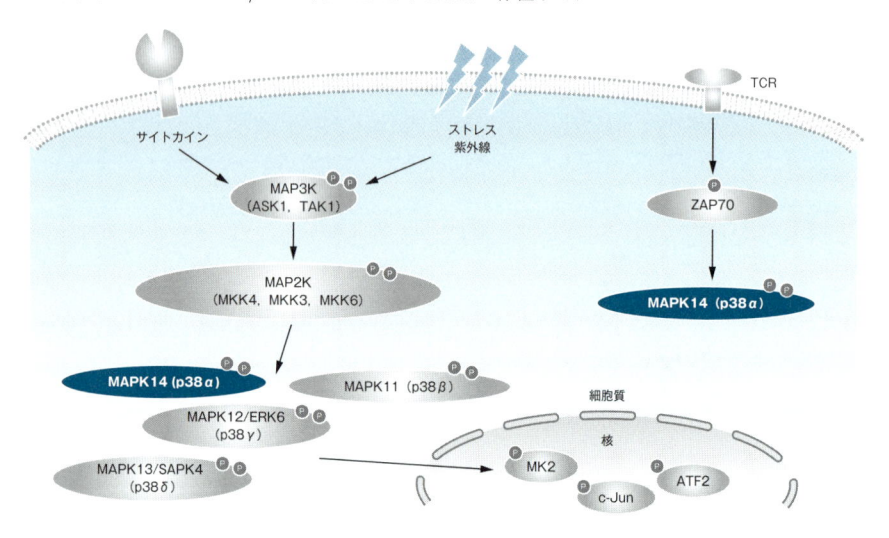

参考図書
▶Canovas B & Nebreda AR：Nat Rev Mol Cell Biol, 22：346-366, doi:10.1038/s41580-020-00322-w(2021)
▶Arthur JS & Ley SC：Nat Rev Immunol, 13：679-692, doi:10.1038/nri3495(2013)

あいてぃーじーびーわん
ITGB1

遺伝子名	ITGB1
タンパク質名	Integrin subunit beta 1, CD29, GPIIA
パラログ	ITGB2〜8
オルソログ	◯ - 🐛 - 🐟 - itgb1a/b ◯ - 🐔 ITGB1 🐭 ltgb1

> インテグリンはヘテロ二量体で構成され，18種のαサブユニット，8種のβサブユニットで24通りの組合わせが報告されており，コラーゲン[212位]，ラミニン，フィブロネクチン[205位]などに結合し細胞の運動性，細胞外マトリクス維持などに関与する．*ITGB1*はそのうちβ1サブユニットをコードする．

■ **遺伝子の構造**　10番染色体短腕に存在，18エキソンを含む約5万8千塩基にコードされ，タンパク質は798 aa. 分子量100〜132 kDaとなる．1A, 1D, 1Eのスプライシングバリアントがある．

■ **主な発現組織と関連疾患**　全身の組織で発現し，内皮細胞，線維芽細胞，腫瘍細胞などで発現している．血管平滑筋ITGB1欠損マウスは生後死亡する．

■ **主な機能とシグナル経路**　インテグリンの活性化は3ステップにわかれる．①α，βサブユニットの細胞外ドメインは湾曲していて細胞内ドメインも閉じている．②βインテグリンの細胞外ドメインが伸ばされて，細胞外のリガンド結合部位に接近できるようになる．③細胞外マトリクス（リガンド）に結合する．α，βサブユニットの細胞内ドメインどうしが離れシグナルが伝達される．
　インテグリンα1β1, α2β1, α10β1, α11β1はコラーゲンに結合し，また，インテグリンα1β1, α2β1, α10β1, α3β1, α6β1, α7β1はラミニンに結合する．同じリガンドであっても異なるヘテロ二量体のインテグリンでは，異なる刺激を細胞に入れることになる．

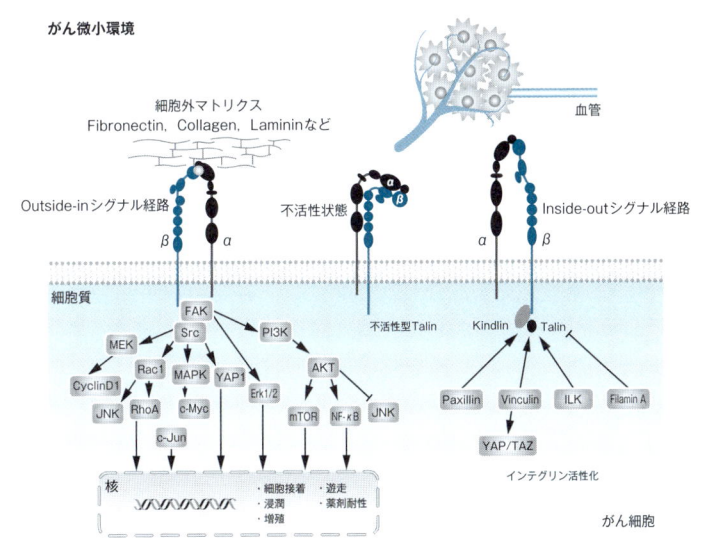

Sun L, et al: J Transl Med, 21：787, doi:10.1186/s12967-023-04696-1（2023）より引用

参考図書 ▶『がん生物学イラストレイテッド 第2版』(渋谷正史・湯浅保仁／編)，羊土社，2019

HMGB1

91位
えいちえむじーびーわん

遺伝子名	High mobility group box 1
タンパク質名	High mobility group protein B1（HMGB1），HMGN3 protein, HMG-1, HMG1
パラログ	*HMG2, HMG3, HMG4, HMGB5, HMGB6, HMGB7*
オルソログ	🐟 *Hmg1p* 🐛 *hmgb-1* 🐝 *HmgB1* 🐠 *hmgb1* 🐸 *hmgb1* 🐦 *HMG1* 🐭 *Hmdb1*

非ヒストン性タンパク質の代表格であり，核内における DNA の高次構造の形成と維持に関与する．その一方で，さまざまな細胞外シグナルに応答して細胞外に放出されると，強力な炎症誘導因子として機能する．つまり，HMGB1は細胞内外で2つの異なる役割を担う二重人格の分子と言える．HMGB1の二面性は，その構造的特徴に由来する．

▌遺伝子の構造 13番染色体の長腕に存在，約16万塩基・9エキソン．コードされるタンパク質は215 aa. スプライシングの変化，あるいはプロモーターの使い分けにより，主に3つのアイソフォーム（全還元型HMGB1, 部分酸化型HMGB1, 全酸化型HMGB1）が知られる．

▌主な発現組織と関連疾患 全身で発現し，特に免疫組織，消化器，呼吸器で高発現．HMGB1の高発現や機能異常は，自己免疫疾患，炎症性疾患，がんなどの疾患に関与する．

▌主な機能とシグナル経路 HMGB1は，細胞核内外でさまざまな機能をもつ多機能タンパク質．細胞核内では，転写調節，DNA修復．細胞外では，アラームシグナルや細胞死誘導．主なシグナル経路として，Toll-llike受容体（TLR）受容体シグナル経路[25位, 74位]，Receptor for Advanced Glycation End products（RAG）E受容体シグナル経路[148位]，Wntシグナル経路[17位]があげられる．

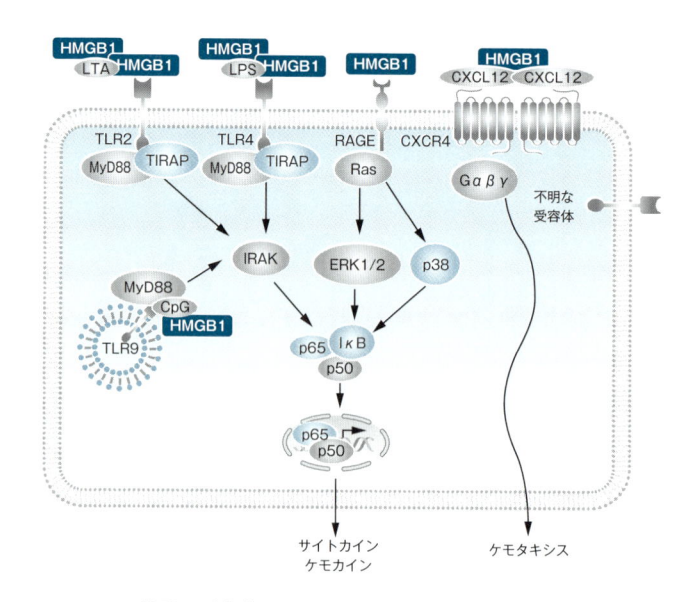

CC BY 4.0にもとづき Wang S & Zhang Y：J Hematol Oncol, 13：116, doi:10.1186/s13045-020-00950-x（2020）より引用

参考 図書	▶『細胞の分子生物学 第6版』（ALBERTS 他／編, 中村桂子 他／訳），ニュートンプレス，2017 ▶『Essential 細胞生物学（原書第5版）』（中村桂子 他／編），南江堂，2021

92位 YAP1
やっぷわん

遺伝子名	Yes1 associated transcriptional regulator
タンパク質名	Transcriptional coactivator YAP1, Yorkie homolog など
パラログ	WWTR1
オルソログ	○ - ♠ YAP-1 ♠ Yorkie ☘ yap1 ♧ yap1 ♟ YAP1 ♢ Yap1

主に転写を制御するリン酸化シグナル伝達経路であるHippo経路において、シグナル分子として機能するのがYAP（yes-associated protein）およびそのパラログであるTAZ/WWTR1（transcriptional coactivator with PDZ-binding motif）であり、YAPをコードする遺伝子がYAP1である.

▌遺伝子の構造　11番染色体長腕（11q22.1）に存在し、約12万3千塩基、11エキソン、向きはプラス. コードされるタンパク質は504 aa. 選択的スプライシングにより、9つのアイソフォーム（YAP1-1α, YAP1-1β, YAP1-1δ, YAP1-1γ, YAP1-2α, YAP1-2β, YAP1-2δ, YAP1-2γ, および1〜178欠失体）が存在する. YAP1-2はプロリンを含むモチーフとの相互作用に関与するWWドメインを2つもつが、YAP1-1は1つしかもたない.

▌主な発現組織と関連疾患　多くの組織で発現が認められる. YAP1はがん抑制遺伝子であり、変異が入ると肺腺がんの発生率が上がるという報告がある. 一方、YAP1が肝臓がんの悪性化に寄与するという報告もあり、がん種によりがん抑制遺伝子とがん遺伝子の二面性を有する.

▌主な機能とシグナル経路　Hippo経路において、キナーゼであるLATS1およびLATS2がリン酸化され活性化すると、転写因子YAP/TAZがリン酸化される. リン酸化YAP/TAZは細胞質に留まり、不活性化状態にある. 逆に、LATS1およびLATS2がリン酸化されないと、YAP/TAZは脱リン酸化されて核に移行し、転写因子として活性化する. YAP/TAZは主に転写因子TEAD（transcriptional enhanced associate domain）と複合体を形成し、細胞増殖や分化にかかわる遺伝子が発現する.

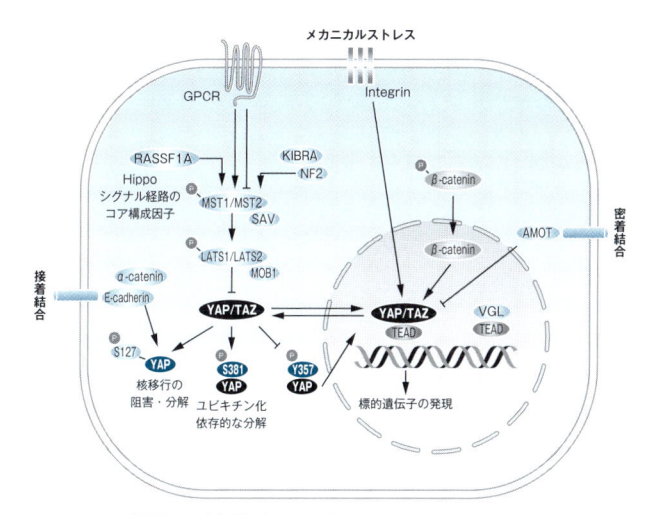

参考図書　▶『がんゲノムペディア』（柴田龍弘／編）, 羊土社, 2024

93位 MET
めっと

遺伝子名	MET proto-oncogene, receptor tyrosine kinase
タンパク質名	MET, c-Met, DA11, Hepatocyte growth factor receptor（HGFR）, など
パラログ	*MST1R, INSR, ROS1, IGF1R, INSRR* など
オルソログ	🐛 - 🪱 *svh-2* 🐝 - 🐟 *met* 🐭 *met* 🐔 *C-MET* 🐒 *Met*

クラスⅧ受容体型チロシンキナーゼに属する受容体型チロシンキナーゼであり，肝細胞増殖因子受容体（HGFR）としても知られている．*MET*遺伝子から転写，翻訳された一本鎖の前駆体タンパク質がαサブユニットとβサブユニットへ切断される．この2つのサブユニットがジスルフィド結合によって連結されることで成熟型となる．胚発生，創傷治癒などにおいて重要な役割を担う．肝細胞増殖因子（HGF）[▶219位]をリガンドとし，HGFが結合することでホモ二量体形成する．上皮細胞で主に発現がみられるが，内皮細胞，神経細胞，肝細胞などでも発現がみられる．リガンドであるHGFは間葉系細胞のみが発現する．エクソン14欠失METに特異的なテポチニブなどが臨床応用されている．

▌**遺伝子の構造**　7番染色体長腕（7q31.2）．約13万塩基．コードされるタンパク質は1,390 aa.

▌**主な発現組織と関連疾患**　胎盤，肝臓，肺，腎臓，甲状腺，などの組織で発現する．肝臓がん，腎がん，乳がん，胃がんなどさまざまながんにおいて機能する．特に抗がん剤耐性を獲得した肺がんにおいて，遺伝子増幅や過剰発現がみられることが有名である．他にも，関節拘縮症などにも関与し，自閉症リスク遺伝子の1つである．

▌**主な機能とシグナル経路**　受容体型チロシンキナーゼであり，リガンドであるHGFの結合に伴って二量体化し，自己リン酸化を行う．GRB2[▶180位]，GRB1, SH2, SRC[▶83位]などを介してRAS-MAPK経路を活性化させる．他にも，PI3K-AKT経路[▶10位]，JAK-STAT経路[▶12位]などを活性化させる．

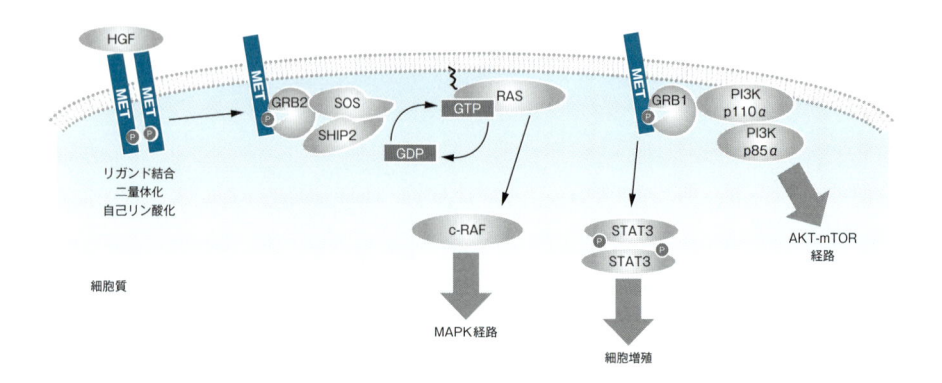

参考図書　▶Guo R, et al：Nat Rev Clin Oncol, 17：569-587, doi:10.1038/s41571-020-0377-z（2020）
▶Comoglio PM, et al：Nat Rev Drug Discov, 7：504-516, doi:10.1038/nrd2530（2008）

94位 RB1
あーるびーわん

遺伝子名	RB transcriptional corepressor 1
タンパク質名	Retinoblastoma-associated protein, Retinoblastoma 1（RB1）など
パラログ	RBL1, RBL2
オルソログ	🐛 - 🦟 in-35 🐟 Rbf 🐭 rb1 🐸 rb1 🐔 RB1 🐁 Rb1

> RB1は細胞周期におけるG1/Sチェックポイント制御因子RB1をコードする遺伝子である．がん抑制遺伝子の1つで，網膜芽細胞腫の原因遺伝子として発見されたことから，RetinoBlastomaの頭文字をとってRB1とよばれている．

▌遺伝子の構造　13番染色体長腕（13q14.2）に存在し，約29万6千塩基，29エキソン．向きはプラス．コードされるタンパク質は928 aa.

▌主な発現組織と関連疾患　多くの組織で発現が認められる．RB1は網膜芽細胞腫の原因遺伝子であり，両アレルに変異を有するとがん化する．網膜細胞が分裂する乳幼児期に発症し，成人になると分裂しなくなるため発症しない．

▌主な機能とシグナル経路　RB1は転写因子E2F[174位]に結合し，G1期からS期への移行にかかわる遺伝子の発現調節に関与している．サイクリンD[64位]と結合して活性化したサイクリン依存性キナーゼCDK4[299位]/CDK6により，RB1がリン酸化されることで，E2FがRB1から解離する．それによりE2FがサイクリンEの発現を誘導する．さらに，サイクリンEがCDK2[189位]と複合体を形成し，RB1のリン酸化が亢進することで，E2Fによる転写活性が亢進する．その結果，E2Fにより転写されるG1期からS期への移行に関与する遺伝子群の発現誘導が行われ，G1/S期チェックポイントを通過する．

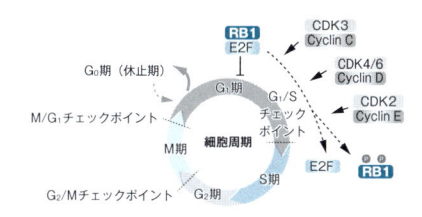

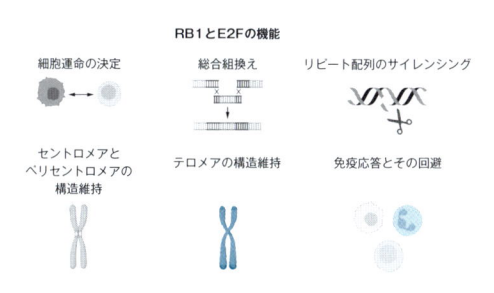

RB1とE2Fの機能

参考図書　▸『がんゲノムペディア』（柴田龍弘／編），羊土社，2024

95位 *BIRC5*

びーあいあーるしーふぁいぶ

遺伝子名	Baculoviral IAP repeat containing 5
タンパク質名	Baculoviral IAP repeat-containing protein 5（BIRC5），Survivin
パラログ	BIRC3, NLRC4, BIRC7, XIAP, BIRC2, BIRC6, NAIP
オルソログ	- ・ bir-2 ・ Diap2 ・ birc5a ・ birc5l ・ BIRC5 ・ Birc5

*BIRC5*遺伝子はサバイビン（survivin）としても知られており，アポトーシス抑制因子（inhibitor of apoptosis: IAP）遺伝子ファミリーのメンバーである．カスパーゼの活性化を阻害しアポトーシスを抑制するタンパク質をコードしている．がん細胞で過剰発現しており，アポトーシス刺激や化学療法に対する抵抗性をもたらし，がん細胞の生存に寄与していることから，がん遺伝子としてもみなされている．

■**遺伝子の構造**　17番染色体長腕（q25.3）に存在．約1万1千塩基・4エキソン．コードされるタンパク質は142 aa．IAPファミリーのメンバーは通常複数のバキュロウイルスIAPリピート（BIR）ドメインを含むが，BIRC5は単一のBIRドメインのみをもつ．16.5 kDaの大きさで，IAPファミリーのなかで最小のメンバーである．

■**主な発現組織と関連疾患**　骨髄や精巣，リンパ節で高発現．がん細胞で高度に発現しているのに対し，完全に分化した細胞ではほぼ発現がみられない．

■**主な機能とシグナル経路**　主要な機能はカスパーゼの活性化を阻害し，アポトーシスを抑制することである．アポトーシスには主に外因経路と内因経路があげられる．いずれの経路においても活性化したイニシエーターカスパーゼがエフェクターカスパーゼを活性化し，アポトーシスが誘導される．BIRC5が内因経路にかかわるイニシエーター型であるCASP9と結合するとアポトソームが構築されないため，CASP9の活性化が起こらず，下流のカスケードが抑制される．また，エフェクター型であるCASP3[▶115位]/7と結合することが示されており，この相互作用によりカスパーゼのタンパク質分解活性が低下し，アポトーシスが減少すると考えられる．

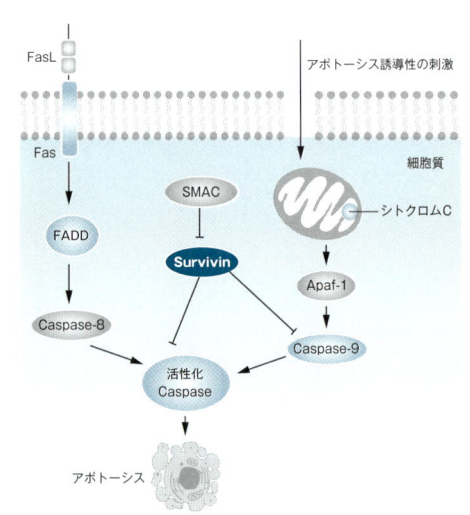

Chen X, et al: J Cancer, 7:314-323, doi:10.7150/jca.13332（2016）より引用

えふふぁいぶ

96位 *F5*

標的治療薬あり

遺伝子名	Coagulation factor V
タンパク質名	Coagulation factor V, Activated protein C cofactor, Proaccelerin, labile factor
パラログ	*CP*, *HEPH*, *HEPHL1*など多数
オルソログ	○ - ○ - ○ - *f5* ○ *f5* ○ *F5* ○ *F5*

血液凝固カスケードのコファクターとして働く中心的な凝固因子（凝固第V因子）をコードしており，凝固反応の促進と制御の2つの相反した機能を備えている．この遺伝子に変異があると第V因子欠乏症・異常症になることが知られている．

■**遺伝子の構造**　1番染色体長腕（q24.2）に存在．約7万5千塩基・25エキソン．コードされるタンパク質は2,224 aa．Multicopper oxidaseファミリーに属し，凝固VIII因子などの銅結合性タンパク質と共通ドメイン構造をとる．

■**主な発現組織と関連疾患**　肝臓，胎盤などで特異的に高発現．遺伝性出血性疾患である第V因子欠乏症（FA5D）・異常症や，血栓症（THPH2）に関連する．

■**主な機能とシグナル経路**　主に血液凝固反応とプロテインC制御系に関連する．

　通常では，流血中に非活性型の凝固第V因子（FV）として循環しており，トロンビンなどのセリンプロテアーゼにより活性化され活性型凝固第V因子（FVa）になる．FVaはプロトロンビン▶84位をトロンビンへと活性化し，凝固反応を促進する．FVaは，活性化プロテインC（APC）によって，プロテインSの存在下で不活性化（FVai）される．また，活性型の凝固第VIII因子の不活性化に関連しており，凝固第V因子はプロテインSと結合することによって，APCのコファクターとして抗凝固作用を発揮する．

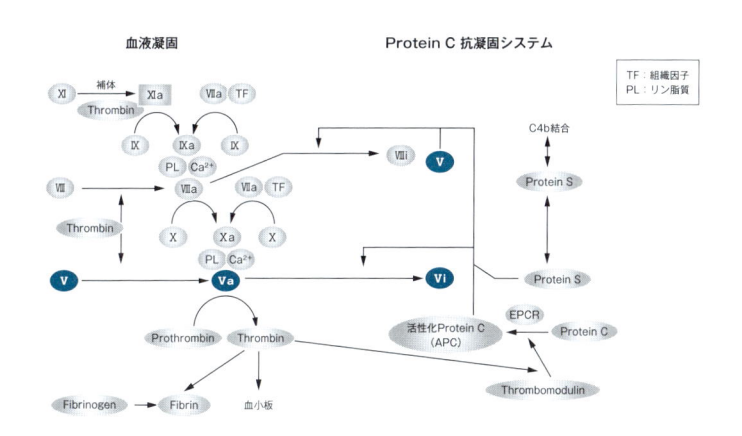

日本血栓止血学会用語集：凝固第V因子 / coagulation factor V：https://jsth.medical-words.jp/words/word-276/ より引用

参考
図書
▶日本血栓止血学会用語集：凝固第V因子 / coagulation factor V：https://jsth.medical-words.jp/words/word-276/
▶日本血栓止血学会用語集：第V因子欠乏症・異常症 / congenital factor V deficiency/abnormality：https://jsth.medical-words.jp/words/word-281/

97位 *ICAM1* あいかむわん

標的治療薬あり

遺伝子名	Intercellular adhesion molecule 1
タンパク質名	ICAM-1, CD54
パラログ	*ICAM2〜5*
オルソログ	🐁 - 🐔 - 🐸 - 🐟 - 🪰 - 🐛 - 🦠 *Icam1*

炎症性サイトカインなどで誘導される細胞膜タンパク質である. 血管内皮細胞, 免疫細胞では炎症性刺激で発現が誘導される. 白血球のローリング, 接着, 内皮組織への浸潤, 遊走を引き起こす.

▌遺伝子の構造　19番染色体短腕に存在する. 7エキソンで約3千塩基のmRNAに転写され, タンパク質は532 aaに翻訳され, 糖鎖修飾により分子量は75〜115 kDaとなる. エキソン1がシグナルドメイン, エキソン2〜6が免疫グロブリン様ドメイン, エキソン7が膜貫通ドメインと細胞内ドメインをコードしている. 選択的スプライシングにより膜結合型, 分泌可溶型のアイソフォームを生成する.

▌主な発現組織と関連疾患　肺, 腎臓, 子宮内膜など血管内皮細胞で発現している. マラリア原虫の感染赤血球ではヘムが分解されマラリア色素が生成され, TNF-α[▶3位]産生が誘導される. TNF-αは血管内皮細胞のICAM-1の発現を上昇させ, マラリア感染赤血球の血管内皮への接着を増加させる.

▌主な機能とシグナル経路　ICAM-1は免疫グロブリン様ドメインでインテグリンなどのリガンドに結合する. ICAM-1どうしのホモ二量体, さらにクラスターを形成し接着能を上昇させる. シグナルは細胞内ドメイン, 細胞内ドメインに結合するアクチニン, ERMなどのアダプター分子とFアクチン[▶281位]を通して伝達される. Src[▶83位], MAPK-ERK1/2[▶41位], Akt/β-カテニン[▶17位]経路を用い, 細胞遊走, 細胞増殖, 細胞骨格の再構築を行う.

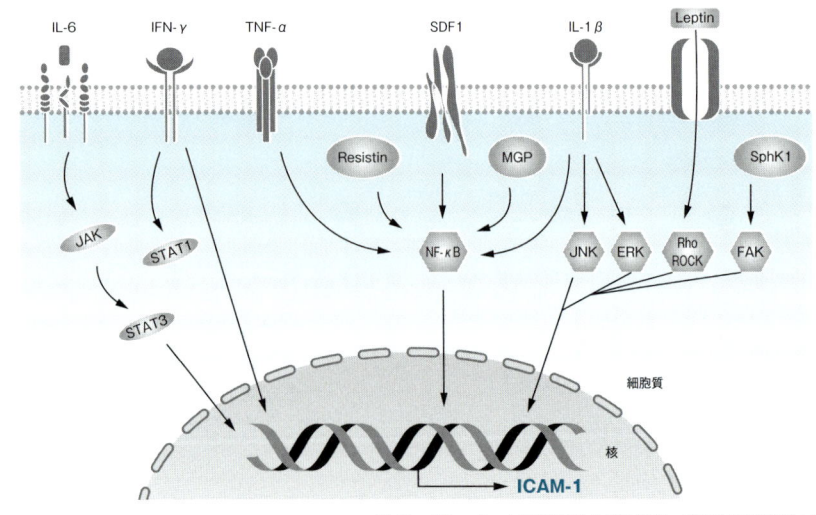

Qiu Z, et al：Front Oncol, 12：1052672, doi:10.3389/fonc.2022.1052672（2022）より引用

98位

いーぴーすりーぜろぜろ　または　いーぴーすりーはんどれっど

EP300

遺伝子名	E1A binding protein p300
タンパク質名	Histone acetyltransferase p300
パラログ	*CREBBP*
オルソログ	🐛 - 🦠 *cbp-1, C29F9.5*など 🪰 *nej* 🐟 *EP300* 🐸 *ep300* 🐔 *EP300* 🐭 *Ep300*

ヒストンアセチルトランスフェラーゼp300をコードし，HDACなどのヒストン脱アセチル化酵素と反する活性を示す．パラログであるCREBBP（一般的にはCBP）▶168位と類似点が多いため，p300/CBPもしくはCBP/p300と表記されることも多い．ヒストンアセチル化によるエピジェネティックな転写制御に加え，コアクチベーターとしても働き，さらに非ヒストンタンパク質であるp53などの転写因子をアセチル化するなど翻訳後修飾にも関与していることが複数示されている．

▌**遺伝子の構造**　22番染色体の長腕(q13.2)に存在，約8万7千塩基・31エキソン．コードされるタンパク質は2,414 aa．EP300はマルチドメインであり，HATドメインやBRDなどアセチル化やその認識に関与するドメインの他に，相互作用ドメインを複数もつ．

▌**主な発現組織と関連疾患**　広範な組織で発現している．がんに加え，難病・希少疾患であるルビンシュタイン・テイビ症候群（指定難病）やメンケ・ヘネカム症候群との関連が知られている．

▌**主な機能とシグナル経路**　主な機能はタンパク質のアセチル化である．ヒストンアセチル化により，DNAとヒストンの相互作用を弱め，クロマチン構造を変化させることで転写制御因子などのアクセシビリティを向上させ転写を促進する．また，p53などの非ヒストンタンパク質の翻訳後修飾にも関与している．p300によるp53のアセチル化は，p53の安定性や活性化を促進することで，下流のシグナル経路を介し，さまざまな生体機能を制御する．

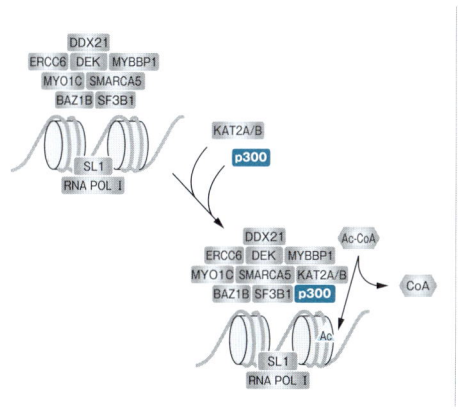

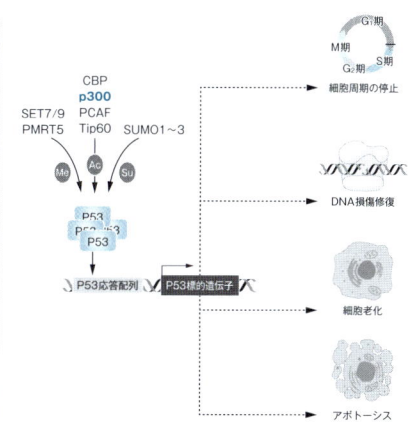

CC BYにもとづきreactome：Positive epigenetic regulation of rRNA expression：https://reactome.org/content/detail/R-HSA-5250913とHernández Borrero LJ & El-Deiry WS：Biochim Biophys Acta Rev Cancer, 1876：188556, doi:10.1016/j.bbcan.2021.188556（2021）より作成

参考図書　▶『分子細胞生物学 第8版』(H. Lodish 他／著, 榎森康文 他／訳), pp.344-345, 東京化学同人, 2019

99位 *XRCC1*
えっくすあーるしーしーわん

遺伝子名	X-ray repair cross complementing 1
タンパク質名	X-ray repair cross complementing 1, DNA Repair Protein XRCC1
パラログ	*XNDC1N*
オルソログ	♡ - 🐝 - 🐟 *XRCC1* 🐛 *xrcc1* 🐸 *xrcc1* 🐔 - 🐭 *Xrcc1*

DNA リガーゼ, ポリメラーゼ, PCNA[▶177位]などの DNA 修復因子と相互作用する足場タンパク質. 放射線やアルキル化剤による DNA 一本鎖切断の塩基除去修復過程に関与している.

▌**遺伝子の構造**　19番染色体の長腕に存在. 約3万2千塩基・17エキソン. コードされるタンパク質は633 aa.

▌**主な発現組織と関連疾患**　全身で発現している. 多くのがんで, 他の DNA 修復関連遺伝子と同様に変異および遺伝子多型が確認されている. 老化により発現量が減少して, 塩基除去修復の効率が低下することが報告されている.

▌**主な機能とシグナル経路**　XRCC1 は DNA 損傷部位に存在するポリ ADP リボシル化された PARP1[▶82位]と相互作用することで, DNA に移行する. その後, DNA 修復因子をリクルートすることで DNA 修復が進行する.

　DNA 修復にはプロテインキナーゼ CK2[▶195位]によるリン酸化が必要である. リン酸化により他のタンパク質との相互作用が安定化する. これにより DNA 修復が効率的に進行する.

　XRCC1 は DNA の二本鎖切断のマイクロホモロジー媒介未端結合(MMEJ)に必要なタンパク質の1つとしても機能する. MMEJ による DNA 修復は欠失変異が導入されるため, 遺伝子変異が起こる. XRCC1 を介した MMEJ は遺伝子変異を誘発するため, 過剰発現の場合にも発がんに関与する.

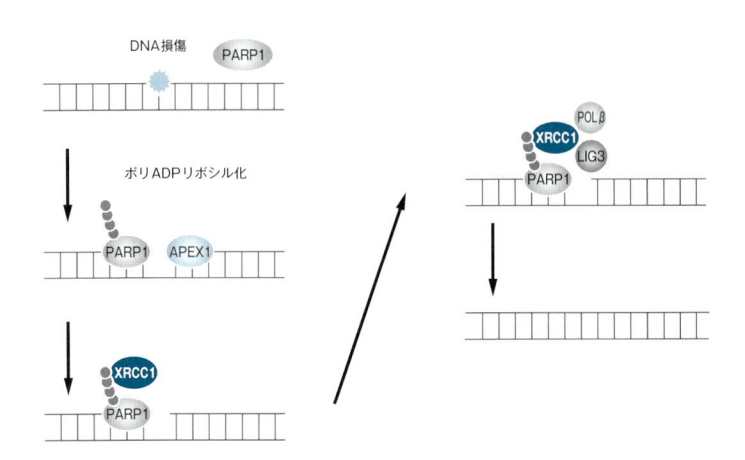

参考図書　▶三木義男:PARP阻害剤:がん治療における新しい合成致死アプローチ. 実験医学, 36:2543-52

100位 CTLA4
しーてぃーえるえーふぉー

遺伝子名	Cytotoxic T-lymphocyte associated protein 4
タンパク質名	CTLA-4, CD152など
パラログ	*CD28*
オルソログ	○ - 🐛 - 🐝 - 🐟 *cd28* 🐭 *ctla4* 🐸 *CTLA4* 🐔 *Ctla4*

制御性T細胞や活性化T細胞の表面に発現する免疫チェックポイント分子. 制御性T細胞の CTLA4は樹状細胞が表面に出すCD80/CD86に結合し, 樹状細胞がT細胞を活性化するのを妨げる. また, 活性化T細胞のCTLA4が樹状細胞のCD80/CD86と結合すると, T細胞は抑制性のシグナルを受けて働かなくなる. 抗CTLA4抗体はこれらの抑制性シグナルを解除できる.

▌遺伝子の構造 2番染色体の長腕に存在. 約6千塩基・4エキソン. コードされるタンパク質は 223 aa.

▌主な発現組織と関連疾患 小腸やリンパ節, 脾臓などに高発現. 自己免疫疾患やがんなどに関与する.

▌主な機能とシグナル経路 樹状細胞がT細胞に抗原提示してT細胞を活性化する際, 樹状細胞のMHC分子とペプチドの組合わせとT細胞のTCRの結合に加えて, 樹状細胞上のCD80(B7-1)/CD86(B7-2)分子とT細胞上のCD28分子の結合(共刺激シグナル)が必要になる. CTLA4の細胞外ドメインはCD28と類似しており, 樹状細胞上のCD80/CD86分子とCD28よりも強い親和性で結合し, またCD80/CD86の細胞内への取り込みを促進して, T細胞の活性化を抑制する. なお, CTLA4はT細胞が活性化された初期(プライミング相)において広範なT細胞に発現する. これは, PD-1が, T細胞が活性化された後にエフェクターT細胞が選択され分化する時期(エフェクター相)に発現することと対照的である.

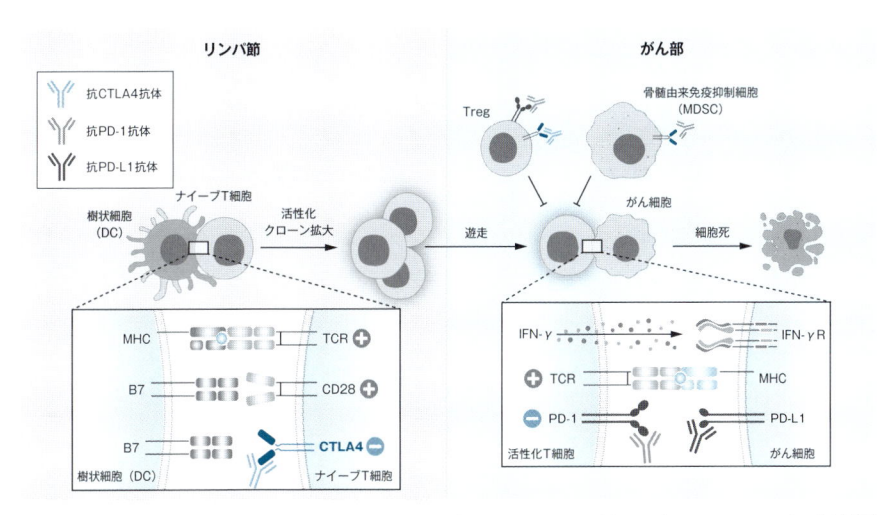

Sena LA, et al: Expert Rev Clin Pharmacol, 14: 1253-1266, doi:10.1080/17512433.2021.1949287 (2021) より引用

 参考図書 ▶『もっとよくわかる！腫瘍免疫学』(西川博嘉／編), 羊土社, 2023

QUIZ

左の遺伝子から翻訳されるタンパク質は右のうちどれでしょうか？

遺 伝 子	タンパク質
AKT1 •	• αシヌクレイン
CD274 •	• β-カテニン
CDKN1A •	• COX-2
CDKN2A •	• ERK
CTNNB1 •	• HER2
CXCL8 •	• IL-8
ERBB2 •	• Nrf2
ITGB1 •	• p16INK4A / p16ARF
MAPK1 •	• p21CIP1
MAPT •	• p65
NFE2L2 •	• PD-L1
PTGS2 •	• PKB
RELA •	• インテグリンβ1
SNCA •	• タウ

正解

AKT1—PKB CD274—PD-L1 CDKN1A—p21CIP1 CDKN2A—p16INK4A/
p16ARF CTNNB1—β-カテニン CXCL8—IL-8 ERBB2—HER2 ITGB1—イ
ンテグリンβ1 MAPK1—ERK MAPT—タウ NFE2L2—Nrf2 PTGS2—COX-2
RELA—p65 SNCA—αシヌクレイン

101位 でぃーあーるでぃーつー DRD2

標的治療薬あり

遺伝子名	Dopamine receptor D2
タンパク質名	D(2) dopamine receptor（D2R）
パラログ	DRD1, DRD3, DRD4, DRD5
オルソログ	🐟 - 🪱 dop-2, dop-3 🐝 Dop2R 🐠 drd2a, drd2b 🐸 drd2 🐭 DRD2 🐀 Drd2

ドパミン受容体のD2サブタイプをコードする. このGタンパク質共役受容体はアデニル酸シクラーゼ活性を阻害する. 本遺伝子のミスセンス変異はミオクローヌスジストニアを引き起こし, 他の変異は統合失調症との関連が示唆されている.

▌**遺伝子の構造** 染色体11q23.2に位置し, 9エキソンからなる. 選択的スプライシングにより, 少なくとも2つの主要なアイソフォーム〔短型（D2S）と長型（D2L）〕が生成される.

▌**主な発現組織と関連疾患** 中枢神経系の側坐核, 大脳基底核や下垂体で高発現する. ミオクローヌスジストニア, 統合失調症, パーキンソン病, 薬物依存症との関連が示唆されている.

▌**主な機能とシグナル経路** D2受容体は, Gi/oタンパク質と共役してアデニル酸シクラーゼを阻害し, cAMP産生を抑制する. また, Ca^{2+}チャネルの阻害やK^+チャネルの活性化を通じて神経伝達を調節する. 運動制御, 報酬系, 認知機能, 記憶, 学習に重要な役割を果たす.

参考図書 ▶ Albizu L, et al：Neuropharmacology, 61：770-777, doi:10.1016/j.neuropharm.2011.05.023（2011）

102位 ゆーびーしー UBC

遺伝子名	Ubiquitin C
タンパク質名	Polyubiquitin-C
パラログ	UBB, UBA52, RPS27A
オルソログ	🐟 UBI4 🪱 ubq-1, ubq-2 🐝 Ubi-p63E 🐠 ubc 🐸 ubc 🐭 UBC 🐀 Ubc

ポリユビキチン前駆体をコードする. ユビキチンは, 標的タンパク質への結合様式に応じて, タンパク質分解, DNA修復, 細胞周期制御, キナーゼ修飾, エンドサイトーシス, その他の細胞シグナル伝達経路の調節など, 広範な細胞プロセスに関与する.

▌**遺伝子の構造** 染色体12q24.31に位置し, 2エキソンからなる. 9つのユビキチン反復配列をコードする.

▌**主な発現組織と関連疾患** ほぼすべての組織で発現し, 特にストレス条件下で発現が上昇する. 関連する疾患には, 中心性翼状片や進行性周辺部翼状片がある.

▌**主な機能とシグナル経路** ユビキチンは標的タンパク質に結合し, 結合部位により機能が異なる（例：Lys48結合はタンパク質分解, Lys63結合はシグナル伝達）. タンパク質分解, DNA修復, 細胞周期制御, エンドサイトーシスなど多様な細胞プロセスを調節する.

参考図書 ▶ Koyano F, et al：Nature, 510：162-166, doi:10.1038/nature13392（2014）

103位 SP1
えすぴーわん

遺伝子名	Sp1 transcription factor
タンパク質名	Sp1
パラログ	*Sp2, Sp3, Sp4, Sp5*
オルソログ	🐭 - 🐀 - 🐂 - 🐟 - 🐸 - 🪱 Sp1 🦟 Sp1

Sp1タンパク質ファミリーとよばれる転写因子ファミリーの代表的なメンバー. DNA上の特定の塩基配列であるGCボックスに結合し, 標的遺伝子の転写を活性化または抑制することで, 細胞の増殖, 分化, 生存, アポトーシス, 炎症, 免疫応答など, さまざまな細胞機能を制御する.

▍**遺伝子の構造**　12番染色体の長腕に存在. 約3万塩基・7エキソン. コードされるタンパク質は784 aa.

▍**主な発現組織と関連疾患**　特に血液細胞と神経細胞で高発現. 多くのがん, 自己免疫疾患, 神経疾患にかかわる.

▍**主な機能とシグナル経路**　細胞運命決定に関与する遺伝子の発現を調節する. 成長因子や炎症サイトカインが受容体に結合すると, Sp1が活性化される.

参考図書 ▶『Essential細胞生物学(原書第5版)』(中村桂子 他／編), 南江堂, 2021

104位 HSP90AA1
えいちえすぴーないんてぃーえーえーわん

がん遺伝子パネル検査対象遺伝子
標的治療薬あり

遺伝子名	Heat shock protein 90 alpha family class A member 1
タンパク質名	Heat shock protein HSP 90-alpha
パラログ	*HSP90AB1, HSP90B1, TRAP1*
オルソログ	🐭 HSC82, HSP82 🐀 hsp-90 🐂 Hsp83 🐟 hsp90aa1.2 🐸 hsp90aa1.1 🪱 HSP90AA1 🦟 Hsp90aa1

生物種間で広く保存されている分子シャペロンで, ストレス誘導型である. ホモ二量体を形成することで機能し, 補助因子のコシャペロンが作用することで, ATPase活性やシャペロンの機能を調節する. 非常に多くの基質タンパク質と相互作用する.

▍**遺伝子の構造**　14番染色体長腕(q32.31)に存在. 約5万9千塩基・11エキソン. コードされるタンパク質は732 aa.

▍**主な発現組織と関連疾患**　脳をはじめとした全身で発現. がんの進展にかかわるほか, 神経変性疾患などにも関連する.

▍**主な機能とシグナル経路**　多種多様な基質タンパク質のフォールディングに関与する. 例えば, シグナル伝達系を担うリン酸化酵素のフォールディングに関与している.

参考図書 ▶『分子シャペロン ― タンパク質に生涯寄り添い介助するタンパク質』(仲本 準／著), コロナ社, 2019

105位 JUN
じゅん

遺伝子名	Jun proto-oncogene, AP-1 transcription factor subunit
タンパク質名	c-JUN, JunB, JunD
パラログ	*FOS, ATF, MAF*
オルソログ	🍞 *STE12* 🐛 *fos-1* 🪰 *dJun* 🐟 *jun* 🐸 *Xjun* 🐔 *c-Jun* 🐁 *Jun*

免疫システムにおいて重要な役割を果たす転写因子の一種であり,「免疫の番人」として例えられる. *JUN*遺伝子がコードするc-Junタンパク質は, c-Fosタンパク質とヘテロ二量体を形成し, AP-1転写因子複合体を構成する. ヒトの免疫細胞表面に発現し, 免疫応答を制御することで, 自己免疫疾患や感染症などから体を守る働きをする. がん細胞にも高頻度に変異が検出される遺伝子でもある.

▌**遺伝子の構造**　1番染色体の短腕に存在, 約3千塩基・1エキソン. コードされるタンパク質は327 aa.

▌**主な発現組織と関連疾患**　特に血液細胞と免疫系臓器で高発現. 多くのがん, 自己免疫疾患にかかわる.

▌**主な機能とシグナル経路**　細胞の増殖, 分化, 生存, アポトーシスなど, さまざまな機能を担う. MAPキナーゼ経路▶41位, 85位, 89位, 145位, Wntシグナル経路▶17位, NF-κBシグナル経路▶15位, TGF-βシグナル経路▶7位が主.

参考図書 ▶『Essential細胞生物学(原書第5版)』(中村桂子 他／編), 南江堂, 2021

106位 RAC1
らっくわん

がん遺伝子パネル検査対象遺伝子

遺伝子名	Rac family small GTPase
タンパク質名	Rac-1, MIG5, p21-Rac1, MRD48, TC-25
パラログ	*RAC3, RAC2, CDC42, RHOG, RHOQ*など
オルソログ	🍞 - 🐛 *rac-2* 🪰 *Rac1, Rac2* 🐟 *rac1a, rac1b* 🐸 *rac1* 🐔 *CRAC1A* 🐁 *Rac1*

RhoファミリーGタンパク質であるRacサブファミリーの1つである. 細胞増殖, アクチンネットワークを介した細胞運動および細胞骨格の再構築, プロテインキナーゼの活性化などを制御する.

▌**遺伝子の構造**　7番染色体短腕末端付近(7p22.1). 約2万9千塩基. コードされるタンパク質は192 aa.

▌**主な発現組織と関連疾患**　ほぼすべての組織で幅広く発現する. がん細胞の増殖や進展に寄与し, 知的発達障害にも関与する.

▌**主な機能とシグナル経路**　GTP結合型が活性型であり, PAK-LIMK-Cofilin経路, WAVE-ARP2/3経路などを介して, アクチン重合を制御する. 他にも, MAPK経路▶41位やAKT-mTOR経路▶33位など多方面のシグナルに関与する.

参考図書 ▶Zeng R, et al：iScience, 25：103620, doi:10.1016/j.isci.2021.103620(2022)

107位 SOD1
えすおーでぃーわん

標的治療薬あり

遺伝子名	Superoxide dismutase 1, ALS1
タンパク質名	Superoxide dismutase（SOD），SOD1など
パラログ	CCS, SOD3
オルソログ	🐭 SOD1 🐛 sod-1, sod-5 🐟 Sod1, Sod3 🪰 sod1 🍄 sod1 🐔 SOD1 🐸 Sod1

筋萎縮性側索硬化症（ALS）の原因遺伝子の1つ（ALS1）である．コードされるタンパク質は，活性酸素種であるスーパーオキシドを過酸化水素と酸素に分解する酵素であるが，この酵素活性の変化がALSの発症に関与しているというよりはSOD1タンパク質の多量体化，凝集物が病態に関与していると考えられている．

▌**遺伝子の構造**　21番染色体の長腕に存在．約9千塩基，5エキソン．コードされるタンパク質は154 aa.

▌**主な発現組織と関連疾患**　肝臓に多い．*SOD1*変異はALSの原因となる．

▌**主な機能とシグナル経路**　SOD1タンパク質はスーパーオキシドを過酸化水素と酸素に変換する反応を触媒する酵素である．変異型SOD1は翻訳後修飾不全などにより凝集性を獲得し，ALS発症に関与する．

参考図書　▶古川良明：生物物理, 60：338-341（2000）

108位 IL4
あいえるふぉー　または　いんたーろいきんふぉー

標的治療薬あり

遺伝子名	Interleukin 4
タンパク質名	IL-4など
パラログ	-
オルソログ	🐭 - 🐛 - 🐟 - 🪰 - 🍄 - 🐔 - 🐸 Il4

Th2細胞，マスト細胞，好酸球，好塩基球などが産生するサイトカイン．ナイーブT細胞のTh2細胞への分化，B細胞の形質細胞への分化とIgEへのクラススイッチを促進し，Th1細胞の産生を抑制する．

▌**遺伝子の構造**　5番染色体の長腕に存在し，*IL3, IL5, IL13*[277位]，*CSF2*遺伝子とともに遺伝子クラスターを構成する．約9千塩基・5エキソン．コードされるタンパク質は153 aa.

▌**主な発現組織と関連疾患**　血液や脾臓，リンパ節などに高発現し，アレルギー疾患や自己免疫疾患に関与する．

▌**主な機能とシグナル経路**　IL-4の受容体には，IL-4Rαと共通γ鎖からなる1型と，IL-4Rαと IL-13Rα1からなる2型があり，後者にはIL-13も結合する．いずれもJAKのリン酸化を介して転写因子・STAT6を活性化する．

参考図書　▶『サイトカイン・増殖因子キーワード事典』（宮園浩平 他／編），羊土社，2015

109位 PON1
<small>びーおーえぬわん</small>

遺伝子名	Paraoxonase 1
タンパク質名	Serum paraoxonase/arylesterase 1, PON1
パラログ	*PON2, PON3*
オルソログ	♥ - 🐁 - 🦠 - *pon2* 🐟 *pon2* 🐸 *PON1* 🐭 *Pon1*

> PON1は血液中のHDLなどのリポタンパク質の酸化保護作用に関与する抗酸化酵素として知られる. 酸化ストレスマーカーの1つとして活性測定キットが販売されている.

▍遺伝子の構造 7番染色体の長腕に存在. 約2万7千塩基・9エキソン. コードされるタンパク質は355 aa.

▍主な発現組織と関連疾患 肝臓で特に発現. 遺伝子多型は冠動脈疾患や糖尿病との関連が報告されている.

▍主な機能とシグナル経路 活性化B細胞依存性シグナル伝達経路や, AKT[10位]/NF-κB[15位]依存性シグナル経路などを調整し, フリーラジカルの除去を促進する.

参考図書
▶ Arab ZN, et al：Antioxidants (Basel), 11：, doi:10.3390/antiox11071273（2022）
▶ 末廣 正 他：Paraoxonaseと遺伝子多型. 動脈硬化, 27：105-110, doi:10.5551/jat1973.27.4-5_105（2000）

110位 ESR2
<small>いーえすあーるつー</small>

遺伝子名	Estrogen receptor 2, NR3A2
タンパク質名	ESR2, Estrogen receptor beta (ERβ)
パラログ	*PGR, ESR1, NR3C1, ESRRB, NR3C2, AR, ESRRA, ESRRG*
オルソログ	♥ - 🐁 - 🦠 *ERR* 🐟 *esr2a, esr2b* 🐸 *esr2* 🐔 *ESR2* 🐭 *Esr2*

> 核内受容体スーパーファミリーに属し, エストロゲン受容体のメンバーでもある. *NR3A2*としても知られている. 核, 細胞質, ミトコンドリアに局在する. 強力な腫瘍抑制因子としても機能している.

▍遺伝子の構造 14番染色体長腕(q23.2-q23.3)に存在. 約11万塩基・9エキソン. コードされるタンパク質は530 aa.

▍主な発現組織と関連疾患 広範囲にわたる組織で発現しており, 特に精巣や副腎で高発現. 卵巣発育不全との関連が示唆されている.

▍主な機能とシグナル経路 タンパク質はホモまたはヘテロ二量体を形成し, 女性ホルモンであるエストラジオール17βと結合した後, シス領域のエストロゲン応答配列を介して標的遺伝子の転写を制御する.

参考図書
▶『シグナル伝達キーワード事典』(山本 雅 他／編), 羊土社, 2012

111位 HDAC1

えいちだっくわん

遺伝子名	Histone deacetylase 1
タンパク質名	Histone deacetylase 1（HDAC1）
パラログ	HDAC2, HDAC3など
オルソログ	🦠 Rpd3 🐛 hda-5, F43G6.4など 🪰 HDAC1 🐟 hdac1 🐸 hdac1 🐁 HDAC1 🐭 Hdac1

ヒストンの脱アセチル化による転写抑制のエピジェネティック制御に関与する. HDAC2[250位]と同じクラスⅠに分類される.

■遺伝子の構造　1番染色体の短腕(p35.2-p35.1)に存在. 約4万2千塩基・14エキソン. コードされるタンパク質は482 aa.

■主な発現組織と関連疾患　広範な組織で発現がみられる. がん抑制遺伝子として知られるp53[1位]の脱アセチル化による, がん進行に関与しているとされる.

■主な機能とシグナル経路　ヒストンのリジン残基のアセチル基を除去することにより, ヒストンとDNAの結びつきを強くさせ, 転写因子などのアクセスを低下させる.

参考図書　▶『もっとよくわかる！エピジェネティクス』(鵜木元香・佐々木裕之／著), 羊土社, 2020

112位 NR3C1

えぬあーるすりーしーわん

遺伝子名	Nuclear receptor subfamily 3 group C member 1
タンパク質名	NR3C1, Glucocorticoid receptor（GR）
パラログ	PGR, ESR1, ESRRB, ESR2, NR3C2, AR, ESRRA, ESRRG
オルソログ	🦠 - 🐛 - 🪰 ERR 🐟 nr3c1 🐸 nr3c1 🐁 NR3C1 🐭 Nr3c1

グルココルチコイド受容体をコードしており, 核内受容体スーパーファミリーに属する. グルココルチコイド応答性遺伝子の転写を活性化する転写因子として機能する.

■遺伝子の構造　5番染色体長腕(q31.3)に存在. 約16万塩基・9エキソン. コードされるタンパク質は777 aa.

■主な発現組織と関連疾患　全身で発現しており, 特に脂肪や肺で高発現. グルココルチコイド抵抗症候群にかかわる.

■主な機能とシグナル経路　NR3C1は細胞質内に存在し, さまざまなタンパク質と複合体を形成している. リガンドが結合すると複合体を形成していたNR3C1はタンパク質を放出する. 結果生じた活性化型のNR3C1は標的遺伝子のグルココルチコイド応答配列(GRE)に結合し, 転写を調節する.

参考図書　▶『シグナル伝達キーワード事典』(山本 雅 他／編), 羊土社, 2012

113位 IGF1R
あいじーえふわんあーる

遺伝子名	Insulin like growth factor 1 receptor
タンパク質名	Insulin-like growth factor 1 receptor（IGF1R）
パラログ	INSRR, MUSK, FLT4, EPHA3, ROS1, LTK, ERBB3, TIE1 など
オルソログ	🐭 - 🐀 - 🐵 - igf1ra, igf1rb 🐸 igf1r 🐔 IGF1R 🪰 Igf1r

IGF1R は細胞表面に存在する受容体型チロシンキナーゼに分類される膜貫通受容体であり，インスリン様成長因子（IGF1[▶55位], IGF2[▶268位]）と高い親和性で結合する．

▌**遺伝子の構造**　15番染色体長腕（q26.3）に存在．約32万塩基・21エキソン．コードされるタンパク質は1,367 aa.

▌**主な発現組織と関連疾患**　全身で発現しており，特に腎臓や卵巣で高発現．遺伝子欠失マウスは胚性致死となる．

▌**主な機能とシグナル経路**　IGF1R は2つのαサブユニットと2つのβサブユニットから構成されている．これらのサブユニットは，IGF1R の1つの転写産物が切断されることでそれぞれつくられる．αサブユニットが細胞外に位置し，βサブユニットは膜を貫通しており，リガンド結合に応答した細胞内シグナル伝達を担っている．成長に重要な役割を果たす．

参考図書　▶『サイトカイン・増殖因子キーワード事典』（宮園浩平 他／編），羊土社，2015

114位 FAS
ふぁす

遺伝子名	Fas cell surface death receptor
タンパク質名	FAS, Tumor necrosis factor receptor superfamily member 6
パラログ	TNFRSF1B, TNFRSF9, RELT, NGFR, TNFRSF1A, CD40, TNFRSF10A など
オルソログ	🐭 - 🐀 - 🐵 - 🐶 - 🐸 fas 🐔 FAS 🪰 Fas

TNF（腫瘍壊死因子）受容体スーパーファミリーのメンバーであり，TNFRSF6 としても知られている．リガンドである FASLG[▶292位] と結合するとプログラム細胞死（アポトーシス）を引き起こす．

▌**遺伝子の構造**　10番染色体長腕（q23.31）に存在．約5万3千塩基・9エキソン．コードされるタンパク質は335 aa.

▌**主な発現組織と関連疾患**　全身で発現しており，特にリンパ節で高発現．さまざまな悪性腫瘍や免疫系の疾患に関与している．

▌**主な機能とシグナル経路**　この受容体とリガンド（FASLG）の相互作用により，カスパーゼなどを含むシグナル伝達複合体が形成される．複合体中のカスパーゼの自己タンパク質分解プロセシングが下流のカスパーゼカスケードを引き起こし，アポトーシスに至る．

参考図書　▶『がん生物学イラストレイテッド　第2版』（渋谷正史・湯浅保仁／編），羊土社，2019

115位 CASP3

きゃぷすりー または きゃすぺーすすりー

遺伝子名	Caspase 3
タンパク質名	CASP3, Caspase-3
パラログ	CASP10, CFLAR, CASP8, PYCARD, CASP14, CASP2, CASP9, CASP1など
オルソログ	🪱 - 🐛 ced-3, csp-2/3 🪰 Dcp-1, Drice 🐟 casp3a, CASP3 🐸 casp3.2 🐦 CASP3 🐁 Casp3

> カスパーゼ3はシステイン-アスパラギン酸プロテアーゼで，細胞のアポトーシスの実行段階で中心的な役割を果たす．カスパーゼにはアポトーシスにかかわるイニシエーター，エフェクターと，ピロトーシスにかかわるものがあるが，カスパーゼ3はエフェクターカスパーゼに大別される．

▌**遺伝子の構造**　4番染色体長腕(q35.1)に存在．約2万2千塩基・8エキソン．コードされるタンパク質は277 aa.

▌**主な発現組織と関連疾患**　全身で発現しており，特に十二指腸や小腸で高発現．アルツハイマー病における神経細胞死と関連．

▌**主な機能とシグナル経路**　カスパーゼ3は不活性な酵素前駆体として存在し，アスパラギン酸残基においてイニシエーターのカスパーゼ8[▶166位]/9/10によるタンパク質分解処理を受けて，大小2つのサブユニットが生じ，活性型酵素が形成される．この活性型酵素がアポトーシス実行段階で中心的な役割を果たす．

116位 PDCD1

びーでぃーしーでぃーわん または びーでぃーわん

がん遺伝子パネル検査対象遺伝子
標的治療薬あり

遺伝子名	Programmed cell death 1
タンパク質名	PD-1など
パラログ	-
オルソログ	🪱 - 🐛 - 🪰 - 🐟 - 🐸 - 🐦 PDCD1 🐁 Pdcd1

> 活性化T細胞の表面に発現する受容体．リガンド(PD-L1[▶32位]/L2)と結合してT細胞の機能を抑制する免疫チェックポイント分子．自己免疫など不適切な免疫応答の制御に重要な一方で，がん組織はリガンドを高発現することでT細胞を疲弊させ，免疫逃避を誘導する．抗PD-L1抗体や抗PD-1抗体はこれを解除できる．

▌**遺伝子の構造**　2番染色体の長腕の末端付近に存在．約9千塩基・6エキソン．コードされるタンパク質は288 aa.

▌**主な発現組織と関連疾患**　特にリンパ節と脾臓で高発現．多くの自己免疫疾患やがんにかかわる．

▌**主な機能とシグナル経路**　リガンドと結合したPD-1は免疫シナプスにおいてTCRの活性化を直接阻害し，またSHP2[▶186位]を介してTCRシグナルの伝達分子(ZAP70など)を脱リン酸化し，免疫機能を抑制する．

参考図書 ▶『もっとよくわかる！腫瘍免疫学』(西川博嘉／編)，羊土社，2023

117位 ITGB3
あいてぃーじーびーすりー

標的治療薬あり

遺伝子名	ITGB3
タンパク質名	Integrin subunit beta 3, CD61, GPⅢA
パラログ	-
オルソログ	🐭 - 🐝 - 🐟 - itgb3a, b 🐸 - 🐔 ITGB3 🐁 Itgb3

ITGB3のコードするインテグリンβ3サブユニットは, 細胞外シグナルをシグナル分子・細胞内骨格を介して伝え, 細胞と細胞外環境のコミュニケーションにかかわる.

▐ **遺伝子の構造**　17番染色体長腕に存在, 15エキソン, 788 aaのタンパク質をコードする.

▐ **主な発現組織と関連疾患**　子宮内膜, 甲状腺で多く発現し, 腎臓, 肝臓の線維化, 心疾患での単球の遊走, 血管内皮細胞の活性化, 血小板機能(接着, 凝集, 血栓形成), がん(増殖, 接着, 遊走)に関与する.

▐ **主な機能とシグナル経路**　インテグリンβ3サブユニットは細胞増殖・接着・遊走に関与する. αサブユニットとともにRGDモチーフをもつフィブロネクチン[205位], ビトロネクチンに結合する. 細胞外マトリクスと結合し, Talin, アクチン[281位], FAKを介し標的遺伝子の発現を誘導する.

118位 NLRP3
えぬえるあーるぴーすりー

遺伝子名	NLR family pyrin domain containing 3(NLRP3), AIIなど
タンパク質名	NLRP3
パラログ	NLRP11, NOD1, NLRX1など合計23種類
オルソログ	🐭 - 🐝 - 🐟 - 🐸 - 🐔 - 🐁 - Nlrp3

細胞質でセンサータンパク質として機能し, 外部からの病原性微生物の侵襲や内部の細胞損傷を検出して免疫反応を引き起こす機能をもつ.

▐ **遺伝子の構造**　1番染色体の長腕(q44)に存在, 約4千2百塩基・12エキソン, コードされるタンパク質は1,034 aa. 11種類のアイソフォームが知られている.

▐ **主な発現組織と関連疾患**　骨髄と虫垂で主に発現している. NLRP3の変異によるインフラマソーム活性化によって, クリオピリン関連周期熱症候群が引き起こされるとされている. また, 関連する疾患に糖尿病などがある.

▐ **主な機能とシグナル経路**　細胞内のインフラマソームとよばれる構造に存在し, 外部からの病原性微生物の侵襲や内部の細胞損傷を検出することで, 活性化する. 活性化したNLRP3は, カスパーゼ1の活性化やIL-18[123位]の分泌を介して, 免疫反応を引き起こす.

参考図書　▶Kelley N, et al : Int J Mol Sci, 20 : 3328, doi:10.3390/ijms20133328(2019)

119位 CAV1

きゃぶわん または しーえーぶいわん

遺伝子名	Caveolin 1
タンパク質名	Caveolin-1（CAV1）
パラログ	CAV2, CAV3
オルソログ	🦠 - 🐛 cav-1 🪰 - 🐟 cav1 🐸 cav1 🐦 CAV1 🐭 Cav1

CAV1は，細胞膜に存在するくぼみ構造であるカベオラを構成する主要な裏打ちタンパク質である．カベオラは脂質の取り込みやシグナル伝達において重要な役割を果たす．

▌**遺伝子の構造** 7番染色体長腕q31.2，約3万6千塩基，4エキソン，タンパク質は2アイソフォーム（178 aa/147 aa）．

▌**主な発現組織と関連疾患** CAV1は主に内皮細胞，脂肪組織，線維芽細胞などで発現する．原発性肺高血圧症や脂肪異常栄養症などと関連がある．

▌**主な機能とシグナル経路** CAV1は，細胞膜におけるシグナル伝達分子や脂質のコンパートメント化と濃縮を通じて，エンドサイトーシスやシグナル伝達に関与する．

参考図書 ▶中畑剛道 & 大久保聡子：脂質ラフトとその解析法，日薬理誌，122：419-425（2003）

120位 HMOX1

えいちえむおーえっくすわん

遺伝子名	Heme oxygenase 1
タンパク質名	Heme oxygenase 1（HO-1）
パラログ	HMOX2
オルソログ	🦠 HMX1 🐛 - 🐛 Ho 🪰 hmox1a 🐟 hmox1 🐦 HMOX1 🐭 Hmox1

ヘム代謝における重要な酵素をコードしており，赤血球の崩壊により血中に遊離するヘモグロビンと，その構成成分であり細胞毒性の高いヘムを分解する．鉄の恒常性維持にかかわるほか，ストレス防御因子としても知られる．

▌**遺伝子の構造** 22番染色体長腕（q12.3）に存在．約1万4千塩基・5エキソン，コードされるタンパク質は288 aa．

▌**主な発現組織と関連疾患** 脾臓をはじめとした組織で幅広く発現．ヘムオキシゲナーゼ1欠損症に関連する．

▌**主な機能とシグナル経路** ヘムをビリベルジン，遊離鉄（Fe^{2+}イオン），一酸化炭素（CO）へと分解する．ヘムオキシゲナーゼ活性は基質であるヘム，もしくはさまざまな非ヘム物質によって誘導される．

参考図書 ▶谷内江昭宏：ヘムオキシゲナーゼと生体防御機構：抗炎症治療のパラダイムシフト，日本臨床免疫学会会誌，30：11-21（2007）

121位 えすぴーぴーわん **SPP1**

遺伝子名	SPP1
タンパク質名	Secreted phosphoprotein 1, Osteopontin（OPN）, ETA-1
パラログ	-
オルソログ	○ - ◈ - ◈ - ◈ - ◈ - ◈ - △ Spp1

*SPP1*はオステオポンチン（OPN）をコードする．OPN は骨代謝，石灰化，免疫，遊走，接着など に関与する細胞外マトリクスタンパク質である．RGD ドメインでインテグリン[▶90位]に結合する．

▌**遺伝子の構造**　4番染色体長腕に存在，3万7千5百塩基，7エキソン，300 aaのタンパク質をコード する．

▌**主な発現組織と関連疾患**　骨芽細胞，軟骨・滑膜細胞，マクロファージ，リンパ球などで生産され る．骨形成・ホメオスタシスに関与している．

▌**主な機能とシグナル経路**　OPN は骨芽細胞の骨マトリクスへの結合をバインディングパート ナーであるインテグリン，CD44[▶87位]を介して促進する．これらの因子に結合することで骨芽・破骨 細胞，軟骨細胞の増殖，炎症，代謝，石灰化を引き起こす．

122位 きっと **KIT**

> がん遺伝子パネル検査対象遺伝子
> 標的治療薬あり

遺伝子名	KIT proto-oncogene, receptor tyrosine kinase
タンパク質名	c-Kit, CD117, PBT, SCFR, MASTC
パラログ	*FLT1, FLT3, KDR, FLT4, PDGFRA* など
オルソログ	○ - ◈ *Kin-16* ◈ *CG3277* ◈ *Kita, Kitb* ◈ *Kit* ◈ *KIT* △ *Kit*

クラスⅢ受容体型チロシンキナーゼに属し，SCF（stem cell factor）受容体として機能する． ホモ二量体形成し，自己リン酸化を行う．

▌**遺伝子の構造**　4番染色体長腕セントロメア付近(4q12)．約8万4千塩基．コードされるタンパク 質は976 aa.

▌**主な発現組織と関連疾患**　甲状腺や卵巣などの組織で発現する．造血器腫瘍やまだら症などに 関与する．

▌**主な機能とシグナル経路**　造血幹細胞のマーカーであり，造血幹細胞および造血器腫瘍の増殖 に寄与する．受容体型チロシンキナーゼであり，リガンドであるSCF との結合によって二量体化 し，自己リン酸化を行う．RAS-MAPK 経路[▶21位]，PI3K-AKT 経路[▶10位]，JAK-STAT 経路[▶12位]などを活性 化させる．

参考 図書	▶Pathania S, et al：Biochim Biophys Acta Rev Cancer, 1876：188631, doi:10.1016/j.bbcan.2021.188631（2021）

123位 IL18
あいえるえいてぃーん

遺伝子名	Interleukin 18（IL-18）, IGIF
タンパク質名	IL-18
パラログ	-
オルソログ	⊘ - 🐭 - 🐵 - 🐟 - 🐸 - 🐦 IL18 🐁 Il18

炎症性サイトカインであるIL-1ファミリーの一種, IL-18をコードする遺伝子である. 不活性な前駆体の状態で存在し, カスパーゼ1によって活性化状態になるとIFN-γ[53位]の誘導など免疫反応を引き起こす.

▌**遺伝子の構造**　11番染色体の長腕（q23.1）に存在, 約1千1百塩基・6エキソン. コードされるタンパク質は193 aa. 6種類のアイソフォームが知られている.

▌**主な発現組織と関連疾患**　皮膚や食道で主に発現している. 主に単球, 樹状細胞, マクロファージで産生され, サイトカインストームと関連している.

▌**主な機能とシグナル経路**　病原体の侵入や組織損傷によりインフラマソームから活性化カスパーゼ1が放出されると, IL-18前駆体はカスパーゼ1による切断を受け活性型となり, 最終的に病原体の排除や損傷部位への免疫細胞の浸潤を引き起こす.

 参考図書 ▶Kelley N, et al：Int J Mol Sci, 20：3328, doi:10.3390/ijms20133328（2019）

124位 FOXP3
ふぉっくすぴーすりー

遺伝子名	Forkhead box P3
タンパク質名	FOXP3など
パラログ	FOXP1, FOXP2, FOXP4
オルソログ	⊘ Fhl1 🐭 FoxO 🐵 FoxO 🐟 Foxo3 🐸 Foxo3 🐦 Foxo3 🐁 Foxp3

免疫システムの重要な役割を担う「免疫抑制転写因子」. まるで免疫システムの番人であるかのように, 自己免疫反応を抑制し, 体内の組織を攻撃から守り, 免疫寛容を維持する. 主にCD25とよばれる細胞表面マーカーを発現する制御性T細胞に特異的に発現.

▌**遺伝子の構造**　11番染色体の短腕に存在, 約1万4千塩基・12エキソン. コードされるタンパク質は360 aa.

▌**主な発現組織と関連疾患**　特に免疫組織で高発現. 多くのがん, 自己免疫疾患, 感染症にかかわる.

▌**主な機能とシグナル経路**　免疫抑制, 遺伝子発現調節, 免疫寛容維持を担う. TGF-βシグナル経路[7位], IL-2シグナル経路[192位], Notchシグナル経路[75位]が主.

参考図書 ▶『Essential細胞生物学（原書第5版）』（中村桂子 他／編）, 南江堂, 2021

125位 AGT
えーじーてぃー

標的治療薬あり

遺伝子名	Angiotensinogen
タンパク質名	Angiotensinogen, Serpin A8
パラログ	ERPINA12, SERPINA5, SERPINA11, SERPINA6, SERPINF1（他多数）
オルソログ	- 🐛 - 🐟 - 🦠 agt 🐟 agt 🐸 AGT 🐭 Agt

アンジオテンシノーゲン前駆体をコードしており，昇圧代謝系とされるレニン-アンジオテンシン系において，レニン，アンジオテンシン変換酵素（ACE）[24位]によって代謝される．

遺伝子の構造 1番染色体長腕（q24.2）に存在．約5万5千塩基・5エキソン．コードされるタンパク質は476 aa.

主な発現組織と関連疾患 肝臓，脳で主に発現．*AGT*遺伝子の変異は本態性高血圧症（essential hypertension）に対する感受性が報告されている．

主な機能とシグナル経路 レニン-アンジオテンシン系の必須要素であり，血圧，体液，電解質の恒常性に関与．PPARα[43位]が関連する転写制御によって発現する．

参考図書 ▶松井利郎：レニン-アンジオテンシン系と血圧調節．化学と生物，53：228-235（2015）

126位 NPPB
えぬぴーぴーびー

遺伝子名	Natriuretic peptide B
タンパク質名	Natriuretic peptides B, Brain natriuretic prohormone（BNP）
パラログ	NPPA
オルソログ	🕸 - 🐛 - 🐟 - *nppb* 🐟 *nppb* 🐸 *NPPA* 🐭 *Nppb*

ナトリウム利尿ペプチド（natriuretic peptide）ファミリーのメンバーであり，心臓ホルモンとして機能する分泌タンパク質をコードしている．

遺伝子の構造 1番染色体短腕（p36.22）に存在．約1千5百塩基・3エキソン．コードされるタンパク質は134 aa.

主な発現組織と関連疾患 心臓で特異的に発現．心不全の診断，重症度，予後予測のバイオマーカーとして測定される．

主な機能とシグナル経路 ナトリウム利尿，血管弛緩，心血管系の恒常性維持に関連する．心不全の診断に用いられている．

参考図書 ▶日本心不全学会：血中BNPやNT-proBNPを用いた心不全診療に関するステートメント2023年改訂版：https://www.asas.or.jp/jhfs/topics/bnp20231017.html

127位 RHOA
あーるえいちおーえー または ろーえー

遺伝子名	RHOA
タンパク質名	RAS homolog gene family, member A, RHOA
パラログ	*RHOB 〜 D, F 〜 H, J, Q, T1〜2, U, V, BTB1〜3, RAC1〜3, CDC42, RND1〜3*
オルソログ	○ - 🐛 - 🐭 *Rho1* 🐟 *rhoaa, b* 🐸 - 🐔 *CRHOA* 🐁 *Rhoa*

RHOAはGTPase活性をもつRhoファミリーに属し，GDPと結合した状態が不活性型，GTPと統合した状態が活性型である．細胞骨格の再構築，細胞質分裂，細胞接着，運動性に関与する．がん組織では上皮間葉転換（EMT），浸潤，遊走に関与する．

▌**遺伝子の構造**　3番染色体短腕に存在，4エキソン，193 aaのタンパク質をコードする．

▌**主な発現組織と関連疾患**　ほぼ全身で発現し，心臓形成，心肥大に関与する．ミトコンドリア，ゴルジ体でも働き，神経変形性疾患に関与する．

▌**主な機能とシグナル経路**　インテグリン，サイトカイン受容体などの受容体からの刺激を受け，JNK[145位]，ROCKなどのシグナル分子を介し，ゴルジ体機能，炎症，オートファジーなどの生物学的反応を誘導する．

128位 CDK1
しーでぃーけーわん

遺伝子名	Cyclin dependent kinase 1
タンパク質名	Cyclin-dependent kinase 1（CDK1）
パラログ	*CDK2, CDK3, CDK4, CDK5, CDK6, CDK7*
オルソログ	○ *CDC28* 🐛 *cdk-1* 🐭 *Cdk1* 🐟 *cdk1* 🐸 *cdk1* 🐔 *CDK1* 🐁 *Cdk1*

CDK1は，細胞周期のG1/SおよびG2/M遷移を制御するキナーゼであり，細胞分裂の進行に必須である．過剰発現はがんの異常な細胞増殖に関連する．

▌**遺伝子の構造**　10番染色体長腕q21.2，約1万7千塩基，9エキソン，タンパク質は297 aa.

▌**主な発現組織と関連疾患**　CDK1は全身の細胞で発現する．特定の乳がんやリンパ腫での過剰発現がみられる．

▌**主な機能とシグナル経路**　CDK1はサイクリンBと複合体を形成し，M期（有糸分裂期）への進行を促進する．DNA損傷や細胞ストレスに応じて他の調節因子と相互作用し，細胞周期の停止やアポトーシスを誘導する．

参考図書　▶『カラー図説 細胞周期 — 細胞増殖の制御メカニズム』（David O Morgan／著，中山敬一・中山啓子／監訳），メディカル・サイエンス・インターナショナル，2008

129位 ADRB2
えーでぃーあーるびーつー

遺伝子名	Adrenoceptor beta 2
タンパク質名	ADRB2, Beta-2 adrenergic receptor
パラログ	ADRB1, ADRA1A, DRD2, ADRA2A, GPR101, ADRA1B, ADRA1D など
オルソログ	 - ser-5 - adrb2a, adrb2b adrb2 ADRB2 Adrb2

ADRB2遺伝子は，Gタンパク質共役型受容体スーパーファミリーのメンバーであるβ2-アドレナリン受容体をコードしている．この受容体をモデルにGタンパク質共役型受容体のしくみが解明され，ノーベル化学賞が授与されている．

▍**遺伝子の構造**　5番染色体長腕(q32)に存在．約2千塩基・1エキソン．コードされるタンパク質は413 aa.

▍**主な発現組織と関連疾患**　全身で発現しており，特に肺で高発現．肥満や2型糖尿病との関連が示唆．

▍**主な機能とシグナル経路**　アドレナリンと結合後，ヘテロ三量体Gタンパク質を介したアデニル酸シクラーゼ刺激によってcAMPを増加させ，下流のL型Ca^{2+}チャネルを介して平滑筋の弛緩や気管支拡張などの生理学的反応を媒介する．

参考図書　▶Rasmussen SG, et al：Nature, 477：549-555, doi:10.1038/nature10361（2011）

130位 CYP1A1
しっぷわんえーわん

遺伝子名	Cytochrome P450 family 1 subfamily A member 1
タンパク質名	Cytochrome P450 1A, CYP1A1
パラログ	CYP1A2, CYP1B1
オルソログ	 - - - cyp1a cyp1a1 CYP1A1 Cyp1a1

薬物や毒物の代謝，ホルモン合成に関与するシトクロムP450酵素の1種．CYP1A1は特にポリサイクリック芳香族炭化水素(PAH)の代謝を促進し，化学物質曝露に対する適応応答を示す．

▍**遺伝子の構造**　15番染色体の長腕に存在．約6千塩基・7エキソン．コードされるタンパク質は512 aa.

▍**主な発現組織と関連疾患**　主に肝外組織に存在．肺がんリスクと関連すると考えられている．

▍**主な機能とシグナル経路**　CYP1A1の基質となる外来性化学物質が細胞質受容体であるAhR（aryl hydrocarbon receptor）[248位]と結合すると二量体となり，転写因子として働き，CYP1A1の転写を調節することが知られている．

参考図書　▶Ma Q：Curr Drug Metab, 2：149-164, doi:10.2174/1389200013338603（2001）
▶Androutsopoulos VP, et al：BMC Cancer, 9：187, doi:10.1186/1471-2407-9-187（2009）

131位 APOA1
あぽえーわん

遺伝子名	Apolipoprotein A1
タンパク質名	Apolipoprotein A-I（ApoA-I）
パラログ	*APOA4, APOA5, APOE*
オルソログ	○ - 🐛 - 🐝 - 🐟 *APOA1* 🐸 *apoa1* 🐦 *APOA1* 🐭 *Apoa1*

高密度リポタンパク質（HDL）を構成するアポリポタンパク質. コレステロールとリン脂質を引き抜き, HDLを生成する. HDLは肝臓に取り込まれる.

▌**遺伝子の構造**　11番染色体の長腕に存在. 約1万9千塩基・4エキソン. コードされるタンパク質は267 aa. *APOA4, APOA5*と遺伝子クラスターを形成している.

▌**主な発現組織と関連疾患**　主に肝臓, 小腸で発現している. 遺伝子変異は脂質異常症の1つタンジール病（常染色体潜性遺伝）の原因となる.

▌**主な機能とシグナル経路**　コレステロールのエステル化を担うLCATの補因子としても機能する. HDLは細胞表面のSR-B1を受容体として細胞内に取り込まれる. C型肝炎ウイルスも同じ受容体を利用して感染する.

参考図書　『すべての診療科で役立つ　栄養学と食事・栄養療法』（曽根博仁／編）, 羊土社, 2018

がん遺伝子パネル検査対象遺伝子

132位 BAX
ばっくす

遺伝子名	BCL2 associated X, apoptosis regulator
タンパク質名	BAX, Apoptosis regulator BAX
パラログ	*BAK1, BCL2L2, BCL2L10, BCL2A1, MCL1, BCL2L1, BCL2, BOK*
オルソログ	○ - 🐛 - 🐝 - 🐟 *baxa* 🐸 *bax* 🐦 - 🐭 *Bax*

コードされるタンパク質はBcl-2タンパク質ファミリーに属する. Bcl-2ファミリーのメンバーはヘテロまたはホモ二量体を形成し, 抗アポトーシス制御因子またはプロアポトーシス制御因子として働く.

▌**遺伝子の構造**　19番染色体長腕（q13.33）に存在. 約7千塩基・6エキソン. コードされるタンパク質は192 aa.

▌**主な発現組織と関連疾患**　全身で発現しており, 特に脾臓で高発現. T細胞性急性リンパ性白血病と関連.

▌**主な機能とシグナル経路**　BAXはアポトーシス活性化因子として機能する. また, アポトーシス阻害機能を有するBCL2[▶44位]と複合体を形成する. このBAXとBCL2の比率がアポトーシスを起こすか否かの細胞の運命決定にかかわる. BAX遺伝子の発現は腫瘍抑制因子p53[▶1位]によって制御されており, p53が介するアポトーシスに関与する.

参考図書　『がんゲノムペディア』（柴田龍弘／編）, 羊土社, 2024

133位 STAT1
すたっとわん

遺伝子名	Signal transducer and activator of transcription 1
タンパク質名	STAT1など
パラログ	STAT2, STAT3, STAT4, STAT5
オルソログ	Sfp1 🦠 STA-1 🐝 STAT 🐟 stat1 🐸 XSTAT1 🐔 STAT1 🐭 Stat1

インターフェロンシグナル伝達経路において重要な役割を果たす転写因子. まるで免疫システムの番人であるかのように, 自己免疫反応を抑制し, 体内の組織を攻撃から守り, 免疫寛容を維持する. 細胞質に存在する不活性型と, 核内にある活性型の2つの形態が存在する.

▌**遺伝子の構造**　2番染色体の長腕に存在, 約4万5千塩基・26エキソン. コードされるタンパク質は784 aa.

▌**主な発現組織と関連疾患**　特に免疫細胞で高発現. 免疫不全症, 自己免疫疾患, 感染症にかかわる.

▌**主な機能とシグナル経路**　抗ウイルス・抗菌因子発現促進, 免疫細胞活性化, 細胞周期調節などを担う. JAKキナーゼの活性化, STAT1のリン酸化, STAT1の二量体化と核移行が主な経路.

 参考図書　▶『Essential細胞生物学(原書第5版)』(中村桂子 他／編), 南江堂, 2021

134位 CDKN1B
しーでぃーけーえぬわんびー

がん遺伝子パネル検査対象遺伝子

遺伝子名	Cyclin dependent kinase inhibitor 1B
タンパク質名	Cyclin-dependent kinase inhibitor 1B, p27KIP1
パラログ	CDKN1A, CDKN1C
オルソログ	- 🦠 - 🐝 - 🐟 cdkn1bb 🐸 cdkn1b 🐔 CDKN1B 🐭 Cdkn1b

*CDKN1B*はサイクリン依存性キナーゼ(CDK)阻害分子p27KIP1をコードする遺伝子である.

▌**遺伝子の構造**　12番染色体短腕(12p13.1)に存在し, 約3万7千塩基, 3エキソン, 向きはプラス. コードされるタンパク質は198 aa.

▌**主な発現組織と関連疾患**　多くの組織で発現が認められるが, 膵臓ではやや発現が低い. *CDKN1B*は, 原発性副甲状腺機能亢進症, 下垂体腺腫, 神経内分泌腫瘍を発症する多発性内分泌腫瘍症4型(MEN4)の原因遺伝子である.

▌**主な機能とシグナル経路**　CDKN1BはCIP/KIPファミリー(p21CIP1[▶62位], p27KIP1, p57KIP2)の1つであり, サイクリンEとCDK2[▶189位]の結合を阻害する. サイクリンE-CDK2複合体によるG1/Sチェックポイント制御因子RB1[▶94位]の不活化が阻害され, G1期で細胞周期の進行が停止する.

 参考図書　▶『がんゲノムペディア』(柴田龍弘／編), 羊土社, 2024

135位 *CYP2C19*
しっぷつーしーわんないん

遺伝子名	Cytochrome P450 family 2 subfamily C member 19
タンパク質名	Cytochrome P450 2C19, CYP2C19
パラログ	*CYP2C9* , *CYP2C18, CYP2C8*
オルソログ	⬡ - 🐭 - 🐁 - 🐟 - 🐸 - 🐔 - 🌱 -

薬物や毒物の代謝, ホルモン合成に関与するシトクロム P450酵素の1種. CYP2C19は, 例えば胃酸抑制薬であるオメプラゾール, 精神安定剤であるジアゼパムなどを含む多くの薬剤代謝に関与する. 遺伝子多型により薬剤への代謝活性が異なるため, 臨床用の遺伝子検査が存在する.

■**遺伝子の構造** 10番染色体の長腕に存在. シトクロム P450をコードする遺伝子が多く存在する領域となっている. 約9万3千塩基・9エキソン. コードされるタンパク質は490 aa.

■**主な発現組織と関連疾患** 肝臓, 十二指腸, 小腸, 胃で発現.

■**主な機能とシグナル経路** 例えば, 胃酸抑制薬のオメプラゾールに関して, 5-ヒドロキシ化を触媒し不活性代謝物へと変換することで, 代謝を促す役割をもつ.

参考図書 ▶本間真人:薬物応答性に影響する遺伝子多型. Organ Biology, 19:91-97, doi:10.11378/organbio.19.91 (2012)

136位 *LRRK2*
らーくつー

遺伝子名	Leucine rich repeat kinase 2, PARK8
タンパク質名	Leucine rich repeat kinase 2 (LRRK2)
パラログ	*LRRK1*
オルソログ	⬡ - 🐭 - 🐁 - 🐟 *lrrk2* 🐸 *lrrk2* 🐔 *LRRK2* 🌱 *Lrrk2*

パーキンソン病の原因遺伝子の1つ (PARK8) である. パーキンソン病の原因となる変異は, コードされるタンパク質であるLRRK2のリン酸化酵素活性を上昇させることから, LRRK2阻害薬がパーキンソン病の治療薬として開発中である.

■**遺伝子の構造** 12番染色体の長腕に存在. 約14万4千塩基, 51エキソン. コードされるタンパク質は2,527 aa.

■**主な発現組織と関連疾患** 肺に多い. *LRRK2*の変異はパーキンソン病の原因となる.

■**主な機能とシグナル経路** LRRK2は, 主に小胞輸送にかかわる Rab タンパク質をリン酸化することで, そのエフェクターとの結合を調節している.

参考図書 ▶『医学のあゆみ パーキンソン病の新展開 発症の分子機構と新規治療』 (高橋良輔／企画), 医歯薬出版, 2017

MLH1
えむえるえいちわん

遺伝子名	MutL homolog 1
タンパク質名	DNA Mismatch Repair Protein Mlh1
パラログ	MLH3, PMS1, PMS2
オルソログ	🍺 MLH1　🐛 mlh-1　🐝 Mlh1　🐟 mlh1　🌱 mlh1　🐔 MLH1　🐭 Mlh1

複製後DNAミスマッチ修復システムの構成要素で，ミスマッチ修復機能欠損(dMMR)検査の対象の1つ．PMS2とヘテロ二量体化して，MutLαを形成する．DNA修復はMutS[187位]およびPCNA[177位]がDNAミスマッチに結合した後に，MutLαが結合することで進行する．

▌遺伝子の構造　3番染色体の短腕に存在．約5万7千塩基・24エキソン．コードされるタンパク質は756 aa.

▌主な発現組織と関連疾患　全身で発現している．さまざまながんでエピジェネティックな制御により，発現が低下している．リンチ症候群(がんを発症するリスクが高い遺伝性疾患)で頻繁に変異する遺伝子座．

▌主な機能とシグナル経路　過大なDNA損傷時にはATM[79位]を介した細胞周期の停止やアポトーシスの誘導にも関与している．また，減数分裂の相同染色体間の交換にも関与している．

参考図書　『がん生物学イラストレイテッド 第2版』(渋谷正史・湯浅保仁／編)，羊土社，2019

KDR
けーでぃーあーる

遺伝子名	Kinase insert domain receptor
タンパク質名	VEGFR2, VEGFR, CD309, FLK1
パラログ	FLT1, FLT4, KIT, FLT3, GFGR2など
オルソログ	🍺 -　🐛 ver-2, ver-3　🐝 Pvr　🐟 kdr　🌱 kdr　🐔 KDR　🐭 Kdr

クラスⅣ受容体型チロシンキナーゼに属し，血管内皮細胞増殖因子(VEGF)[5位]の受容体として機能する．ホモ二量体形成に加えて，FLT1(VEGFR1)[226位]とのヘテロ二量体を形成する．

▌遺伝子の構造　4番染色体長腕セントロメア付近(4q12)．約4万7千塩基．コードされるタンパク質は1,356 aa.

▌主な発現組織と関連疾患　胎盤，脂肪組織，甲状腺，肺などの組織で発現する．血管新生や維持を担う遺伝子であり，がんや血管腫などの疾患と関与する．

▌主な機能とシグナル経路　受容体型チロシンキナーゼであり，リガンドであるVEGFA，VEGFC，VEGFDなどが結合することで二量体化し，自己リン酸化を行う．PKC-MAPK経路，PI3K-AKT経路などを活性化させることで，血管内皮細胞の生存や血管新生・血管維持を担う．

参考図書　Simons M, et al：Nat Rev Mol Cell Biol, 17：611-625, doi:10.1038/nrm.2016.87(2016)

えぬぴーえむわん
139位 NPM1

遺伝子名	Nucleophosmin 1
タンパク質名	NPM1など
パラログ	NPM2, NPM3, NPM4, NPM5, NPM6
オルソログ	♞ Nhp1p ♘ NPM-1 ♞ Hmg-N ♞ Npma ♞ NPM1 ♞ NPM1 ♞ Npm1

細胞核に局在する多機能タンパク質. 特に細胞増殖を促進する重要な役割を果たし, 細胞周期調節因子や転写因子と相互作用し, 細胞増殖にかかわる遺伝子の発現を促進する. NPM1の異常発現は, 腫瘍形成と関連する.

■遺伝子の構造　5番染色体の長腕に存在. 約2万3千塩基・13エキソン. コードされるタンパク質は332 aa.

■主な発現組織と関連疾患　特に血液, 骨髄, リンパ節で高発現. 白血病, 悪性リンパ腫, 自己免疫疾患にかかわる.

■主な機能とシグナル経路　細胞増殖, 腫瘍形成, 核小体機能, 免疫機能を担う. Wntシグナル経路[17位], NF-κBシグナル経路[15位], p53シグナル経路[1位]が主.

 参考図書　▶『Essential細胞生物学(原書第5版)』(中村桂子 他／編), 南江堂, 2021

えいちえるえーしー
140位 HLA-C

遺伝子名	Major histocompatibility complex, class Ⅰ, C
タンパク質名	HLA-C
パラログ	HLA-A, HLA-B, HLA-E, HLA-F, HLA-G など
オルソログ	♞ - ♞ - ♞ - ♞ - ♞ - ♞ - H2-L など

自己と非自己の識別に用いられる細胞表面分子MHCクラスⅠ(HLAクラスⅠ)抗原を構成する. 細胞内タンパク質に由来するペプチドを結合して, CD8陽性T細胞への抗原提示を行う.

■遺伝子の構造　6番染色体の短腕に存在. 約3千塩基・8エキソン. コードされるタンパク質は366 aa.

■主な発現組織と関連疾患　古典的MHCクラスⅠ抗原は, HLA-A[69位], B[47位], Cがコードするα鎖と, β_2ミクログロブロミンのβ鎖のヘテロ二量体であり, 栄養膜細胞, 精子, 卵母細胞を除くほとんどすべての有核細胞と血小板の表面に発現する. HLA-CはA, Bに比べて表出が弱い. 乾癬との関連がある.

■主な機能とシグナル経路　ペプチドと結合したMHCクラスⅠ抗原はCD8陽性の細胞傷害性T細胞への抗原提示を行う.

参考図書　▶『医系免疫学 改訂16版』(矢田純一／著), 中外医学社, 2021

141位 CYP2D6
しっぷつーでぃーしっくす

遺伝子名	Cytochrome P450 family 2 subfamily D member 6
タンパク質名	Cytochrome P450 2D6, CYP2D6
パラログ	-
オルソログ	🐭 - 🐀 - 🐵 - 🐖 - cyp2d6 🐔 CYP2D6 🐟 Cyp2d22

薬物や毒物の代謝, ホルモン合成に関与するシトクロム P450 酵素の1種. CYP2D6は, 特に65種類以上の抗うつ薬, 抗不整脈薬, 抗精神薬などの臨床上重要な役割の薬を特異的に代謝することが知られている. 50種類以上の遺伝子多型が報告されている.

■ **遺伝子の構造**　22番染色体の長腕に存在. 約4千3百塩基・9エキソン. コードされるタンパク質は497 aa.

■ **主な発現組織と関連疾患**　肝臓, 小腸, 十二指腸で主に発現.

■ **主な機能とシグナル経路**　CYP2D6は, UDP-グルクロン酸転移酵素と相互作用して特定の薬物への代謝活性を変化させることが報告されている.

参考図書
▶Yang F, et al: Curr Issues Mol Biol, 45: 7130-7146, doi:10.3390/cimb45090451 (2023)
▶横井 毅: 薬物代謝酵素の遺伝的多型と個別薬物療法. 化学と生物, 39: 368-375, doi:10.1271/kagakutoseibutsu1962.39.368 (2001)

142位 PTK2
びーてぃーけーつー

がん遺伝子パネル検査対象遺伝子

遺伝子名	PTK
タンパク質名	Protein tyrosine kinase 2, Focal adhesion kinase 1 (FAK1)
パラログ	PTK2B, ABL1/2, LYN, HCK, SRC, BLK, FYN, TNK1/2, YES1, SYK, JAK1/2/3, FRK, FGR, TYK2, ZAP70, BMX
オルソログ	🐭 - 🐀 - 🐵 - ptk2ab 🐛 - PTK2 🐟 Ptk2

PTK2遺伝子にコードされる focal adhesion kinase (FAK) はチロシンキナーゼ活性を有し, 細胞自身とがん微小環境に働きかけ, 増殖, 転移, 浸潤, 薬剤耐性, アポトーシス阻害などを引き起こす.

■ **遺伝子の構造**　8番染色体長腕に存在, 42エキソン, 1,052 aa, 分子量125 kDaのタンパク質をコードする.

■ **主な発現組織と関連疾患**　全身で発現し, 乳がん, 子宮がん, 大腸がんなどで強い発現がみられる. 筋芽細胞の分化, 筋線維形成, 筋ホメオスタシスに関与し筋発生, 栄養コントロールを行う.

■ **主な機能とシグナル経路**　成長因子, インテグリン, Gタンパク質共役受容体などで活性化され, Src▶83位, Ras▶21位, PI3K▶67位, β-カテニン▶17位を介しシグナル伝達する.

143位 HSPA5
えいちえすぴーえーふぁいぶ

遺伝子名	Heat shock protein family A（Hsp70）member 5
タンパク質名	Endoplasmic reticulum chaperone BiP, GRP-78
パラログ	*HSPA8, HSPA2, HSPA1L, HSPA1B, HSPA1A, HSPA6, HSPA9*
オルソログ	○ - *hsp-3/4* ● *Hsc70-3* ● *hspa5* ● *hspa5* ● *HSPA5* ● *Hspa5*

Heat shock protein 70ファミリーのメンバーであり, 小胞体内腔に局在し, 分子シャペロンとしてタンパク質のフォールディングなどに関与する. 小胞体の恒常性におけるマスターレギュレーター.

▌**遺伝子の構造**　9番染色体長腕(q33.3)に存在. 約6千5百塩基・8エキソン. コードされるタンパク質は654 aa.

▌**主な発現組織と関連疾患**　甲状腺, 骨髄をはじめとしたさまざまな組織で幅広く発現. 複数種のがん細胞での発現亢進が報告されている.

▌**主な機能とシグナル経路**　正常に折りたたまれない不良タンパク質と結合してリフォールディングを媒介する.

参考図書　▶『分子シャペロン — タンパク質に生涯寄り添い介助するタンパク質』（仲本 準／著）, コロナ社, 2019
▶金本聡自 & 今泉和則：小胞体ストレスと疾患. 生化学, 90：51-59（2018）

144位 IL1RN
あいえるわんあーるえぬ

遺伝子名	Interleukin 1 receptor antagonist（IL-1RN, IL-1Ra）
タンパク質名	IL-1RN, IL-1Ra
パラログ	*IL1B, IL36A, IL36G, IL37, IL36B, IL36RN, IL1F10*
オルソログ	○ - ● - ● - *il1fma, il1b* ● *il1b* ● - *il1rn*

IL-1のアンタゴニストをコードする遺伝子である. IL-1の活性を抑制することで, IL-1によって引き起こされる免疫反応や炎症反応を調節する役割をもつ.

▌**遺伝子の構造**　2番染色体の長腕(q14.1)に存在. 約1千7百塩基・13エキソン. コードされるタンパク質は177 aa. 14種類のアイソフォームが知られている.

▌**主な発現組織と関連疾患**　食道と骨髄で主に発現している. 多型が骨粗鬆症による骨折や胃がんと関連することが報告されている.

▌**主な機能とシグナル経路**　内在性アンタゴニストとしてIL-1受容体に結合し, IL-1($\alpha \cdot \beta$)[▶154位, 18位]のシグナルを阻害することで, IL-1に関連する免疫反応や炎症反応を調整する. 本遺伝子をもとにした組換えタンパク質製剤がIL-1阻害薬として臨床応用されている.

参考図書　▶Dinarello CA：Immunol Rev, 281：8-27, doi:10.1111/imr.12621（2018）

145位 MAPK8
まっぷけーえいと

遺伝子名	Mitogen-activated protein kinase 8
タンパク質名	JNK, JNK1, SAPK1, PRKM8など
パラログ	*MAPK10, MAPK9, MAPK11, MAPK14*など
オルソログ	🪰 *HOG1* 🪱 *jnk-1* 🦟 *bsk* 🐟 *mapk8a, mapk8b* 🐸 *mapk8* 🐔 *MAPK8* 🐭 *Mapk8*

c-Jun N-terminal kinase（JNK）とよばれるセリン/スレオニンキナーゼを構成する遺伝子の1つである. 炎症, ROS, 紫外線など, さまざまなストレス刺激によってJNKは活性化される.

■**遺伝子の構造**　10番染色体長腕セントロメア付近（10q11.22）. 約13万塩基. コードされるタンパク質は427 aa.

■**主な発現組織と関連疾患**　ほぼすべての組織で幅広く発現する. がんの悪性化に寄与するが, 変異などはほとんどみられない.

■**主な機能とシグナル経路**　*MAPK8*はJNK1を構成し, ストレス応答によって活性化され, c-Jun[105位]をはじめとする下流転写因子のリン酸化制御を行う. アポトーシス, 神経変性, 分化・増殖, 炎症などを制御する.

> 参考図書　▶Wagner EF & Nebreda AR：Nat Rev Cancer, 9：537-549, doi:10.1038/nrc2694（2009）

146位 VWF
ぶいだぶりゅえふ

標的治療薬あり

遺伝子名	*von Willebrand factor*
タンパク質名	*von Willebrand factor*（vWF）
パラログ	*VWC2L, MUC2, VWC2, BMPER*など多数
オルソログ	🪰 - 🪱 - 🦟 - 🐟 *vwf* 🐸 *vwf* 🐔 *VWF* 🐭 *Vwf*

血液凝固に関して中心的な役割を果たす大きな多量体糖タンパク質をコードしており, *VWF*の遺伝性欠乏症であるフォン・ヴィレブランド病に関連する.

■**遺伝子の構造**　12番染色体短腕（p13.31）に存在. 約18万塩基・52エキソン. コードされるタンパク質は2,813 aa.

■**主な発現組織と関連疾患**　肺, 脂肪組織をはじめとした組織で幅広く発現. 遺伝子疾患であるフォン・ヴィレブランド病の分類のうち, 常染色体顕性遺伝疾患であるI型II型, 常染色体潜性遺伝疾患であるIII型にそれぞれ関連する.

■**主な機能とシグナル経路**　血小板と血管壁相互作用と血小板接着の主要な調節物質として機能する.

> 参考図書　▶Kuter DJ：フォン・ヴィレブランド病. MSDマニュアルプロフェッショナル版：https://www.msdmanuals.com/ja-jp/professional/11-血液学および腫瘍学/血小板減少症と血小板機能異常症/フォン・ヴィレブランド病

147位 MMP1
えむえむぴーわん

標的治療薬開発中

遺伝子名	Matrix metallopeptidase 1
タンパク質名	MMP1, Interstitial collagenase
パラログ	*MMP2, 3, 7, 8, 10〜17, 19〜21, 23B, 24〜28, HPX*
オルソログ	♉ - 🐝 - 🐟 - 🐸 *Mmp1* 🐠 *mmp1-prov* 🐤 *MMP1* 🐭 *Mmp1a, 1b*

コラーゲンⅠ [212位]，Ⅱ，Ⅲ，Ⅶ，Ⅹ，アグリカンを分解する間質型コラゲナーゼである．

▌**遺伝子の構造**　11番染色体長腕に存在，約1万7千塩基，10エキソン，54 kDa，469 aaのタンパク質をコードする．

▌**主な発現組織と関連疾患**　心血管，腎臓などの炎症，また，咽頭がん，大腸がん，胃がん，乳がんなどの浸潤，転移に関与する．変形性関節症においてはIL-1β [18位] はNF-κB [15位] を介しMMP1を産生し，進行に関与する．

▌**主な機能とシグナル経路**　潜在型酵素として産生され，低活性型に変換後MMP3によって高活性型になる．MMP1はMMP2 [58位]，9 [19位] を活性化する．TIMP1 [258位] はMMP1を阻害する．腫瘍関連マクロファージの産生するMMP1は，がん細胞の細胞周期に関与し増殖させる．

参考図書　▶『がん生物学イラストレイテッド 第2版』(渋谷正史・湯浅保仁／編)，羊土社，2019

148位 AGER
えいじゃー

遺伝子名	Advanced glycosylation end-product specific receptor
タンパク質名	Advanced glycosylation end product-specific receptor（AGER），Receptor for advanced glycation end-products（RAGE）
パラログ	*MCAM, ALCAM, BCAM*
オルソログ	♉ - 🐝 - 🐟 - 🐟 *si:ch211-79k12.1* 🐸 - 🐤 - 🐭 *Ager*

コードされるタンパク質AGERはRAGEともよばれ，終末糖化産物（advanced glycation end-products：AGEs）などの受容体である．

▌**遺伝子の構造**　6番染色体の短腕(p21.32)に存在，約3千3百塩基・11エキソン．コードされるタンパク質は404 aa.

▌**主な発現組織と関連疾患**　特に肺で強く発現している．糖尿病や動脈硬化などとの関連が知られている．

▌**主な機能とシグナル経路**　AGERはAGEsなどのリガンドと結合することで，NF-κB [15位] やRas [21位] /MAPK [41位] 経路などを活性化する．

参考図書　▶吉村和修 他：AGE特異的受容体（RAGE），糖尿病，48：411-414（2005）

149位 FTO
えふてぃーおー

遺伝子名	FTO alpha-ketoglutarate dependent dioxygenase
タンパク質名	Alpha-ketoglutarate-dependent dioxygenase FTO
パラログ	-
オルソログ	◯ - ◆ - ◆ - *FTO* ◯ *fto* ◯ *FTO* ◯ *Fto*

RNAの脱メチル化酵素をコードしている．近年，ゲノムワイド関連解析（GWAS解析）によって*FTO*遺伝子のスニップが，肥満と関連していることが示された．

▌**遺伝子の構造**　16番染色体の長腕（q12.2）に存在，約42万塩基・9エキソン．コードされるタンパク質は505 aa.

▌**主な発現組織と関連疾患**　特に脳などで強く発現しているが，広範な組織で発現がみられる．イントロンにおける変異と肥満などとの関連が示唆されている．

▌**主な機能とシグナル経路**　mRNAのN6-メチルアデノシン（m6A）修飾を除去することで，mRNAの安定性に影響を与える．FTOノックアウトマウスにおいて，mTORC1[33位]経路の活性低下が確認されている．

参考図書　▶橋本貢士 & 小川佳宏：肥満症におけるゲノム・エピゲノム医学の進歩，日本内科学会雑誌，104：697-702（2015）

150位 LGALS3
えるじーえーえるえすすりー

標的治療薬あり

遺伝子名	Lectin, galactoside-binding, soluble, 3, Galectin 3
タンパク質名	Lectin, galactoside-binding, soluble, 3, Galectin-3
パラログ	*LGALS1, LGALS2, LGALS4, LGALS7, LGALS8*
オルソログ	◯ - ◆ - ◆ - *lgals3b* ◯ *lgals3* ◯ *LGALS3* ◯ *Lgals3*

LGALS3はガラクトース特異的レクチンである．がん細胞の生存と浸潤に関与する．特に肝細胞がんで高発現し，炎症や腫瘍形成に寄与する．

▌**遺伝子の構造**　14番染色体長腕 q22.3，約1万6千塩基，6エキソン，タンパク質は250 aa

▌**主な発現組織と関連疾患**　LGALS3は多くの組織で発現するが，正常肝細胞では発現が低い．肝細胞がん，非小細胞肺がん，甲状腺がん，関節リウマチなどの疾患で高発現が認められる．

▌**主な機能とシグナル経路**　ガラクトースを認識したLGALS3は種々の増殖因子受容体や膜タンパク質と相互作用し，細胞接着，増殖，アポトーシスの調節に関与する．特に，がん細胞における抗アポトーシス作用や，T細胞活性化の抑制，マクロファージの走化性に寄与する．

参考図書　▶『レクチン 第2版 — 歴史，構造・機能から応用まで』（Nathan Sharon・Halina Lis／著，山本一夫・小浪悠紀子／訳），丸善出版., 2012

151位 INS
いんすりん

遺伝子名	Insulin
タンパク質名	INS, Insulin
パラログ	IGF1, IGF2
オルソログ	🪰 - 🐝 - 🐟 ins, insb 🐸 ins 🐔 INS 🐭 Ins1, Ins2

ペプチドホルモンであるインスリンをコードしている. グルコースの取り込みを促進し, 炭水化物, 脂肪, タンパク質の代謝調節に重要な役割を果たしている.

▌遺伝子の構造　11番染色体短腕(p15.5)に存在. 約1千4百塩基・3エキソン. コードされるタンパク質は110 aa.

▌主な発現組織と関連疾患　膵臓特異的に発現. 糖尿病や若年性糖尿病と関連.

▌主な機能とシグナル経路　インスリンが細胞膜に存在するインスリン受容体(INSR[▶276位])に結合すると, 受容体はチロシンキナーゼとして活性化し, 細胞質内のIRS(インスリン受容体基質)をリン酸化する. このIRSのリン酸化によりシグナル伝達カスケードが活性化する.

参考図書　▶『サイトカイン・増殖因子キーワード事典』(宮園浩平 他／編), 羊土社, 2015

`がん遺伝子パネル検査対象遺伝子`

152位 LMNA
えるえむえぬえー または らみんえー

遺伝子名	Lamin A/C
タンパク質名	Prelamin-A/C
パラログ	KRT1, LMNB1, NEFL, SYNM, DES, BFSP2, INA, PRPH, NEFM, VIMなど
オルソログ	🪰 - 🐟 lmn-1 🐝 Lam 🐟 lmna 🐸 lmna 🐔 ENSGALG00010028066 🐭 Lmna

核膜の内側に存在する核ラミナを構成しているタンパク質をコードしている. 選択的スプライシングにより, ラミンAとラミンCへと翻訳される.

▌遺伝子の構造　1番染色体の長腕(q22)に存在. 約2万5千塩基・12エキソン. コードされるタンパク質は664 aa.

▌主な発現組織と関連疾患　特に皮膚などで強く発現しているが, 広範な組織で発現がみられる. ラミノパシー(Laminopathy)とよばれる希少疾患群に関連している.

▌主な機能とシグナル経路　核膜の形状維持や核の安定性などの機能をもつ. また, DNAの非相同末端結合にも関与している可能性が示唆されている.

参考図書　▶『分子細胞生物学 第8版』(H. Lodish 他／著, 榎森康文 他／訳), pp.766-767, 東京化学同人, 2019

153位 TARDBP
てぃーえーあーるでぃーびーぴー

遺伝子名	TAR DNA-binding protein, ALS10
タンパク質名	TAR DNA-binding protein 43（TDP-43）
パラログ	*HNRNPAB, HNRNPD, HNRNPDL*
オルソログ	- tdp-1 cocoon, TBPH ardbpa, tardbpb tardbp TARDBP Tardbp

筋萎縮性側索硬化症（ALS）の原因遺伝子の1つ（ALS10）である．コードされるタンパク質である TAR DNA-binding protein 43（TDP-43）は，*TARDBP*の変異の有無にかかわらず大部分の筋萎縮性側索硬化症患者の脳，脊髄で蓄積を認めることから，その病態の中心と考えられている．

▌**遺伝子の構造**　1番染色体の短腕に存在．約1万3千塩基，6エキソン．コードされるタンパク質は 414 aa.

▌**主な発現組織と関連疾患**　全身に発現する．*TARDBP*変異はALSの原因となる．

▌**主な機能とシグナル経路**　コードされるTDP-43はRNA結合タンパク質であり，RNAの転写，スプライシング，輸送の機能をもつ．TDP-43の細胞質内凝集は翻訳，軸索輸送，ミトコンドリア，スプライシングなどの障害を引き起こしALSを発症させる．

参考図書　▶『実験医学増刊 いま新薬で加速する神経変性疾患研究』（小野賢二郎／編），羊土社, 2023

154位 IL1A
あいえるわんえー

遺伝子名	Interleukin 1 alpha（IL-1α）, IL-1A
タンパク質名	IL-1α
パラログ	-
オルソログ	- - - - - - Il1a

炎症性サイトカインであるIL-1ファミリーの一種，IL-1αをコードする．受容体であるIL-1R1と結合することによって，さまざまな免疫関連シグナル経路を活性化し，主に感染防御を担う．

▌**遺伝子の構造**　2番染色体の長腕（q14.1）に存在，約4千3百塩基・18エキソン．コードされるタンパク質は1,013 aa. *IL1B*[18位]との配列類似性は低いが似た高次構造をもち，受容体を共有する．

▌**主な発現組織と関連疾患**　マクロファージ，ケラチノサイト，血管内皮細胞などによって産生される．精巣と食道で高発現している．*IL1A*を含むIL-1ファミリー遺伝子の多型はアルツハイマーや関節リウマチに関連するとされている．

▌**主な機能とシグナル経路**　IL-1R1と結合することによってNF-κB[15位]経路などを活性化し，炎症反応から抗体産生まで関与することで，自然免疫と獲得免疫の橋渡しを行う．破骨細胞の活性化にもかかわることが知られている．

参考図書　▶Dinarello CA：Immunol Rev, 281：8-27, doi:10.1111/imr.12621（2018）

155位 HFE
_{えいちえふいー}

遺伝子名	Homeostatic iron regulator
タンパク質名	Hereditary hemochromatosis protein, HFE
パラログ	-
オルソログ	🧫 - 🦠 - 🐛 - 🐟 hfe 🐸 hfe 🐔 HFE 🐭 Hfe

> *HFE* がコードするのは，鉄の恒常性（鉄の吸収と貯蔵）を調節する膜貫通タンパク質である．過剰な鉄の蓄積を特徴とする遺伝性ヘモクロマトーシスの原因遺伝子として知られる．

▌**遺伝子の構造** 6番染色体短腕 p22.2，約1万1千塩基，7エキソン，タンパク質は348 aa.

▌**主な発現組織と関連疾患** HFE は小腸吸収細胞，胃上皮細胞，組織マクロファージ，血液単球や顆粒球で高発現する．関連疾患には遺伝性ヘモクロマトーシスがあり，特に C282Y 変異により発症する頻度が高い．

▌**主な機能とシグナル経路** HFE は鉄輸送に関連するトランスフェリン受容体と結合し，細胞内の鉄の取り込みを調整する．また，HFE を介したシグナル伝達により，鉄代謝を負に制御するホルモンであるヘプシジンの発現が誘導される．HFE の機能欠損は，ヘプシジン発現の低下を通じて鉄の過剰な吸収と蓄積を引き起こし，組織損傷をもたらす．

 参考図書 ▶高山元輝, 他：鉄代謝にかかわる主要な分子．熊本大学医学部保健学科紀要, 18：1-8（2022）

156位 APC
_{えーぴーしー}

> **がん遺伝子パネル検査対象遺伝子**
>
> **二次的所見開示リスト対象遺伝子**

遺伝子名	APC regulator of WNT signaling pathway
タンパク質名	Adenomatous polyposis coli protein（APC）
パラログ	*APC2*
オルソログ	🧫 - 🦠 - 🐛 - 🐟 apc 🐸 apc 🐔 APC 🐭 Apc

> *APC*（adenomatous polyposis coli）は，家族性大腸線腫症の原因遺伝子として同定された．Wnt シグナル経路[17位]のアンタゴニストとして働くがん抑制タンパク質をコードしている．

▌**遺伝子の構造** 5番染色体長腕（5q22.2）に存在し，約13万9千塩基，20エキソン，向きはプラス．コードされるタンパク質は2,843 aa. 選択的スプライシング，選択的転写開始により3つのアイソフォームが存在している．

▌**主な発現組織と関連疾患** 多くの組織で幅広く発現しているが，脳で発現が高い．大腸がんでは8割に遺伝子異常がみられる．

▌**主な機能とシグナル経路** APC は Axin 複合体の構成因子として，Wnt シグナルの β-カテニン経路において β-カテニン[17位]のユビキチン化に関与し，プロテアソームによる分解を誘導することで Wnt シグナル経路を抑制する．

 参考図書 ▶『がんの分子標的と治療薬事典』（西尾和人・西條長宏／編），羊土社, 2010

157位 SQSTM1
えすきゅーえすてぃーえむわん

遺伝子名	Sequestosome 1
タンパク質名	Sequestosome-1(p62)
パラログ	なし
オルソログ	🍺 - 🐛 sqst-1 🪰 ref(2)P 🐟 sqstm1 🐸 sqstm1 🐔 SQSTM1 🐭 Sqstm1

ユビキチンと結合し, NF-κB▶15位シグナル伝達経路の活性化を制御する多機能タンパク質p62をコードする. 選択的マクロオートファジー(アグリファジー)に必要なオートファジー受容体として機能し, ポリユビキチン化カーゴとオートファゴソームの橋渡しを行う.

▌遺伝子の構造 染色体5q35.3に位置し, 11エキソンからなる. ユビキチン結合ドメイン(UBA)やLC3相互作用領域(LIR)を含む.

▌主な発現組織と関連疾患 ほぼすべての組織で発現するが, 特に脳, 骨, 筋肉で重要な役割を果たす. パジェット病, 前頭側頭型認知症, 筋萎縮性側索硬化症との関連が報告されている.

▌主な機能とシグナル経路 主な機能に, 選択的オートファジー, NF-κB経路の制御, 酸化ストレス応答(Nrf2▶63位経路)の活性化, エンドソーム組織化などがある. TRAF6▶232位やCYLDとの相互作用を介してシグナル伝達を調節し, 細胞分化, アポトーシス, 免疫応答にも関与する.

参考図書 ▶Ylä-Anttila P, et al: Autophagy, 17: 3461-3474, doi:10.1080/15548627.2021.1874660(2021)

158位 SMAD3
えすまどすりー または すまっどすりー

遺伝子名	SMAD family member 3
タンパク質名	SMAD3など
パラログ	SMAD1, SMAD2, SMAD4
オルソログ	🍺 Mbp2 🐛 Sma-3 🪰 Dpp-Mad 🐟 Smad3 🐸 XSmad3 🐔 SMAD3 🐭 Smad3

細胞増殖とTGF-β▶7位シグナル伝達の中枢を担う重要なシグナル伝達タンパク質. TGF-βシグナルは, 細胞増殖, 分化, 細胞死など, さまざまな細胞機能を制御する重要なシグナル. SMAD3は, TGF-βシグナルを受信し, 細胞内へ伝達することで, これらの細胞機能を調節.

▌遺伝子の構造 15番染色体の長腕に存在. 約13万塩基・15エキソン. コードされるタンパク質は516 aa.

▌主な発現組織と関連疾患 特に腎臓, 肺, 皮膚で高発現. 腎臓疾患, 肺疾患, 皮膚疾患にかかわる.

▌主な機能とシグナル経路 細胞増殖の制御, 細胞分化の制御, 細胞死の制御, 細胞外基質の産生を担う. TGF-βシグナル伝達経路の中核的な役割を果たし, TGF-βが受容体に結合すると, SMAD3はリン酸化され, 活性化される.

参考図書 ▶『Essential 細胞生物学(原書第5版)』(中村桂子 他/編), 南江堂, 2021

159位 AGTR1
えーじーてぃーあーるわん

遺伝子名	Angiotensin II receptor type 1
タンパク質名	Type-1 angiotensin II receptor, AT1AR, AT1BR, AT1 receptor, AT1
パラログ	AGTR2, GPR25, APLNR, BDKRB1, BDKRB2, GPR15, RXFP4
オルソログ	🍚 - 🐝 - 🐟 - 🐁 agtr1a 🐸 agtr1 🐔 AGTR1 🐕 Agtr1b

アンジオテンシンIIの主要な心血管作用を調節すると考えられている1型受容体をコードしている. SARS-Cov-2の感染時の侵入メカニズムとの関連が示唆されている.

▌**遺伝子の構造**　3番染色体長腕(q24)に存在. 約4万5千塩基・3エキソン. コードされるタンパク質は359 aa.

▌**主な発現組織と関連疾患**　胎盤, 脂肪組織などで高発現. ACE2タンパク質[88位]とSARS-Cov-2スパイクタンパク質の複合体を認識し, エンドサイトーシスを介した細胞への侵入に関与する.

▌**主な機能とシグナル経路**　Gタンパク質共役型受容体(GPCR)であり, 血圧および腎臓におけるNa$^+$保持の調節因子として機能する. またGα(q)シグナル伝達に関与する.

参考図書　▶ Takayanagi R, et al:Biochem Biophys Res Commun, 183:910-916, doi:10.1016/0006-291x(92)90570-b(1992)

160位 NOD2
えぬおーでぃーつー　または　のっどつー

遺伝子名	Nucleotide binding oligomerization domain containing 2(NOD2), CD など
タンパク質名	NOD2
パラログ	NOD1, NLRP1, CIITA, PYDC2など合計20種類
オルソログ	🍚 - 🐝 - 🐟 - 🐁 nod2 🐸 - 🐔 - 🐕 Nod2

細胞質に存在するセンサータンパク質の一種で, 細菌由来のペプチドグリカンの構造の一部分を認識するとシグナルを発生し, NF-κB[15位]の活性化を介して炎症反応を引き起こす役割をもつ.

▌**遺伝子の構造**　16番染色体の長腕(q12.1)に存在. 約2千塩基・8エキソン. コードされるタンパク質は271 aa.

▌**主な発現組織と関連疾患**　主に単球や樹状細胞などで産生され, さまざまな組織で発現している. 多型がクローン病やブラウ症候群と関連するとされている.

▌**主な機能とシグナル経路**　細胞内に存在し, リガンド(細菌の表面由来のペプチドグリカンの一種である muramyl dipeptide)と結合することによってNF-κBを活性化し, 炎症反応を引き起こす.

参考図書　▶ Trindade BC & Chen GY:Immunol Rev, 297:139-161, doi:10.1111/imr.12902(2020)

161位 MKI67
えむけーあいしっくすてぃせぶん

遺伝子名	Marker of proliferation Ki-67
タンパク質名	Proliferation marker protein Ki-67
パラログ	-
オルソログ	🐁 - 🦠 - 🐛 - 🐟 mki67 🐸 mki67 🐔 MKI67 🐭 Mki67

*MKI67*のコードするKi-67は細胞増殖にかかわる核内タンパク質であり, がん診断における重要な増殖マーカーである.

▌**遺伝子の構造**　10番染色体長腕q26.2, 約3万塩基, 15エキソン, タンパク質は2アイソフォーム (3,256 aa / 2,896 aa).

▌**主な発現組織と関連疾患**　Ki-67は増殖中の細胞に広く発現し, 特に腫瘍細胞で高発現する. 前立腺がん, 脳腫瘍, 乳がん, 神経内分泌腫瘍など, 複数のがんでの予後指標として使用される.

▌**主な機能とシグナル経路**　Ki-67は細胞分裂時にクロマチンを安定化し, 核小体に局在する. 細胞周期のS期で特に高発現し, 細胞の増殖速度を反映する. 増殖細胞マーカーとして, 免疫組織化学で広く利用される.

参考図書　『がん生物学イラストレイテッド 第2版』(渋谷正史・湯浅保仁／編), 羊土社, 2019

162位 RET
れっと

がん遺伝子パネル検査対象遺伝子
標的治療薬あり
二次的所見開示リスト対象遺伝子

遺伝子名	Ret proto-oncogene
タンパク質名	RET-ELE1, MTC1, PTC, HSCR1, MEN2B, CDHF12, CDHR16
パラログ	*FGFR1, FGFR4, FGFR2, FGFR3, FLT1*など
オルソログ	🐁 - 🦠 Kin-9, Kin-16 🐛 Ret 🐟 ret 🐸 ret 🐔 RET 🐭 Ret

クラスⅩIV受容体型チロシンキナーゼに属し, GDNFファミリーリガンドの受容体として機能する. ホモ二量体形成し, 自己リン酸化を行う.

▌**遺伝子の構造**　10番染色体長腕セントロメア付近(10q11.21). 約5万3千塩基. コードされるタンパク質は1,114 aa.

▌**主な発現組織と関連疾患**　副腎に強く発現する. 甲状腺がんなどの内分泌腫瘍や褐色細胞腫に関与する. ヒルシュスプルング病などの発症にも寄与する.

▌**主な機能とシグナル経路**　受容体型チロシンキナーゼであり, 神経細胞, 腎臓, 精子の発生に必須の遺伝子である. GFL-GFRα複合体との結合によって二量体化し, 自己リン酸化を行う. RAS-MAPK経路[▶21位], PI3K-AKT経路[▶10位], JAK-STAT経路[▶12位]などを活性化させる.

参考図書　▶Mulligan LM：Nat Rev Cancer, 14：173-186, doi:10.1038/nrc3680 (2014)

163位 SOD2

えすおーでぃーつー

遺伝子名	Superoxide dismutase 2
タンパク質名	Superoxide dismutase, mitochondrial, SOD2
パラログ	-
オルソログ	♡ SOD2 🐛 sod-2, sod-3 🐝 Sod2 🍄 sod2 🐟 sod2 🐭 SOD2 🐚 Sod2

SOD1[107位] と同様にスーパーオキシドを過酸化水素と酸素に分解する酵素をコードする遺伝子である. SOD1タンパク質が細胞質に存在する銅と亜鉛イオンを含む二量体タンパク質であるのに対して, SOD2はミトコンドリアに存在し, マンガンを含む四量体タンパク質である.

▌**遺伝子の構造**　6番染色体の長腕に存在. 約2万4千塩基, 5エキソン. コードされるタンパク質は222 aa.

▌**主な発現組織と関連疾患**　心臓, 腎臓に多い. 糖尿病性腎症の感受性遺伝子である.

▌**主な機能とシグナル経路**　SOD2タンパク質はスーパーオキシドを過酸化水素と酸素に分解する反応を触媒する.

参考図書　『実験医学増刊 レドックス疾患学』（赤池孝章／編）, 羊土社, 2018

164位 CYP2C9

しっぷつーしーないん

遺伝子名	Cytochrome P450 family 2 subfamily C member 9
タンパク質名	Cytochrome P450 2C9, CYP2C9
パラログ	*CYP2C19, CYP2C18, CYP2C8*
オルソログ	♡ - 🐛 - 🐝 - 🍄 - 🐟 - 🐭 - 🐚 -

薬物や毒物の代謝, ホルモン合成に関与するシトクロム P450酵素の1種. CYP2C9は多くの抗生物質を代謝する役割をもつことで知られる. 遺伝子多型はフェニトインやトルブタミドなどの薬剤の代謝機能の低下にかかわる.

▌**遺伝子の構造**　10番染色体の長腕に存在. シトクロム P450をコードする遺伝子が多く存在する領域となっている. 約5万千塩基・9エキソン. コードされるタンパク質は490 aa.

▌**主な発現組織と関連疾患**　肝臓, 小腸, 十二指腸で主に発現.

▌**主な機能とシグナル経路**　例えば2型糖尿病の対症療法として投与されていたトルブタミドは, NADPH・水素・酸素を基質として, CYP2C9ベースのシトクロム P450によりヒドロキシトルブタミドへ代謝される.

参考図書　▶横井 毅: 薬物代謝酵素の遺伝的多型と個別薬物療法. 化学と生物, 39: 368-375, doi:10.1271/kagakutoseibutsu1962.39.368（2001）

165位 HLA-G
えいちえるえーじー

遺伝子名	Major histocompatibility complex, Class Ⅰ, G
タンパク質名	HLA-G
パラログ	*HLA-A, HLA-B, HLA-E, HLA-F, HLA-G* など
オルソログ	🐁- 🐭- ♠- 🐟- 🦎- 🐸- 🐚 *H2-M3* など

自己と非自己の識別に用いられる細胞表面分子MHCクラスⅠ（HLAクラスⅠ）抗原を構成する．HLA-E, HLA-Fなどとともに非古典的MHCクラスⅠに属しており，胎盤の細胞などにのみ発現し，妊娠時の母子間の免疫寛容や腫瘍やウイルスの宿主免疫系からの逃避にかかわる．

▎**遺伝子の構造**　6番染色体の短腕に存在．約4千5百塩基・10エキソン．コードされるタンパク質は338 aa.

▎**主な発現組織と関連疾患**　胎盤の栄養膜細胞，胸腺，樹状細胞に発現する．HLA-A[69位]，B[47位]，C[140位]に比べて遺伝子多型が少ない．喘息や妊娠高血圧腎症との関連が知られている．

▎**主な機能とシグナル経路**　LILRB1, LILRB2などの抑制性受容体と結合し，NK細胞，T細胞，B細胞の活性を阻害する．

参考図書　▶『医系免疫学 改訂16版』（矢田純一／著），中外医学社，2021

がん遺伝子パネル検査対象遺伝子

166位 CASP8
きゃすぷえいと　または　きゃすぺーすえいと

遺伝子名	Caspase 8
タンパク質名	CASP8, Caspase-8
パラログ	*CASP10, CFLAR, PYCARD, CASP14, CASP2, CASP9, CASP1, CASP5* など
オルソログ	🐁- 🐭 *ced-3, csp-1, csp-2* ♠ *Dronc, Decay* 🐟 *casp8* 🦎 *casp8* 🐸 *CASP8* 🐚 *Casp8*

カスパーゼ3[115位]と同様にカスパーゼファミリーのメンバーである．連続的に起こるカスパーゼの活性化の初期段階にかかわるイニシエーターとして機能する．カスパーゼ3に対して作用することが多い．

▎**遺伝子の構造**　2番染色体長腕（q33.1）に存在．約5万4千塩基・9エキソン．コードされるタンパク質は479 aa.

▎**主な発現組織と関連疾患**　全身で発現しており，特に骨髄やリンパ節で高発現．神経変性疾患との関連が示唆．

▎**主な機能とシグナル経路**　カスパーゼは不活性な酵素前駆体として存在し，内部のアスパラギン酸残基でのタンパク質分解により活性化される．FASLG[292位]-FAS[114位]シグナル伝達系などのアポトーシス促進刺激によって誘導される細胞死に関連．

参考図書　▶『がん生物学イラストレイテッド 第2版』（渋谷正史・湯浅保仁／編），羊土社，2019

167位 PRKN

ぴーあーるけーえぬ　または　ぱーきん

遺伝子名	Parkin RBR E3 ubiquitin protein ligase
タンパク質名	E3 ubiquitin-protein ligase parkin
パラログ	RNF14, 19A, 19B, 144A, 144B, 217, ARIH1, 2, ANKIB1
オルソログ	🐛 - 🦠 pdr-1 🪰 park 🐟 prkn 🐸 - 🐔 PRKN 🐭 Prkn

パーキンソン病の原因遺伝子の1つ（PARK2）である. コードされるタンパク質 Parkin は, E3 ユビキチンリガーゼであり, プロテアソーム依存性タンパク質分解に関与する. ミトコンドリア外膜のタンパク質のユビキチン化を行い, ミトコンドリアの品質管理であるマイトファジーを引き起こす.

▌遺伝子の構造　6番染色体の長腕に存在. 約138万塩基, 12エキソン. コードされるタンパク質は 465 aa.

▌主な発現組織と関連疾患　脳, 心臓, 腎臓に多い. *PRKN*の変異はパーキンソン病の原因となる.

▌主な機能とシグナル経路　E3ユビキチンリガーゼであり, 基質タンパク質のユビキチン化を行う.

参考図書　▶『医学のあゆみ マイトファジー ― 基礎から疾患との関連まで』, 医歯薬出版, 2014

168位 CREBBP

くれっぷびーびー

遺伝子名	CREB binding protein
タンパク質名	CTBP1, CBP など
パラログ	CTBP2, SIRT7, LSD1
オルソログ	🐛 Tup1 🦠 CBP-1 🪰 Kismet 🐟 ctbp1 🐸 ctbp1 🐔 ctbp1 🐭 Ctbp1

細胞核内に存在し, CREB[▶271位] とよばれる転写因子と結合し, 遺伝子発現を調節する. DNA 結合タンパク質, ヒストン修飾酵素, クロマチンリモデリング因子と相互作用することで, 転写制御・細胞増殖など多様な機能を有する.

▌遺伝子の構造　16番染色体の短腕に存在. 約15万塩基・33エキソン. コードされるタンパク質は 2,232 aa.

▌主な発現組織と関連疾患　特に脳, 心臓, 腎臓で高発現. がん, 発達障害, 自己免疫疾患, 神経変性疾患にかかわる.

▌主な機能とシグナル経路　転写制御, 細胞増殖, 細胞分化, 細胞死, DNA 修復を担う. Wnt シグナル経路[▶17位], TGF-βシグナル経路[▶7位], p53シグナル経路[▶1位], NF-κB シグナル経路[▶15位]が主.

参考図書　▶『Essential 細胞生物学(原書第5版)』(中村桂子 他／編), 南江堂, 2021

169位 PRKCA
びーあーるけーしーえー

遺伝子名	Protein kinase C alpha
タンパク質名	Protein kinase C alpha type（PKCα）
パラログ	PRKCB, PRKCG
オルソログ	🐛 - 🐛 pkc-2 🪰 Pkc53E 🐟 prkcaa 🐸 prkca 🐔 PRKCA 🐭 Prkca

プロテインキナーゼCのファミリーに属するセリン/スレオニンキナーゼ. Ca^{2+}とジアシルグリセロール（DAG）によって活性化する. 細胞増殖や細胞死, 遊走, 血管新生などを制御している.

▌**遺伝子の構造**　17番染色体の長腕に存在. 約51万塩基・24エキソン. コードされるタンパク質は672 aa.

▌**主な発現組織と関連疾患**　脳で特に発現している. 神経膠腫（グリオーマ）など多くのがんで高発現しており, 悪性化にも関連している.

▌**主な機能とシグナル経路**　受容体タンパク質やGPCRによる脂質分解酵素PLCの活性化により, DAGが産生されることでPKCαが活性化する. PKCαはMAPK経路など複数のシグナル経路を活性化する.

参考図書　▸Black JD, et al：J Biol Chem, 298：102194, doi:10.1016/j.jbc.2022.102194（2022）

170位 CYP3A4
しーわいぴーすりーえーふぉー

遺伝子名	Cytochrome P450 family 3 subfamily A member 4
タンパク質名	Cytochrome P450 3A4, CYP3A4
パラログ	CYP3A7, CYP3A5, CYP3A43
オルソログ	🐛 - 🐛 - 🪰 - 🐟 cyp3a65 🐸 - 🐔 CYP3A5 🐭 Cyp3a13

薬物や毒物の代謝, ホルモン合成に関与するシトクロムP450酵素の1種. CYP3A4は, 現在使用されている薬物の約半数の代謝に関与していると考えられている.

▌**遺伝子の構造**　7番染色体の長腕に存在. シトクロムP450をコードする遺伝子が多く存在する領域となっている. 約2万7千塩基・13エキソン. コードされるタンパク質は503 aa.

▌**主な発現組織と関連疾患**　肝臓, 小腸, 十二指腸で主に発現. ビタミンD依存性くる病との関連が知られている.

▌**主な機能とシグナル経路**　CYP3A4の発現は, 異物応答性の転写因子であるプレグナンX受容体（pregnane X receptor：PXR）によって誘導されることが知られている.

参考図書　▸吉成浩一：薬物代謝酵素がかかわる薬物相互作用. ファルマシア, 50：654-658, doi:10.14894/faruawpsj.50.7_654（2014）

あいでぃーえいちわん
IDH1

がん遺伝子パネル検査対象遺伝子

標的治療薬開発中

遺伝子名	Isocitrate dehydrogenase（NADP(＋)) 1
タンパク質名	Isocitrate dehydrogenase [NADP] cytoplasmic, IDH1
パラログ	IDH2
オルソログ	♥ IDH1 🐌 idh-1 🐛 Idh 🐟 idh1 🔄 idh1 🐔 IDH1 🐁 Idh1

> *IDH1*は，イソクエン酸脱水素酵素をコードする遺伝子である．

■ **遺伝子の構造**　2番染色体長腕(2q34)に存在し，約3万塩基，12エキソン，向きはマイナス．コードされるタンパク質は414 aa.

■ **主な発現組織と関連疾患**　多くの組織で発現が認められるが，発現量は一様ではない．脳腫瘍や急性骨髄性白血病でIDH1のR132H変異が高頻度にみられる．

■ **主な機能とシグナル経路**　IDH1はクエン酸回路において，イソクエン酸をα-ケトグルタル酸へ変換する反応を触媒する．IDH1のR132H変異により2-ヒドロキシグルタル酸(2-HG)が産生する．2-HGはオンコメタボライトとして知られており，DNA脱メチル化酵素の阻害，ヒストン修飾の異常を引き起こすなどエピジェネティックな異常により，がん化が促進される．

参考図書　▶『がん生物学イラストレイテッド 第2版』(渋谷正史・湯浅保仁／編)，羊土社，2019

てぃーぴーしくすてぃーすりー
TP63

がん遺伝子パネル検査対象遺伝子

遺伝子名	Tumor protein p63
タンパク質名	Tumor protein 63（p63)
パラログ	TP53, TP73
オルソログ	♥ - 🐌 - 🐛 - 🐟 tp63 🔄 tp63 🐔 TP63 🐁 Trp63

> *TP63*は，転写因子のp53[1位]ファミリー遺伝子である．

■ **遺伝子の構造**　3番染色体長腕(3q28)に存在し，約30万塩基，17エキソン，向きはプラス．コードされるタンパク質は680 aa. 選択的スプライシング，選択的転写開始により12のアイソフォームが存在している．

■ **主な発現組織と関連疾患**　特に皮膚で高発現であり，食道でも発現がみられる．多発奇形症候群のEEC症候群の原因遺伝子である．p53とは異なり，がんにおいてp63に変異はほとんどみられない．

■ **主な機能とシグナル経路**　皮膚の発生と維持，成体幹細胞/前駆細胞の制御，心臓の発生，早期老化などにおいて機能する．

参考図書　▶『がん生物学イラストレイテッド 第2版』(渋谷正史・湯浅保仁／編)，羊土社，2019

173位 **MUC1**

まっくわん

標的治療薬開発中

遺伝子名	Mucin 1, cell surface associated
タンパク質名	Mucin-1（MUC1），Cancer antigen 15-3など
パラログ	-
オルソログ	○ - 🐛 - 🐟 - 🐁 - ◎ muc1 🐸 - 🐔 Muc1

> 主として上皮細胞に発現する糖タンパク質MUC1をコードする遺伝子.

▌遺伝子の構造　1番染色体長腕(1q22)に存在し，約7千塩基, 11エキソン, 向きはマイナス. コードされるタンパク質は1,255 aa. セリン, スレオニン, プロリンを多く含む20アミノ酸のくり返し配列を有し, そのなかのセリンやスレオニンにO-結合型糖鎖が多数付加されている.

▌主な発現組織と関連疾患　組織特異的で, 胃や肺, 大腸などで発現がみられる. 常染色体顕性遺伝性尿細管間質性腎疾患(ADTKD)の原因遺伝子の1つである. 乳がんの再発や転移に対する腫瘍マーカーCA15-3として検査が行われる.

▌主な機能とシグナル経路　糖鎖構造をもつ粘液タンパク質ムチンとして, 消化管などの粘膜保護や外界からの異物に対する防御を担っている.

 参考図書 ▶『がんの分子標的と治療薬事典』(西尾和人・西條長宏／編), 羊土社, 2010

174位 **E2F1**

いーつーえふわん

遺伝子名	E2F transcription factor 1
タンパク質名	E2F1など
パラログ	E2F2, E2F3, E2F4, E2F5, E2F7, E2F8
オルソログ	○ Swi5 🐛 E2F-1 🐟 E2F 🐁 e2f1 ◎ e2f1 🐸 E2F1 🐔 E2f1

> 細胞増殖と細胞周期制御において重要な役割を担う「細胞増殖の指揮官」. 細胞増殖にかかわるさまざまな遺伝子の発現を促進したり, 促進段階への移行を制御するさまざまなタンパク質と相互作用することで, 細胞周期を精密に制御する.

▌遺伝子の構造　20番染色体の長腕に存在, 約1万塩基・7エキソン. コードされるタンパク質は433 aa.

▌主な発現組織と関連疾患　特に血液細胞, 皮膚で高発現. がん, 自己免疫疾患, 神経変性疾患にかかわる.

▌主な機能とシグナル経路　細胞増殖・細胞周期制御以外にも, DNA修復や細胞死にかかわる. Wntシグナル経路[17位], TGF-βシグナル経路[7位], p53シグナル経路[1位]が主.

 参考図書 ▶『Essential細胞生物学(原書第5版)』(中村桂子 他／編), 南江堂, 2021

175位 MIR146A

みーるわんふぉーしっくすえー または みあわんふぉーしっくすえー

遺伝子名	microRNA 146a
タンパク質名	(非コードRNAなのでタンパク質に翻訳されない)
パラログ	*MIR64B, MIR64C, MIR63D, MIR64E*
オルソログ	○ *MIR6* ○ *mir-64* ○ *miR-64* ○ *miR-64* ○ *miR-64* ○ *miR-64* ○ *miR-64*

マイクロRNA前駆体(pri-miRNA)をコードする遺伝子であり, マイクロRNAの代表格の1つ. 細胞の増殖, 分化, 細胞死, 代謝など, 生命活動の根幹を担うさまざまな生物学的プロセスを調節する重要な役割を担う. さまざまなmRNA標的を標的とし, その翻訳を抑制することで, 細胞の運命を左右する.

■**遺伝子の構造**　5番染色体の長腕に存在, 98塩基・1エキソン. タンパク質はコードされない.

■**主な発現組織と関連疾患**　特に脳, 心臓で高発現. がん, 神経変性疾患, 心臓病にかかわる.

■**主な機能とシグナル経路**　細胞増殖の抑制, 細胞死の促進, DNA損傷修復の活性化にかかわる. PI3K/Aktシグナル経路[▶10位], p53シグナル経路[▶1位], DNA損傷応答シグナル経路[▶14位]が主. 代表的な標的遺伝子は*IRAK1*と*TRAF6*[▶232位].

参考図書　▶『Essential細胞生物学(原書第5版)』(中村桂子 他／編), 南江堂, 2021

176位 ABCG2

えーびーしーじーつー

遺伝子名	ATP binding cassette subfamily G member 2 (JR blood group)
タンパク質名	ATP-binding cassette transporter ABCG2, CDw338
パラログ	-
オルソログ	○ - ○ - ○ - ○ *abcg2b* ○ *abcg2* ○ *ABCG2* ○ *Abcg2*

別名「乳がん耐性タンパク質」ともよばれ, 異物輸送体(トランスポーター)として機能し, 多剤耐性において重要な役割を果たす可能性が示唆されている. 血液内では抗酸化剤として細胞をフリーラジカルなどの酸化剤から守る役割が報告されている.

■**遺伝子の構造**　4番染色体の長腕に存在. 約6万8千塩基・21エキソン. コードされるタンパク質は655 aa.

■**主な発現組織と関連疾患**　小腸や十二指腸で高発現. 尿酸を基質とすることが知られ, *ABCG2*変異は痛風の原因となる.

■**主な機能とシグナル経路**　がん細胞におけるABCG2の発現は, 酸化ストレスへの応答転写因子としても知られるNFE2L2[▶63位]によって調整されることが知られている.

参考図書　▶MedlinePlus：ABCG2 gene：https://medlineplus.gov/genetics/gene/abcg2/
▶薩 秀夫：尿酸の腸管排出を担うABCトランスポーターABCG2. 化学と生物, 59：317-319, doi:10.1271/kagakutoseibutsu.59.317(2021)

177位 PCNA
びーしーえぬえー

遺伝子名	Proliferating cell nuclear antigen
タンパク質名	Proliferating cell nuclear antigen（PCNA）
パラログ	-
オルソログ	🦠 POL30 🐛 pcn-1 🐟 PCNA 🐸 pcna 🐔 pcna 🐁 PCNA 🐀 Pcna

DNAポリメラーゼδの補因子. 足場タンパク質として，DNA複製，DNA損傷，クロマチンリモデリング，エピジェネティック制御に関与するタンパク質をリクルートする.

▌**遺伝子の構造**　20番染色体の短腕に存在. 約5千塩基・7エキソン. コードされるタンパク質は261 aa.

▌**主な発現組織と関連疾患**　全身で発現している. 遺伝子変異は日光角化症（皮膚がんの前がん病変）の原因となる.

▌**主な機能とシグナル経路**　ホモ三量体を形成してDNAを取り囲む. DNA複製の際，DNAポリメラーゼが鋳型鎖から解離することを防ぎ，複製速度を早くする. DNA損傷時にユビキチン化され，RAD6依存性のDNA修復経路（複製後修復）に関与する.

参考図書 ▶『がん生物学イラストレイテッド 第2版』（渋谷正史・湯浅保仁／編），羊土社，2019

178位 EDN1
いーでぃーえぬわん

遺伝子名	Endothelin 1
タンパク質名	Endothelin-1, ET1, Preproendothelin-1（PPET1）
パラログ	EDN2, EDN3
オルソログ	🦠 - 🐛 - 🐟 - 🐸 edn1 🐔 edn1 🐁 EDN1 🐀 Edn1

エンドセリン／サラフォトキシンファミリーに属するペプチド前駆タンパク質をコードしており，分解を経て成熟したペプチドendothelin-1は血管収縮ペプチドとして知られる.

▌**遺伝子の構造**　6番染色体短腕（p24.1）に存在. 約7千塩基・5エキソン. コードされるタンパク質は212 aa.

▌**主な発現組織と関連疾患**　肺，脂肪組織をはじめとした組織で幅広く発現. Auriculocondylar症候群3（ARCND3），Question mark ears（QME）に関連.

▌**主な機能とシグナル経路**　エンドセリン／サラフォトキシンファミリーに属するペプチドの前駆タンパク質をコードしており，このペプチドは強力な血管収縮をもたらす. また，Gタンパク質共役型受容体（GPCR）のエンドセリン受容体であるEDNRAとEDNRBのリガンドとして機能することが推定されている.

参考図書 ▶志甫谷 渉：最新技術で明らかになったエンドセリン受容体の構造と機能. 生化学, 95：571-578（2023）

179位 APOB
あぽびー

遺伝子名	Apolipoprotein B
タンパク質名	Apolipoprotein B-100（ApoB-100），Apolipoprotein B-48（ApoB-48）
パラログ	-
オルソログ	🐛 - 🐝 - 🐟 - 🦗 apoba 🐸 apob 🐔 APOB 🐭 Apob

> 低密度リポタンパク質（LDL）を構成するアポリポタンパク質の一種．apoB-100は肝臓で合成され，LDLに組込まれる．LDLR[199位]はapoB-100を認識してLDLを取り込む．

▌**遺伝子の構造**　2番染色体の短腕に存在．約4万3千塩基・29エキソン．コードされるタンパク質は4,563 aa. apoB-48はapoB-100のmRNAの途中でRNA編集により終止コドンが入ることによりC末端側を欠失している（2,179 aa）．

▌**主な発現組織と関連疾患**　主に肝臓，小腸で発現している．遺伝子変異は家族性低βリポタンパク質血症，家族性高コレステロール血症（ともに常染色体顕性遺伝）の原因となる．

▌**主な機能とシグナル経路**　短いアイソフォームであるapoB-48は小腸で合成され，カイロミクロンに組込まれる．LDLRの認識に必要な領域を欠失しており，肝臓で取り込まれない．

参考図書　▶『すべての診療科で役立つ　栄養学と食事・栄養療法』（曽根博仁／編），羊土社，2018

180位 GRB2
ぐらぶつー

遺伝子名	Growth factor receptor bound protein 2
タンパク質名	GRB2, ASH, Grb3-3, NCKAP2など
パラログ	GRAP, GRAP2, GRAPL, NCK1, SLA, SH2D5など
オルソログ	🐛 PIN3 🐝 Sem-5 🐞 drk 🐟 grb2a, grb2b 🐸 grb2 🐔 GRB2 🐭 Grb2

> 活性化した受容体型チロシンキナーゼのチロシンリン酸化残基へ結合するアダプタータンパク質．Sosなどを介してRas-MAPK経路[21位]などを活性化する．

▌**遺伝子の構造**　17番染色体長腕の末端付近（17q25.1）．約9千塩基．コードされるタンパク質は217 aa.

▌**主な発現組織と関連疾患**　ほぼすべての組織で幅広く発現する．直接疾患の原因になることはないが，がんをはじめとするさまざまな疾患でシグナル伝達を担う重要な遺伝子である．

▌**主な機能とシグナル経路**　SRC homology regions 2（SH2）ドメインとSH3ドメインを有し，SH2ドメインを介して受容体型チロシンキナーゼのチロシンリン酸化部位に結合する．SH3ドメインにSosタンパク質が結合し，RASの活性化を行う．RAS経路を活性化するうえで重要なアダプタータンパク質である．

参考図書　▶Lemmon MA & Schlessinger J：Cell, 141：1117-1134, doi:10.1016/j.cell.2010.06.011（2010）

181位 TNFSF10
てぃーえぬえふえすえふてん

遺伝子名	TNF superfamily member 10
タンパク質名	Tumor necrosis factor ligand superfamily member 10（TNFSF10）
パラログ	CD40LG, FASLG, TNFSF11, TNFSF14, TNFSF15, LTA, LTB, TNF
オルソログ	♡ - ♣ - ♠ - *tnfsf10* ♦ *tnfsf10* ♥ *TNFSF10* ♠ *Tnfsf10*

*TNFSF10*遺伝子にコードされるタンパク質は, 腫瘍壊死因子（TNF）リガンドファミリーに属するサイトカインである. アポトーシスのプロセスを誘導するリガンドとして機能している.

▌**遺伝子の構造** 3番染色体長腕（q26.31）に存在. 約1万8千塩基・5エキソン. コードされるタンパク質は281 aa.

▌**主な発現組織と関連疾患** 全身で発現しており, 特に肺や胎盤で高発現.

▌**主な機能とシグナル経路** 受容体に結合すると（TNF受容体スーパーファミリーに属するいくつかの受容体と結合可能）, イニシエーターのカスパーゼ8[166位]を活性化し, それによって引き起こされるエフェクターのカスパーゼ3[115位]/6/7の活性化がアポトーシスを誘導する.

参考図書 ▶『サイトカイン・増殖因子キーワード事典』（宮園浩平 他／編）, 羊土社, 2015

182位 GHRL
じーえいちあーるえる

遺伝子名	Ghrelin and obestatin prepropeptide
タンパク質名	GHRL, Appetite-regulating hormone
パラログ	-
オルソログ	♡ - ♣ - ♠ - ⊖ - ♦ - ♥ *GHRL* ♠ *Ghrl*

グレリン-オベスタチンプレプロテインをコードしており, 切断されてグレリンとオベスタチンという2つのペプチドを産生する. グレリンは胃から産生されるペプチドホルモンであり食欲増進作用をもつ.

▌**遺伝子の構造** 3番染色体短腕（p25.3）に存在. 約7千3百塩基・6エキソン. コードされるタンパク質は117 aa.

▌**主な発現組織と関連疾患** 胃や十二指腸で高発現. 肥満や摂食障害と関連.

▌**主な機能とシグナル経路** 胃が空になると分泌され, 下垂体前葉やニューロペプチドY含有ニューロンが存在する視床下部弓状核を刺激し食欲を増進させる. 視床下部の成長ホルモン分泌促進物質受容体（グレリン受容体）に結合し, 成長ホルモンの分泌も促進する.

参考図書 ▶『サイトカイン・増殖因子キーワード事典』（宮園浩平 他／編）, 羊土社, 2015

ERCC2
いーあーるしーしーつー

遺伝子名	ERCC excision repair 2, TF II H core complex helicase subunit
タンパク質名	General transcription and DNA repair factor II H helicase subunit XPD
パラログ	RTEL1, BRIP1
オルソログ	🐘 RAD3　🪱 xpd-1　🪰 Xpd　🐟 ercc2　🐸 ercc2　🐔 –　🐭 Ercc2

RAD3/XPDサブファミリーに属するATP依存性5′-3′ヘリカーゼ. 転写共役ヌクレオチド除去修復に関与するTF II H複合体のヘリカーゼとして機能する.

▌遺伝子の構造　19番染色体の長腕に存在. 約2万1千塩基・25エキソン. コードされるタンパク質は760 aa.

▌主な発現組織と関連疾患　全身で発現している. さまざまながんでバリアントが確認されている. 色素性乾皮症(皮膚がんを発症するリスクが高い疾患)やコケイン症候群などさまざまな疾患の発症に関与している.

▌主な機能とシグナル経路　転写を行っているRNAポリメラーゼがDNAの損傷部位で停止した場合に, 損傷部位の二重らせん構造をほどくことで, ヌクレオチドの置き換えを促す.

参考図書　▶『イラストで徹底理解する　シグナル伝達キーワード事典』(山本　雅 他／編), 羊土社, 2012

MIR155
みーるわんふあいぶふあいぶ　または　みあわんふあいぶふあいぶ

遺伝子名	microRNA 155
タンパク質名	(非コードRNAなのでタンパク質に翻訳されない)
パラログ	MIR155A, MIR155B, MIR155C, MIR155D, MIR155E
オルソログ	🐘 –　🪱 mir-72　🪰 miR-7　🐟 miR-7　🐸 miR-7　🐔 miR-7　🐭 miR-7

免疫応答と炎症を制御する重要な役割を果たすマイクロRNA. MIR155は, さまざまな免疫細胞で発現し, 免疫細胞の活性化, 分化, 生存を促進する. また, MIR155は, 炎症性サイトカインやケモカインの発現を促進することで, 炎症反応を促進する.

▌遺伝子の構造　21番染色体の長腕に存在. 64塩基・1エキソン. タンパク質はコードされない.

▌主な発現組織と関連疾患　特に免疫組織, 消化器系で高発現. がん, 感染症, 自己免疫疾患にかかわる.

▌主な機能とシグナル経路　免疫細胞の活性化, 分化, 生存, 炎症反応の促進にかかわる. NF-κBシグナル経路[▶15位], STAT3シグナル経路[▶12位], TLRシグナル経路[▶25位, 74位]が主. 代表的な標的遺伝子はIRAK3, TAB2, INPP5D(SHIP-1をコード)など.

参考図書　▶『Essential細胞生物学(原書第5版)』(中村桂子 他／編), 南江堂, 2021

185位 **RUNX1**

らんくすわん

遺伝子名	RUNX family transcription factor 1
タンパク質名	RUNX1など
パラログ	*RUNX2, RUNX3*
オルソログ	♥ *HAP1* 🐛 *mab-1* 🐝 *runt* 🐟 *runx1* 🐸 *xrunt* 🐭 *RUNX1* 🐀 *Runbx1*

骨形成と造血を制御する重要な役割を果たす転写因子. 骨細胞の分化, 成熟, 機能維持に必須であり, 造血幹細胞の増殖, 分化, 維持にも関与する. また, 免疫応答や腸内環境制御にも重要な役割を果たし, RUNX1の機能異常はさまざまな疾患の発症と進行に関与する.

▌遺伝子の構造 21番染色体の長腕に存在, 約260万塩基・12エキソン. コードされるタンパク質は498 aa.

▌主な発現組織と関連疾患 特に骨組織, 造血組織で高発現. 骨形成異常, 造血異常, 免疫異常にかかわる.

▌主な機能とシグナル経路 骨形成の促進, 造血幹細胞の維持, 免疫応答の制御にかかわる. Wntシグナル経路[▶17位], BMPシグナル経路[▶275位], NOTCHシグナル経路[▶75位], NF-κBシグナル経路[▶15位]が主.

参考図書 ▶『Essential細胞生物学(原書第5版)』(中村桂子 他/編), 南江堂, 2021

186位 **PTPN11**

びーてぃーぴーえぬいれぶん

> **がん遺伝子パネル検査対象遺伝子**

遺伝子名	Protein tyrosine phosphatase non-receptor type 11
タンパク質名	SHP2, NS1, PTP2C, NS1, BPTP3, PTP-1Dなど
パラログ	*PTPN6, PTPRF, PTPRD, PTPRS, PTPRM*など
オルソログ	♥ - 🐛 *ptp-2* 🐝 *csw* 🐟 *ptpn11a* 🐸 *Str . 16002* 🐭 *PTPN11* 🐀 *Ptpn11*

プロテインチロシンホスファターゼ(PTP)ファミリーに属する遺伝子であり, SHP2として知られている. ピロリ菌*Helicobacter pylori*の病原性因子であるCagAと相互作用し, 発がんに寄与すると考えられている. K-Ras[▶21位]活性を制御する遺伝子としても注目されている.

▌遺伝子の構造 12番染色体長腕(17q24.13). 約9万1千塩基. コードされるタンパク質は593 aa.

▌主な発現組織と関連疾患 ほぼすべての組織で幅広く発現する. SHP2の活性化型変異は乳がん, グリオーマ, 大腸がん, 肺がんなどさまざまながんで見つかっている. ヌーナン症候群や軟骨症, LEOPARD症候群などに関与する.

▌主な機能とシグナル経路 2つのSRC homology regions 2(SH2)ドメインをもち, 受容体型チロシンキナーゼのリン酸化チロシン残基などに結合する. 下流のRAS-MAPK経路やPI3K-AKT経路[▶10位]などを活性化する.

参考図書 ▶Kong J & Long YQ:RSC Med Chem, 13:246-257, doi:10.1039/d1md00386k(2022)

187位 MSH2
えむえすえいちつー

遺伝子名	MutS homolog 2
タンパク質名	DNA mismatch repair protein Msh2, MSH2
パラログ	*MSH3*
オルソログ	*MSH2* *msh-2* *spel1* *msh2* *msh2* *MSH2* *Msh2*

複製後DNAミスマッチ修復システムの構成要素MSH2. ミスマッチ修復機能欠損(dMMR)検査の対象の1つ. ミスマッチを探索, 認識する. ほかに転写共役修復, 相同組換え, 塩基除去修復など, 異なる様式のDNA修復に関与している.

▌**遺伝子の構造**　2番染色体の短腕に存在. 約8万塩基・46エキソン. コードされるタンパク質は934 aa. 複数のアイソフォームが存在している.

▌**主な発現組織と関連疾患**　全身で発現している. さまざまながんでエピジェネティックな制御により, 発現が低下している. リンチ症候群(がんを発症するリスクが高い遺伝性疾患)で頻繁に変異する遺伝子座.

▌**主な機能とシグナル経路**　MSH3とヘテロ複合体(MutSβ)を形成して, DNAのミスマッチ塩基を探索する. MSH6とヘテロ複合体(MutSα)を形成して, DNAの長い欠失や欠失ループを探索する.

 参考図書　▶『がんゲノムペディア』(柴田龍弘／編), 羊土社, 2024

188位 ABL1
えいぶるわん　または　えーびーえるわん

遺伝子名	ABL proto-oncogene 1, non-receptor tyrosine kinase
タンパク質名	Tyrosine-protein kinase ABL1
パラログ	*ABL2*
オルソログ	- *abl-1* *Abl* *abl1* *abl1* *ABL1* *Abl1*

*ABL1*は, 非受容体型チロシンキナーゼをコードするがん原遺伝子である.

▌**遺伝子の構造**　9番染色体長腕(9q34.12)に存在し, 約17万5千塩基, 12エキソン, 向きはプラス. コードされるタンパク質は1,130 aa.

▌**主な発現組織と関連疾患**　多くの組織で幅広く発現している. ABL1の生殖細胞変異により先天性心不全・骨格奇形症候群が引き起こされる. 慢性骨髄性白血病では, 9番染色体と22番染色体が転座して発生したフィラデルフィア染色体上の, キメラ融合遺伝子BCR::ABL1が産生するチロシンキナーゼが, 発症や病態形成に関与している.

▌**主な機能とシグナル経路**　細胞分裂, 接着, 分化, ストレスへの応答など, さまざまな細胞プロセスに関与する.

参考図書　▶『がんゲノムペディア』(柴田龍弘／編), 羊土社, 2024

189位 CDK2
しーでぃーけーつー

遺伝子名	Cyclin-dependent kinase 2
タンパク質名	Cyclin-dependent kinase 2(CDK2)
パラログ	CDK1, CDK3, CDK4, CDK5, CDK6, CDK7
オルソログ	CDC28 🐛 cdk-2 🐝 Cdk2 🐟 cdk2 🐸 cdk2 🐔 CDK2 🐭 Cdk2

> CDK2は細胞周期のG1期からS期への移行を制御するセリン/スレオニンキナーゼであり，細胞分裂と増殖に重要な役割を果たす．主にサイクリンEと複合体を形成し，DNA複製を促進する．

■ **遺伝子の構造**　12番染色体長腕q13.2，約6千塩基，8エキソン，タンパク質は298 aa.

■ **主な発現組織と関連疾患**　CDK2は増殖中の細胞に広く発現し，特に腫瘍細胞で高発現する．

■ **主な機能とシグナル経路**　DNA複製開始と細胞分裂に関与する．CDK2は主にサイクリンEと複合体を形成し，細胞周期のG1からS期への移行を促進する．

参考図書 ▶『カラー図説 細胞周期 — 細胞増殖の制御メカニズム』(David O Morgan／著，中山敬一・中山啓子／監訳)，メディカル・サイエンス・インターナショナル, 2008

190位 VHL
ぶいえいちえる

がん遺伝子パネル検査対象遺伝子

二次的所見開示リスト対象遺伝子

遺伝子名	von Hippel-Lindau tumor suppressor
タンパク質名	VHL
パラログ	-
オルソログ	- 🐛 - 🐝 von Hippel-Lindau 🐟 vhl 🐸 vhl 🐔 VHL 🐭 Vhl

> 遺伝性の常染色体顕性症候群であるフォンヒッペル・リンドウ(von Hippel-Lindau：VHL)病の原因遺伝子として知られるがん抑制遺伝子．正常に働いていれば細胞の増殖を抑える．

■ **遺伝子の構造**　3番染色体短腕末端(p25.3)に存在．約1万2千塩基・3エキソン．コードされるタンパク質は213 aa.

■ **主な発現組織と関連疾患**　特にリンパ節で高発現．フォンヒッペル・リンドウ病の原因遺伝子．

■ **主な機能とシグナル経路**　VHLタンパク質はE3ユビキチン-タンパク質リガーゼ複合体の基質サブユニットとして機能し，HIF-1α[9位]のユビキチン化と分解に関与している．

参考図書 ▶厚生労働科学研究費補助金 難治性疾患政策研究事業「フォン・ヒッペル・リンドウ病における実態調査・診療体制構築とQOL向上のための総合的研究」：フォン・ヒッペル・リンドウ病診療の手引き(2024年版)：https://www.vhl-japan.com/wp-content/uploads/2024/04/vhl-japan_guideline2024.pdf

191位 *SMAD4*

えすまっどふぉー または すまっどふぉー

遺伝子名	SMAD family member 4
タンパク質名	SMAD4など
パラログ	*SMAD2, SMAD3*
オルソログ	*Mat2* *MAD* *Mad* *smad4* *smad4* *SMAD4* *Smad4*

細胞増殖, 分化, 形態形成, 細胞死など, さまざまな細胞機能を調節するTGF-β[7位]シグナル伝達において重要な役割を果たす転写因子. TGF-βは多機能なサイトカインであり, SMAD4はTGF-βシグナルを細胞核に伝達し, 遺伝子発現を調節する.

▌**遺伝子の構造** 18番染色体の長腕に存在. 約8万塩基・14エキソン. コードされるタンパク質は498 aa.

▌**主な発現組織と関連疾患** 特に上皮組織, 免疫組織で高発現. がん, 自己免疫疾患, 線維症にかかわる.

▌**主な機能とシグナル経路** 細胞増殖の制御, 細胞分化の制御, 細胞死の誘導にかかわる. TGF-βシグナル経路[7位], BMPシグナル経路[275位], Wntシグナル経路[17位], Notchシグナル経路[75位]が主. SMAD4は共通メディエーターとして機能し, ファミリーのなかで特に重要である.

参考図書 ▶『Essential 細胞生物学（原書第5版）』（中村桂子 他／編）, 南江堂, 2021

192位 *IL2*

あいえるつー または いんたーろいきんつー

遺伝子名	Interleukin 2
タンパク質名	IL-2
パラログ	-
オルソログ	- - - - - - *Il2*

CD4陽性T細胞やCD8陽性T細胞, 樹状細胞, NK細胞から分泌されるサイトカイン. ヘルパー・細胞傷害性・制御性T細胞の増殖を促進する. IL-4, IL-7, IL-9, IL-15, IL-21, エリスロポエチン, トロンボポエチンとともにIL-2サイトカインサブファミリーを構成する.

▌**遺伝子の構造** 4番染色体の長腕に存在. 約5千塩基・4エキソン. コードされるタンパク質は153 aa.

▌**主な発現組織と関連疾患** 血液, 脾臓, リンパ節, 小腸などに高発現. さまざまなアレルギー疾患や自己免疫疾患に関与する.

▌**主な機能とシグナル経路** IL-2受容体はα, β, γ鎖で構成され, 単・二・三量体をとる. IL-2の結合によりJAK-STAT経路[12位], PI3K-AKT-mTOR経路[33位], MAPK経路[41位]が活性化し, cyclin D2やBCL2[44位]の転写に至る.

参考図書 ▶『サイトカイン・増殖因子キーワード事典』（宮園浩平 他／編）, 羊土社, 2015

193位 *HSPA4*
えいちえすぴーえーふぉー

遺伝子名	Heat shock protein family A (Hsp70) member 4
タンパク質名	Heat shock 70kDa protein 4, HSP70RY, APG-2, HSPH2
パラログ	*HSPA4L, HSPH* など多数
オルソログ	- *hsp-110* *Hsc70Cb* *hspa4a/b* *hspa4* *HSPA4* *Hspa4*

Heat shock protein 70ファミリーのメンバーであり，タンパク質のフォールディングにかかわる分子シャペロンである．

▌遺伝子の構造 5番染色体長腕(q31.1)に存在．約5万4千塩基・19エキソン．コードされるタンパク質は840 aa.

▌主な発現組織と関連疾患 精巣，食道をはじめとしたさまざまな組織で発現．2型糖尿病などのバイオマーカーとして知られる．

▌主な機能とシグナル経路 シャペロンを介したタンパク質複合体の形成などに関連し，細胞質，およびエキソソームに存在する．

参考図書 ▶『分子シャペロン ── タンパク質に生涯寄り添い介助するタンパク質』(仲本 準／著)，コロナ社，2019

194位 *CFH*
しーえふえいち

遺伝子名	Complement factor H (CFH), FH, CFHL3など
タンパク質名	CFH
パラログ	*C6, SUSD6, APOH, C8A* など39種類
オルソログ	- - - - - -

補体阻害因子として機能する遺伝子で，補体系の活性を抑制することによって免疫反応を調整する．

▌遺伝子の構造 1番染色体の長腕(q31.3)に存在，約4千塩基・23エキソン．コードされるタンパク質は1,231 aa. 39種のアイソフォームをもつ．

▌主な発現組織と関連疾患 肝臓や胆嚢で主に発現している．多型は加齢黄斑変性や溶血性尿毒症症候群に関連している．

▌主な機能とシグナル経路 可溶性の補体阻害因子は複数あるなかで，CFHは主要なものとして機能する．C3b[296位]と結合し，以降の補体活性化経路の活性化を抑制し，細胞表面への補体の集積を調整する．

参考図書 ▶ Parente R, et al：Cell Mol Life Sci, 74：1605-1624, doi:10.1007/s00018-016-2418-4 (2017)

195位 CSNK2A1

しーえすえぬけーつーえーわん

標的治療薬あり

遺伝子名	Casein kinase II alpha 1
タンパク質名	Casein kinase II subunit alpha
パラログ	CSNK2A2
オルソログ	CKA1 🐛 kin-3 🐝 CkIIα 🐟 csnk2a1 🐸 csnk2a1 🐔 CSNK2A1 🐁 Csnk2a1

CSNK2A1のコードするタンパク質はカゼインキナーゼ2のサブユニットの1つで, セリン/スレオニンキナーゼである. 多数の基質に対する広範な作用が特徴で, 細胞増殖およびアポトーシスの調節などで重要な役割を果たす.

▌遺伝子の構造　20番染色体短腕p13, 約7万1千塩基, 14エキソン, タンパク質は391 aa.

▌主な発現組織と関連疾患　CSNK2A1は広範な組織で発現する. 遺伝子変異はOkur-Chung神経発達症候群の原因となる.

▌主な機能とシグナル経路　多様な基質をリン酸化し, 細胞周期調節, 転写調節, シグナル伝達経路などのプロセスに関与する. 特にp53[1位]タンパク質のリン酸化を通じてDNA修復やアポトーシスを促進する.

参考図書　▶本間美和子:細胞周期におけるCasein Kinase 2(CK2)機能. 日女性科学者の会学誌, 9:8-12(2008)

196位 LCN2

えるしーえぬつー

遺伝子名	Lipocalin 2(LCN2), p25, 24p3, MSFI, NGAL
タンパク質名	LCN2
パラログ	LCN1, LCN12, LCN15, LCN9, PAEP, OBP2A, LCN19, OTGDSなど12種
オルソログ	🐛 - 🐝 - 🐟 - 🐸 - 🐔 - 🐁 Lcn2

分泌性の糖タンパク質であり, 疎水性リガンドの輸送, 鉄ホメオスタシスの調節, 免疫反応の制御, 細胞増殖の促進など, さまざまな生物学的機能を有する.

▌遺伝子の構造　9番染色体の長腕(q34.11)に存在, 約8百塩基・7エキソン. コードされるタンパク質は198 aa.

▌主な発現組織と関連疾患　主に胆嚢, 骨髄で高発現している. 炎症性疾患, 腎障害, 糖尿病において発現亢進がみられるほか, LCN2の高発現はがんと関連があるとされている.

▌主な機能とシグナル経路　好中球やマクロファージから分泌され, 鉄輸送体(シデロフォアなど)との相互作用を介して抗菌作用を示す. 疎水性リガンド(ステロイドなど)の輸送にかかわるほか, がん遺伝子-24p3としても知られるように, PI3K経路を介した細胞増殖の促進作用なども有する.

参考図書　▶Bao Y, et al:Biomed Pharmacother, 171:116091, doi:10.1016/j.biopha.2023.116091(2024)

197位 PLK1
びーえるけーわん

標的治療薬あり

遺伝子名	Polo-like kinase 1
タンパク質名	Polo-like kinase 1, Serine/threonine-protein kinase PLK1
パラログ	*PLK2, PLK3, PLK4*
オルソログ	🦠 *CDC5* 🐛 *plk-1* 🪰 *polo* 🐟 *plk1* 🐸 *plk1* 🐔 *PLK1* 🐭 *Plk1*

PLK1は細胞分裂の複数の段階, 特に有糸分裂において中心的な役割を果たすセリン/スレオニンキナーゼである. がん細胞で高発現し, 腫瘍形成に寄与する.

▌**遺伝子の構造**　16番染色体短腕p12.2, 約1万1千塩基, 10エキソン, タンパク質は603 aa.

▌**主な発現組織と関連疾患**　PLK1は増殖中の細胞で広く発現し, 主にM期に高発現する. さまざまながん細胞で高発現することから, 抗がん剤の標的として研究されている.

▌**主な機能とシグナル経路**　PLK1はサイクリンB1のリン酸化を通じて細胞周期の進行を促進し, G2/M期の移行を制御する.

参考図書　▶平井 洋 他:細胞周期を標的とした抗がん薬開発. 日薬理誌, 133:27-31(2009)

198位 HSPA8
えいちえすぴーえーえいと

標的治療薬あり

遺伝子名	Heat shock protein family A (Hsp70) member 8
タンパク質名	Heat shock cognate 71kDa protein, Heat shock 70kDa protein 8
パラログ	*HSPA2, HSPA1B, HSPA1A, HSPA1L, HSPA6, HSPA5*など多数
オルソログ	🦠 - 🐛 *hsp-70* 🪰 *Hsc70Cb* 🐟 *hspa8* 🐸 *hspa8* 🐔 *HSPA8* 🐭 *Hspa8*

Heat shock protein 70ファミリーのメンバーであり, 構成的に発現している特徴をもつことから "heat shock cognate protein" ともよばれる.

▌**遺伝子の構造**　11番染色体長腕(q24.1)に存在. 約5千7百塩基・9エキソン. コードされるタンパク質は646 aa.

▌**主な発現組織と関連疾患**　脳, 腎臓をはじめとしたさまざまな組織で発現.

▌**主な機能とシグナル経路**　分子シャペロンとして機能し, 新生ポリペプチドのフォールディングに関与するほか, クラスリン被覆小胞を分解するATPアーゼとしても機能する.

参考図書　▶『分子シャペロン ─ タンパク質に生涯寄り添い介助するタンパク質』(仲本 準／著), コロナ社, 2019

199位 LDLR
えるでぃーえるあーる

遺伝子名	Low density lipoprotein receptor
タンパク質名	Low density lipoprotein receptor（LDLR）
パラログ	LRP8, VLDLR
オルソログ	🦠 - 🐛 - 🐟 - 🐭 ldlr 🐸 ldlr 🐔 - 🐄 Ldlr

細胞表面に局在する低密度リポタンパク質（LDL）受容体. コレステロールを含むLDLを細胞内に取り込む. LDL表面のapoB-100[179位]を認識している. 血中のコレステロール濃度を制御している.

▌遺伝子の構造 19番染色体の短腕に存在. 約4万4千塩基・19エキソン. コードされるタンパク質は860 aa.

▌主な発現組織と関連疾患 肝臓や副腎で強く発現している. 遺伝子変異は家族性低βリポタンパク質血症, 家族性高コレステロール血症（ともに常染色体顕性遺伝）の原因となる.

▌主な機能とシグナル経路 細胞内コレステロール濃度を感知するSREBPにより発現が制御されている. 細胞表面でPCSK9[262位]が結合すると, 細胞内に取り込まれて分解される. ウイルス感染時の受容体としても利用されている.

参考図書 ▶『糖尿病の分子標的と治療薬事典』（春日雅人／監, 綿田裕孝・松本道宏／編）, 羊土社, 2013

200位 FGF2
えふじーえふつー

標的治療薬あり

遺伝子名	FGF2
タンパク質名	Fibroblast growth factor 2（FGF2）, Heparin-binding growth factor 2, BFGF
パラログ	FGF1, 3〜14, 16〜23
オルソログ	🦠 - 🐛 - 🐟 - 🐭 fgf2 🐸 - 🐔 BFGF, FGF2 🐄 Fgf2

FGF2は皮膚, 血管, 筋肉, 脂肪, 腱, 靱帯, 軟骨, 骨, 歯, 神経などに細胞増殖, 遊走, 分化, 血管新生を誘導する因子である. 強いマイトジェンであり, 成長, 創傷治癒に関与する.

▌遺伝子の構造 4番染色体長腕に存在. 約3万6千塩基, 3エキソン, 18 kDa, 288 aaのタンパク質をコードする.

▌主な発現組織と関連疾患 胎児発生に関与する. 血管内皮, 平滑筋に強く作用し動脈硬化など血管病変に関与する. また, 免疫においてはT細胞, マクロファージに作用し組織に浸潤させる.

▌主な機能とシグナル経路 FGF2はER-ゴルジ体経路を経ずに細胞膜から直接細胞外に放出される. FGF2受容体[264位, 293位]と結合しPKC[169, 289位]/PLCγ, PI3K/Akt[10位], RAS/MAPK[41位]経路を介し作用する.

参考図書 ▶『もっとよくわかる！線維化と疾患』（菅波孝祥 他／編）, 羊土社, 2023

QUIZ

左の遺伝子から翻訳されるタンパク質は右のうちどれでしょうか？

遺 伝 子	タンパク質
ADRB2	β2アドレナリン受容体
AGT	JNK
CDKN1B	p27KIP1
DRD2	p62
GHRL	PD-1
KDR	SHP2
LMNA	TDP-43
MAPK8	VEGFR2
NR3C1	アンジオテンシノーゲン
PDCD1	グルココルチコイド受容体
PRKN	グレリン
PTPN11	ドパミンD2受容体
SQSTM1	パーキン
TARDBP	ラミンA

正解

ADRB2—β2アドレナリン受容体　AGT—アンジオテンシノーゲン　CDKN1B
—p27KIP1　DRD2—ドパミンD2受容体　GHRL—グレリン　KDR—VEGFR2
LMNA—ラミンA　MAPK8—JNK　NR3C1—グルココルチコイド受容体　PDCD1
—PD-1　PRKN—パーキン　PTPN11—SHP2　SQSTM1—p62　TARDBP—TDP-43

170 ｜ 論文に出る遺伝子 デルジーン300

えすえるしーしっくすえーすりー
201位 SLC6A3

遺伝子名	Solute carrier family 6 member 3
タンパク質名	Sodium-dependent dopamine transporter（DAT）
パラログ	SLC6A2
オルソログ	- ❀ dat-1 ❀ DAT 🐟 slc6a3 🐸 slc6a3 🐔 SLC6A3 🐁 Slc6a3

Na^+/Cl^-依存性神経伝達物質トランスポーターファミリーに属するドパミントランスポーターをコードする．ドパミンの再取り込みを担い，シナプス間隙のドパミン濃度を調節する重要な役割を果たす．遺伝子多型がさまざまな神経精神疾患と関連することが示唆されている．

▮**遺伝子の構造** 染色体5p15.33に位置し，15エキソンからなる．3′ UTRに40塩基対の可変数タンデムリピート（VNTR）があり，3〜11回の反復がみられる．

▮**主な発現組織と関連疾患** 主に中脳黒質や腹側被蓋野のドパミン作動性ニューロンで発現する．関連疾患には，特発性てんかん，注意欠陥多動性障害（ADHD），アルコールおよびコカイン依存症，パーキンソン病，ニコチン依存症などがある．

▮**主な機能とシグナル経路** 主な機能は，シナプス間隙からのドパミンの再取り込みである．Na^+/Cl^-の濃度勾配を利用して，細胞外のドパミンを細胞内に輸送する．

> 参考図書 ▶ Kurian MA, et al：J Clin Invest, 119：1595-1603, doi:10.1172/JCI39060（2009）

えふえむあーるわん
202位 FMR1

遺伝子名	Fragile X messenger ribonucleoprotein 1
タンパク質名	Fragile X messenger ribonucleoprotein 1, FMRP
パラログ	FXR1, FXR2
オルソログ	❀ - ❀ - ❀ Fmr1 🐟 fmr1 🐸 fmr1 🐔 FMR1 🐁 Fmr1

5′ 非翻訳領域（5′ UTR）のCGGリピートが200以上の時，DNAメチル化の亢進による発現抑制による機能喪失機構により脆弱X症候群（FXS）をきたす．55〜200リピートの時，毒性機能獲得機構で脆弱X随伴振戦/運動失調症候群（FXTAS），脆弱X関連早期卵巣不全（FXPOI）の原因となる．

▮**遺伝子の構造** X染色体の長腕に存在．約3万9千塩基，17エキソン．コードされるタンパク質は632 aa．5′ UTRにCGGリピート配列をもち，その周囲約千塩基はCpGアイランドとなっている．

▮**主な発現組織と関連疾患** 全身に発現するが脳に多い．CGGリピートの長さによってFXS，FXTAS, FXPIOの原因となる．

▮**主な機能とシグナル経路** コードされるタンパク質のFMRPはmRNAと結合し翻訳を抑制する．

> 参考図書 ▶『実験医学増刊 セントラルドグマの新常識』（田口英樹 他／編），羊土社，2022

203位 PSEN1
びーせんわん

遺伝子名	Presenilin1
タンパク質名	Presenilin
パラログ	PSEN2
オルソログ	○ - ● sel-12 ● Psn ● psen1 ● psen1 ● PSEN1 ● Psen1

アルツハイマー病の原因遺伝子の1つである．コードされるタンパク質はγセクレターゼの構成成分であり，アミロイド前駆タンパク質を分解しアミロイドβ[20位]の産生に関与する．γセクレターゼ阻害薬はアルツハイマー病の治療薬候補であったが有効性は示されなかった．

■ **遺伝子の構造**　14番染色体の長腕に存在．約8万7千塩基，12エキソン．コードされるタンパク質は467 aa.

■ **主な発現組織と関連疾患**　全身に発現するが，脳，腸に多い．*PSEN1*変異はアルツハイマー病の原因となる．

■ **主な機能とシグナル経路**　コードされるタンパク質はγセクレターゼの構成成分であり，アミロイドβの産生に関与する．

参考図書　▶『実験医学増刊 認知症 発症前治療のために解明すべき分子病態は何か？』（森 啓／編），羊土社，2017

204位 MIF
えむあいえふ

遺伝子名	Macrophage migration inhibitory factor（MIF），GIF, GLIF, MMIF
タンパク質名	MIF
パラログ	DDT, DDL
オルソログ	○ - ● mif-1 ● - ● mif ● mif ● MIF ● Mif

炎症性サイトカインの一種であり，さまざまな免疫関連の受容体と結合することによって炎症や免疫反応の制御にかかわる．

■ **遺伝子の構造**　22番染色体の長腕(q11.23)に存在．約5百6十塩基・3エキソン．コードされるタンパク質は115 aa.

■ **主な発現組織と関連疾患**　主にB細胞，T細胞，単球，マクロファージなどで産生される．さまざまな組織で発現しているが，腎臓と前立腺で高発現している．全身型若年性関節リウマチに関連している．

■ **主な機能とシグナル経路**　炎症性サイトカインの一種であり，CD44[87位]/CD74, CXCR4[50位]，CXCR2といったさまざまな受容体と結合して，細胞内のPI3K経路やMAP3K経路を活性化することで，炎症や免疫反応制御にかかわっている．

参考図書　▶Noe JT & Mitchell RA：Front Immunol, 11：609948, doi:10.3389/fimmu.2020.609948（2020）

205位 *FN1*
えふえぬわん

遺伝子名	FN1
タンパク質名	Fibronectin 1（FN1）
パラログ	*TNC, TNXB, TNN, TNR, ANGPT1, 2, 4, FIBCD1, FNDC7, ANGPTL1〜7, FGA, B, G, FGL1, L2, FCN1〜3, MFAP4*
オルソログ	🦠 - 🐛 - 🐟 - *fn1a, 1b, FN1, col12a1b, fn1* 🐁 - 🐭 *FN1* 🐄 *Fn1*

> ファイブロネクチン1（FN1）は細胞外マトリクス（ECM）に豊富に存在し，ヘパリン，フィブリン，テネイシン，コラーゲン▶212位，シンデカン4などのECMタンパク質，IGF▶55位，TGF-β▶7位などの増殖因子，MMPs，インテグリン▶90位，フィブリノーゲン，細菌，ウイルスに結合する．

■ **遺伝子の構造**　2番染色体長腕に存在，48エキソンからなり，7千9百塩基のmRNAに転写され，220 kDa, 2,477 aaのタンパク質をコードする．

■ **主な発現組織と関連疾患**　全身で発現がみられ，発生，再生，創傷治癒，接着，遊走，増殖に関与し，線維症，がんでは発現亢進がみられる．

■ **主な機能とシグナル経路**　FN1はC末端でSS結合による二量体を形成し，接着斑においては細胞骨格につながるインテグリンと結合し力学的センシングを行う．

 参考図書　▶『がん生物学イラストレイテッド 第2版』（渋谷正史・湯浅保仁／編），羊土社，2019

206位 *PIK3R1*
びーあいけーすりーあーるわん　または　ぴっくすりーあーるわん

遺伝子名	Phosphoinositide-3-kinase regulatory subunit 1
タンパク質名	p85, AGM7, GRB1, p85-alpha, IMD36など
パラログ	*PIK3R2, PIK3R3*
オルソログ	🦠 - 🐛 *aap-1* 🐟 *Pi3K21B* 🐸 *pik3r1* 🐁 *pik3r1* 🐭 *PIK3R1* 🐄 *Pik3r1*

> ホスファチジルイノシトール-3キナーゼ（PI3K）調節サブユニット p85α として機能する．PI3K触媒サブユニット p110α（*PIK3CA*）▶67位活性の阻害および安定化を行う．

■ **遺伝子の構造**　5番染色体長腕（5q13.1），約8万6千塩基．コードされるタンパク質は724 aa．

■ **主な発現組織と関連疾患**　ほぼすべての組織で幅広く発現する．がん抑制的な機能をもつため，機能喪失型の変異が確認されている．リンパ増殖症を伴う免疫不全症などに関与する．

■ **主な機能とシグナル経路**　p110α（*PIK3CA*）と複合体を形成し，PI3K として機能する．PTEN▶23位に直接結合し，PTEN のホスファターゼ活性制御や AKT-mTOR 経路▶33位の活性化を行う．

 参考図書　▶Vasan N & Cantley LC：Nat Rev Clin Oncol, 19：471-485, doi:10.1038/s41571-022-00633-1（2022）

えいちびーびー
HBB

標的治療薬あり

遺伝子名	Hemoglobin subunit beta
タンパク質名	Hemoglobin subunit beta, Beta-globin, Hemoglobin beta chain
パラログ	HBD, HBE1, HBG2, HBG1, HBA2, HBA1, HBQ1, HBZ, HBM, MB, CYGB
オルソログ	♡ - 🐛 glb-34 🐝 glob1 🐟 hbaa1, hbae5 🐸 GBE 🐔 - 🐭 Hbb-bs

成人ヘモグロビンHbAを構成する4つのグロビン（α鎖2つとβ鎖2つ）のうち，βグロビンのポリペプチド鎖をコードする．さまざまな末梢組織への酸素の運搬に関与している．

▌**遺伝子の構造**　11番染色体短腕(p15.4)に存在．約4千塩基・3エキソン．コードされるタンパク質は147 aa.

▌**主な発現組織と関連疾患**　骨髄で主に発現．HBB の変異，もしくは欠失は，βグロビンのポリペプチド鎖合成の低下をもたらす．その結果，HbA の産生に障害を引き起こし，異常ヘモグロビン症であるβサラセミアを引き起こす．また，鎌状になる変異型のβグロビンは鎌状赤血球症を引き起こす．

▌**主な機能とシグナル経路**　αグロビンの遺伝子座(HBA1, HBA2)とともに，成人ヘモグロビンHbA の構造を決定し，酸素運搬に関与する．

参考図書　▸Higgs DR, et al：Blood, 73：1081-1104（1989）

えむびーえるつー
MBL2

遺伝子名	Mannose binding lectin 2（MBL2），MBP など
タンパク質名	MBL2
パラログ	-
オルソログ	♡ - 🐛 - 🐝 - 🐟 mbl2 🐸 mbl2 🐔 MBL2 🐭 Mbl2

自然免疫反応の調節を担う，マンノース結合レクチンの一種で，N アセチルグルコサミンやマンノースと結合する．

▌**遺伝子の構造**　10番染色体の長腕(q21.1)に存在．約3千5百塩基・5エキソン．コードされるタンパク質は248 aa.

▌**主な発現組織と関連疾患**　肝臓で発現している．MBL2の多型と結核の感受性の関連が報告されている．

▌**主な機能とシグナル経路**　多くの微生物がもつN アセチルグルコサミンやマンノースと結合しし，補体経路の活性化を介して炎症反応を誘導する．

参考図書　▸Guo Z, et al：Front Immunol, 13：1017467, doi:10.3389/fimmu.2022.1017467（2022）

209位 GJB2

じーじぇーびーつー

遺伝子名	Gap junction protein, beta 2
タンパク質名	Gap junction beta-2 protein（GJB2）, Connexin 26
パラログ	GJB1, GJB3, GJB4, GJB5, GJB6
オルソログ	🐛 - 🦟 - 🐟 - gjb2 🐸 gjb2 🐔 GJB2 🐭 Gjb2

GJB2はギャップ結合を形成するタンパク質である．特に聴覚の機能に重要であり，遺伝性難聴の主要な原因遺伝子である．コネキシン26としても知られる．

▎**遺伝子の構造**　13番染色体長腕q12.11，約5千5百塩基，2エキソン，タンパク質は226 aa.

▎**主な発現組織と関連疾患**　GJB2は内耳や皮膚などで高発現し，特に聴覚機能に重要．遺伝性難聴や皮膚疾患に関連する．

▎**主な機能とシグナル経路**　GJB2はギャップ結合を介した細胞間のイオンおよび小分子の交換を調節する．これにより，内耳でのK^+再循環や皮膚のバリア機能が維持される．機能欠損により，細胞間のコミュニケーションが障害され，聴覚や皮膚の異常を引き起こす．

参考図書 ▶神谷和作：蝸牛ギャップ結合を標的とした遺伝性難聴の創薬と治療法の開発．Otol Jpn, 28：79-81（2018）

210位 PRNP

ぴーあーるえぬぴー

遺伝子名	Prion protein
タンパク質名	Major prion protein
パラログ	-
オルソログ	🐛 - 🦟 - 🐟 - prnpa 🐸 prnp 🐔 PRNP 🐭 Prnp

コードされるタンパク質であるプリオンはタンパク質の感染粒子を意味し，異常プリオンを原因とする疾患はプリオン病とよばれる．ヒトのクロイツフェルトヤコブ病，ゲルストマン・ストロイスラー・シャインカー症候群，ウシの牛海綿状脳症，ヒツジのスクレイピーなどが知られる．

▎**遺伝子の構造**　20番染色体の短腕に存在．約1万5千塩基，2エキソン．コードされるタンパク質は253 aa.

▎**主な発現組織と関連疾患**　脳に最も多く発現する．RPNP変異はプリオン病の原因となるが，プリオン病の多くは変異陰性である．

▎**主な機能とシグナル経路**　正常機能については諸説あるが明らかではない．αヘリックス構造をもつ正常構造からβシート構造を多く含む異常タンパク質への変換が，プリオン病の原因となる．

参考図書 ▶『医学のあゆみ 脳・神経系の感染症 ― 診断と治療の最前線』（山田正仁／編），医歯薬出版, 2021

211位

VIM
ぶいあいえむ　または　びめんちん

遺伝子名	Vimentin
タンパク質名	Vimentin（VIM）
パラログ	-
オルソログ	🐛 - 🐝 - 🐢 - 🐟 vim 🐸 vim 🐔 VIM 🐭 Vim

> VIM は中間径フィラメントを構成するタンパク質である．細胞の形状維持，安定化，および機械的強度の維持に重要である．間葉系組織に広く発現し，腫瘍の浸潤および転移に関与する．

▌遺伝子の構造　10番染色体短腕 p13，約9千4百塩基，10エキソン，タンパク質は466 aa.

▌主な発現組織と関連疾患　VIM は間葉系組織で高発現し，特に線維芽細胞，内皮細胞に多い．がんの浸潤と転移に関連し，腫瘍細胞の上皮間葉転換過程において重要な役割を果たす．VIM は上皮細胞が上皮間葉転換を経て間葉系の性質を獲得する際に高発現するため，がんの浸潤・転移のバイオマーカーとして利用される．

▌主な機能とシグナル経路　VIM は中間径フィラメントによる細胞骨格を形成し，細胞の形状や機械的強度の維持を担う．

参考図書　▶藤原佐知子 他：メカノセンシングにおける細胞骨格，細胞接着の機能．生化学，88：443-451（2016）

212位

COL1A1
こるわんえーわん

がん遺伝子パネル検査対象遺伝子

遺伝子名	Collagen type I alpha 1 chain
タンパク質名	COL1A1
パラログ	*COL1A2, 2A1, 3A1, 4A1, 4A2, 4A3, 4A4, 4A5, 4A6, 5A2, 5A3, 6A1, 6A2, 7A1, 9A1, 9A2, 9A3, 11A1, 11A2, 13A1, 15A1, 16A1, 17A1, 18A1, 20A1, 21A1, 22A1, 23A, 24A1, 25A1, 26A1, 27A1, 28A1, EMID1, COLQ, EDA*
オルソログ	🐛 - 🐝 - 🐢 - 🐟 *col1a1a, b* 🐸 *col1a1-prov* 🐔 - 🐭 *Col1*

> 細胞外マトリクス（ECM）タンパク質の90%を占める．Gly-X-Y のくり返し構造をもち，1型コラーゲンは Col1a1 タンパク質2本と Col1a2 タンパク質1本からなる3重らせんを形成する．

▌遺伝子の構造　17番染色体長腕に存在，49エキソン，300 kDa，1,464 aa のプロコラーゲンとしてつくられる．

▌主な発現組織と関連疾患　皮膚，骨，腱，角膜などに存在し力学的に保持している．骨形成不全症，エーラス・ダンロス症候群では *COL1A1, A2* に変異がみられる．

▌主な機能とシグナル経路　I 型コラーゲンはインテグリン $\alpha2\beta1$ に結合し破骨細胞による骨吸収に関与する．また，ECM 中のコラーゲン接合分子とともに細胞分化・運命決定，創傷治癒，血液凝固，血管新生などに関与している．

参考図書　▶『骨ペディア　骨疾患・骨代謝キーワード事典』（日本骨代謝学会／編），羊土社，2015

213位 NOS2
のすつー

遺伝子名	Nitric oxide synthase 2（NOS2）
タンパク質名	NOS2
パラログ	*NOS1, NOS3, POR, NDOR1, MTRR*
オルソログ	☁ - 🐛 - ♣ - 🐟 *nos2a, nos2b* 🐸 *nos2* 🐔 *NOS2* 🐭 *Nos2*

一酸化窒素（NO）合成酵素をコードする．NOS2により合成されたNOは主に殺菌や殺腫瘍に働く．

▊**遺伝子の構造** 17番染色体の長腕（q11.2）に存在，約4千2百塩基・27エキソン．コードされるタンパク質は1,153 aa．7種類のアイソフォームが存在．

▊**主な発現組織と関連疾患** 内皮や上皮細胞，平滑筋細胞などを中心に，限られた組織で発現していて，特に小腸や虫垂で高発現している．多型は緊張性頭痛や動脈性高血圧と関連すると言われている．

▊**主な機能とシグナル経路** Lアルギニンから Lシトルリンと NO を合成する反応を媒介する．NOはさまざまな作用をもつメッセンジャー分子だが，NOS2の場合は殺菌作用や殺腫瘍作用への寄与が大きいとされる．

参考図書 ▶Shnayder NA, et al: Molecules, 26:, doi:10.3390/molecules26061556（2021）

214位 ABCA1
えーびーしーえーわん

遺伝子名	ATP binding cassette subfamily A member 1
タンパク質名	Phospholipid-transporting ATPase ABCA1など
パラログ	*ABCA2〜10, 12, 13*
オルソログ	☁ - 🐛 - ♣ - 🐟 *abca1a* 🐸 - 🐔 *ABCA1* 🐭 *Abca1*

ATP結合カセット（ABC）トランスポーターのスーパーファミリーのメンバーである膜タンパク質 ABCA1をコードする遺伝子．

▊**遺伝子の構造** 9番染色体長腕（9q31.1）に存在し，約14万7千塩基，50エキソン，向きはマイナス．コードされるタンパク質は2,261 aa．

▊**主な発現組織と関連疾患** 多くの組織で幅広く発現しているが，副腎でやや発現が高い．この遺伝子の対立遺伝子の両方に変異があると，タンジール病や家族性高密度リポタンパク質（HDL）欠乏症を引き起こす．

▊**主な機能とシグナル経路** コレステロールを基質として，コレステロールを排出する輸送体として機能する．

参考図書 ▶Segrest JP, et al：Nat Commun, 13：4812, doi:10.1038/s41467-022-32437-3（2022）

215位 HLA-DQA1

えいちえるえーでぃーきゅーえーわん

遺伝子名	Major histocompatibility complex, class Ⅱ, DQ alpha 1
タンパク質名	HLA-DQA1
パラログ	*HLA-DQA2, HLA-DPA1, HLA-DRA* など
オルソログ	♡ - 🐭 - 🐸 - 🐟 *si:busm1-226f07.2* 🐛 - 🐦 - 🐁 *H2-Aa*

自己と非自己の識別に用いられる細胞表面分子MHCクラスⅡ（HLAクラスⅡ）抗原を構成する．外来タンパク質に由来するペプチドを乗せてCD4陽性T細胞への抗原提示が行われる．

▌**遺伝子の構造**　6番染色体の短腕に存在．約6千塩基・6エキソン．コードされるタンパク質は254 aa.

▌**主な発現組織と関連疾患**　樹状細胞，マクロファージ，B細胞，胸腺上皮細胞，精子などに発現し，IFN-γ[53位]や感染・炎症によって発現が増強する．HLA-DQA1の特定のアレルとセリアック病などとの関連が示唆されている．

▌**主な機能とシグナル経路**　外来抗原由来のペプチド断片がMHCクラスⅡ抗原に結合した形で樹状細胞表面に抗原提示されると，CD4陽性ナイーブT細胞はこれを認識し，ヘルパーT細胞に分化する．

参考図書 ▶『医系免疫学 改訂16版』（矢田純一／著），中外医学社，2021

216位 TCF7L2

てぃーしーえふせぶんえるつー

遺伝子名	Transcription factor 7 like 2
タンパク質名	TCF7L2など
パラログ	*TCF3, TCF4*
オルソログ	♡ *LEF2* 🐭 *TCF-3* 🐝 *Pangolin* 🐟 *tcf7* 🐛 *XTCF-3* 🐦 *TCF7L2* 🐁 *Tcf7l2*

Wntシグナル伝達と細胞増殖に関与する転写因子．2型糖尿病のリスクと関連することが知られており，糖尿病治療薬の標的としても注目されている．4つの構造ドメイン（DNA結合ドメイン，転写活性化ドメイン，β-catenin結合ドメイン，核外結合ドメイン）から構成．

▌**遺伝子の構造**　10番染色体の長腕に存在，約21万塩基・20エキソン．コードされるタンパク質は498 aa.

▌**主な発現組織と関連疾患**　特に腸管，膵臓で高発現．2型糖尿病，がん，自己免疫疾患にかかわる．

▌**主な機能とシグナル経路**　細胞増殖の制御，細胞分化の制御，細胞死の誘導にかかわる．Wntシグナル経路[17位]，TGF-βシグナル経路[7位]，Notchシグナル経路[75位]が主．

参考図書 ▶「Essential細胞生物学（原書第5版）」（中村桂子他／編），南江堂，2021

217位 DNMT1
でぃーえぬえむてぃーわん

遺伝子名	DNA methyltransferase 1
タンパク質名	DNA(cytosine-5)-methyltransferase 1(DNMT1)
パラログ	TRDMT1
オルソログ	○ - ○ - ○ - dnmt1 ○ dnmt1 ○ DNMT1 ○ Dnmt1

DNAのメチル化を担うメチル基転移酵素をコードする. DNA複製後のヘミメチル化DNAにおいて, 複製前のメチル化パターンを維持するDNAの維持メチル化を担う.

▌**遺伝子の構造** 19番染色体の短腕(p13.2)に存在, 約6万塩基・41エキソン. コードされるタンパク質は1,632 aa.

▌**主な発現組織と関連疾患** 広範な組織で発現している. がん細胞にて異常なメチル化パターンがみられることから関連が研究されている.

▌**主な機能とシグナル経路** DNA複製後の片鎖のみメチル化されたヘミメチル化DNAにおいて, CpG配列のシトシンをメチル化することで, 複製前のDNAメチル化パターンを維持する働きをもつ. また, HDAC2やDMAP1と複合体を形成することで, 転写の抑制に関与することが知られている.

参考図書 ▶『分子細胞生物学 第8版』(H. Lodish 他／著, 榎森康文 他／訳), pp.353-354, 東京化学同人, 2019

218位 AURKA
おーろらきなーぜえー

遺伝子名	Aurora kinase A
タンパク質名	Aurora kinase A(AURKA)
パラログ	AURKB, AURKC
オルソログ	○ IPL1 ○ air-1 ○ aurA ○ aurka ○ aurka ○ AURKA ○ Aurka

AURKAは有糸分裂に関与するセリン/スレオニンキナーゼであり, 染色体分配や中心体の分裂を調節する. 多くのがんで過剰発現し, 腫瘍形成に寄与する.

▌**遺伝子の構造** 20番染色体長腕q13.2, 約2万3千塩基, 11エキソン, タンパク質は403 aa.

▌**主な発現組織と関連疾患** AURKAは増殖中の細胞, 特に腫瘍細胞で高発現する. 乳がん, 大腸がん, 膀胱がんなど多くのがんで過剰に発現しており, 染色体や中心体の異常と関連する.

▌**主な機能とシグナル経路** AURKAは細胞周期のG2期からM期への移行を制御し, 中心体の分裂と染色体の分配を調節する. AURKAはPLK▶197位をリン酸化し細胞周期の進行を促進する.

参考図書 ▶佐谷秀行:Aurora キナーゼの機能と発がんにおける役割. 生化学, 79:131-139(2007)

219位 *HGF*
えいちじーえふ

遺伝子名	Hepatocyte growth factor
タンパク質名	Hepatocyte growth factor（HGF）
パラログ	PIK3IP1, GZMK, GZMA, HABP2, MST1
オルソログ	♂ - 🐝 - 🐟 CG14780, CG14227など 🐟 hgfa, hgfb 🐸 hgf 🐔 HGF 🐭 Hgf

HGF（肝細胞増殖因子）はセリンプロテアーゼのペプチダーゼS1ファミリーに属するが，ペプチダーゼ活性は検出されない．胚発生期の臓器形成や成体での臓器再生や外傷の治癒の際に大きな役割を果たす．

▌遺伝子の構造　7番染色体長腕(q21.11)に存在．約7万1千塩基・18エキソン．コードされるタンパク質は728 aa.

▌主な発現組織と関連疾患　胎盤で高発現．非症候群性難聴と関連．

▌主な機能とシグナル経路　受容体型チロシンキナーゼである肝細胞増殖因子受容体に結合すると，受容体のチロシン残基の自己リン酸化を引き起こし，下流のシグナル伝達経路が活性化される．その結果，多くの細胞や組織における細胞増殖，細胞運動，形態形成を制御する．

参考図書　▶『サイトカイン・増殖因子キーワード事典』（宮園浩平 他／編），羊土社, 2015

220位 *CYP19A1*
しっぷわんないんえーわん

遺伝子名	Cytochrome P450 family 19 subfamily A member 1
タンパク質名	Aromatase
パラログ	-
オルソログ	♂ - 🐝 - 🐟 - 🐟 cyp19a1a 🐸 cyp19a1 🐔 CYP19A1 🐭 Cyp19a1

シトクロムP450酵素の1つ．アロマターゼは主に小胞体に局在し，卵胞ホルモンや女性ホルモンともよばれるエストロゲン生成の最終ステップを触媒する酵素として知られる．

▌遺伝子の構造　15番染色体の長腕に存在．約13万塩基・10エキソン．コードされるタンパク質は503 aa.

▌主な発現組織と関連疾患　胎盤や副腎で発現．アロマターゼの過剰発現はアロマターゼ過剰症を招く．

▌主な機能とシグナル経路　テストステロンやアンドロステンジオンなどの男性ホルモン（アンドロゲン）を芳香化し，エストラジオールやエストロンなどの女性ホルモン（エストロゲン）への変換を触媒する．

参考図書　▶緒方 勤：ゲノム疾患としてのアロマターゼ過剰症臨床遺伝学の進歩．小児耳鼻咽喉科, 35: 173-178, doi:10.11374/shonijibi.35.173（2014）

221位 RAD51
らどふぃふてぃわん

遺伝子名	RAD51 recombinase, FANCR
タンパク質名	DNA repair protein RAD51 homolog 1
パラログ	*DMC1*
オルソログ	*Rad51* *rad-51* *spn-A* *rad51* *rad51* *RAD51* *Rad51*

DNAの二本鎖切断の修復において相同組換えを担うリコンビナーゼ. 一本鎖DNAに多数巻き付くことで相同鎖の検索および交換反応を担う.

▌**遺伝子の構造**　15番染色体の長腕に存在. 約3万7千塩基・14エキソン. コードされるタンパク質は339 aa.

▌**主な発現組織と関連疾患**　リンパ系組織や精巣で強く発現している. 核内に局在する.

▌**主な機能とシグナル経路**　BRCA2[▶51位]と相互作用し, BRCA1[▶14位]とともに機能する. BRCA2がRAD51の細胞内局在とDNA結合を制御している. BRCA2の不活性化によるRAD51の制御の喪失はゲノム不安定性とがん化につながる.

参考図書　▶『がん生物学イラストレイテッド 第2版』(渋谷正史・湯浅保仁／編), 羊土社, 2019

222位 FLT3
えふえるてぃーすりー　または　ふらっとすりー

遺伝子名	Fms related receptor tyrosine kinase 3
タンパク質名	STK1, CD135, FLK-2, FLK2
パラログ	*KIT, KDR, FLT1, FLT4, PDGFRA* など
オルソログ	- - - *flt3* *flt3* *FLT3* *Flt3*

クラスⅢ受容体型チロシンキナーゼに属し, サイトカイン受容体として機能する. ホモ二量体形成し, 自己リン酸化を行う.

▌**遺伝子の構造**　13番染色体長腕(13q12.2). 約9万7千塩基. コードされるタンパク質は993 aa.

▌**主な発現組織と関連疾患**　脾臓, リンパ節, 骨髄などで高く発現する. 点変異をはじめとする*FLT3*遺伝子異常は, 造血器腫瘍におけるドライバーがん遺伝子として機能する.

▌**主な機能とシグナル経路**　受容体型チロシンキナーゼであり, リガンドであるFLT3Lが結合することで二量体化し, 自己リン酸化を行う. RAS-MAPK経路[▶21位], PI3K-AKT経路[▶10位], JAK-STAT経路[▶12位]などを活性化させる.

参考図書　▶Daver N, et al：Leukemia, 33：299-312, doi:10.1038/s41375-018-0357-9 (2019)

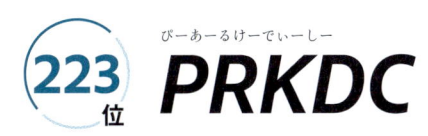

223位 PRKDC

びーあーるけーでぃーしー

遺伝子名	Protein kinase, DNA-activated, catalytic subunit
タンパク質名	DNA-dependent protein kinase catalytic subunit, DNA-PKcs, XRCC7
パラログ	*ATR, ATM, MTOR, TRRAP, SMG1*
オルソログ	🦠 - 🐛 - 🪰 - 🐟 *prkdc* 🐸 *prkdc* 🐔 *PRKDC* 🐁 *Prkdc*

DNA依存性タンパク質キナーゼ（DNA-PK）の触媒サブユニット．DNA修復時の非相同性末端結合においてKu70/Ku80とともに機能する．免疫系のV(D)J組換えにも関与する．

▌**遺伝子の構造**　8番染色体の長腕に存在．約19万塩基・86エキソン．コードされるタンパク質は4,128 aa.

▌**主な発現組織と関連疾患**　全身で発現している．核内に存在する．さまざまながんで遺伝子変異が認められている．

▌**主な機能とシグナル経路**　PI3K関連キナーゼファミリーに属するセリン/スレオニンキナーゼ．ATR, ATM[79位]とともにDNA損傷チェックポイントに関与するタンパク質をリン酸化する．DNAウイルス感染時のcGAS-STING経路の調節も担っている．

参考図書　▶『がん生物学イラストレイテッド 第2版』（渋谷正史・湯浅保仁／編），羊土社, 2019

224位 CD14

しーでぃーふぉーてぃーん

遺伝子名	CD14
タンパク質名	CD14
パラログ	-
オルソログ	🦠 - 🐛 - 🪰 - 🐟 - *ENSXETG00000031516* 🐔 *CD14* 🐁 *Cd14*

TLRの共受容体として，自然免疫反応の活性化にかかわる因子である．

▌**遺伝子の構造**　5番染色体の長腕(q31.3)に存在，約4千塩基・3エキソン．コードされるタンパク質は375 aa.

▌**主な発現組織と関連疾患**　広くさまざまな組織に発現しているが，胎盤と肝臓で高発現している．代謝関連疾患，自己免疫疾患と関連している．

▌**主な機能とシグナル経路**　TLRの共受容体の機能をもっており，NF-κB[15位]経路などを介して，病原体や損傷した組織に対する自然免疫反応を活性化する．

参考図書　▶Sharygin D, et al：Immunology, 169：260-270, doi:10.1111/imm.13634（2023）

225位 ALK
あるく　または　えーえるけー

がん遺伝子パネル検査対象遺伝子
標的治療薬あり

遺伝子名	ALK receptor tyrosine kinase
タンパク質名	ALK1, CD246, NBLST3
パラログ	*LTK, ROS1, INSR, IGF1R, INSRR* など
オルソログ	○ - 🐛 *scd-2* 🪰 *Alk* 🐟 *alk* Ⓧ *LOC100495071* 🐭 *ALK* 🐁 *Alk*

クラスⅩⅥ受容体型チロシンキナーゼに属する受容体として機能する. ホモ二量体形成し, 自己リン酸化を行う. 治療標的分子として注目されており, キナーゼ活性阻害剤は臨床応用されている.

▌**遺伝子の構造**　2番染色体短腕(2p23.2). 約7万3千塩基. コードされるタンパク質は1,620 aa.

▌**主な発現組織と関連疾患**　脳や前立腺などで高く発現する. *EML4-ALK* など転座による遺伝子変異は, 肺がんをはじめとする多様ながんのドライバーがん遺伝子として機能する.

▌**主な機能とシグナル経路**　受容体型チロシンキナーゼであり, リガンドであるFAM150が結合することで多量体化し, 自己リン酸化を行う. RAS-MAPK経路▶21位, PI3K-AKT経路▶10位, JAK-STAT経路▶21位などを活性化させる. ALK融合遺伝子は, リガンド非依存的に活性化し, シグナル伝達異常を引き起こす.

参考図書　▶Hallberg B & Palmer RH：Nat Rev Cancer, 13：685-700, doi:10.1038/nrc3580（2013）

226位 FLT1
えふえるてぃーわん　または　ふらっとわん

がん遺伝子パネル検査対象遺伝子
標的治療薬あり

遺伝子名	Fms related receptor tyrosine kinase 1
タンパク質名	FLT, FLT-1, VEGFR1, VEGFR-1
パラログ	*KDR, FLT4, KIT, FLT3, PDGFRA* など
オルソログ	○ - 🐛 *ver-2, ver-3* 🪰 *Pvr* 🐟 *flt1* Ⓧ - 🐭 *FLT1* 🐁 *Flt1*

クラスⅣ受容体型チロシンキナーゼに属する血管内皮細胞増殖因子の受容体として機能する. ホモ二量体形成に加えて, *KDR*（VEGFR2）▶138位とのヘテロ二量体を形成する.

▌**遺伝子の構造**　13番染色体長腕(13q12.3). 約20万塩基. コードされるタンパク質は1,338 aa.

▌**主な発現組織と関連疾患**　胎盤, 甲状腺などの組織で強く発現する. 一部の直腸がんや大腸がんで遺伝子増幅が認められる.

▌**主な機能とシグナル経路**　受容体型チロシンキナーゼであり, リガンドであるVEGFA▶5位およびVEGFBが結合することで多量体化し, 自己リン酸化を行う. PKC-MAPK経路, PI3K-AKT経路などを活性化させることで, 血管内皮細胞の生存や血管新生・血管維持を担う.

参考図書　▶Simons M, et al：Nat Rev Mol Cell Biol, 17：611-625, doi:10.1038/nrm.2016.87（2016）

てぃーえぬえふあーるえすえふわんえー　または　てぃーえぬえふれせぷたーわんえー

TNFRSF1A

遺伝子名	TNF receptor superfamily member 1A
タンパク質名	TNFR1
パラログ	*TNFRSF1B, NGFR, FAS, CD40, CD27*など
オルソログ	- - - *tnfrsf1a* - TNFRSF1A *Tnfrsf1a*

*TNFRSF1B*などとともにTNF受容体スーパーファミリーを構成する. TNF-α[3位]の受容体であり, 転写因子NF-κB[15位]の活性化, アポトーシスの誘導, 炎症の惹起にかかわる. 可溶性TNF受容体がTNF阻害薬として関節リウマチなどの治療に用いられている.

▌**遺伝子の構造**　12番染色体の短腕に存在. 約1万3千塩基・11エキソン. コードされるタンパク質は455 aa.

▌**主な発現組織と関連疾患**　白血球, リンパ節, 肺などに高発現. TNF受容体関連周期性症候群の原因遺伝子である.

▌**主な機能とシグナル経路**　TNFR1にTNFが結合すると, TNFR1の細胞内のdeath domainにTRADDが会合し, FADDもしくはRIP1を介してカスパーゼ群を活性化することで, 細胞のアポトーシスが誘導される.

参考図書　▶『サイトカイン・増殖因子キーワード事典』(宮園浩平 他／編), 羊土社, 2015

はーらす　または　えいちらす

がん遺伝子パネル検査対象遺伝子

HRAS

遺伝子名	HRas proto-oncogene, GTPase
タンパク質名	HRAS1, p23ras, CTLOなど
パラログ	*NRAS, KRAS, RRAS2, RRAS, RAP1B*など
オルソログ	*RAS1, RAS2* *let-60* Ras85D *hrasa, hrasb* hras HRAS1 *Hras*

RASファミリーに属する遺伝子で, ドライバーがん遺伝子として機能する.

▌**遺伝子の構造**　11番染色体短腕の末端付近(17q15.5). 約5千塩基. コードされるタンパク質は189 aa.

▌**主な発現組織と関連疾患**　ほぼすべての組織で幅広く発現するが, 皮膚で特に強い発現がある. 頭頸部扁平上皮がん, 膀胱がん, 甲状腺がんなどで変異がみられる. コステロ症候群, 先天性ミオパチーなどにも関与する.

▌**主な機能とシグナル経路**　低分子GTP結合タンパク質であり, イソプレニル化を受けて細胞膜に局在する. GTP結合型RASは活性型として機能し, 下流のMAPK経路[41位]やPI3K経路[67位]を活性化させる.

参考図書　▶Shu L, et al：Mol Cancer Ther, 19：999-1007, doi:10.1158/1535-7163.MCT-19-0660(2020)

229位 CCL5
しーしーえるふぁいぶ

遺伝子名	C-C motif chemokine ligand 5（CCL5），RANTES，TCP228など
タンパク質名	CCL5, RANTES
パラログ	*CCL1, CCL2, CX3CL1, XCL1*など合計26種類
オルソログ	🐭 - 🐦 - 🐸 - 🐟 *ccl35.1, ccl35.2* 🦠 *ccl5* 🐍 *CCL5* 🐕 *Ccl5*

炎症性ケモカインの一種であり，主にCCR5のリガンドとして働く．CCR5と結合することで，免疫関連のシグナル経路を活性化し，炎症部位での免疫反応を調節する．

▌**遺伝子の構造**　17番染色体の長腕(q12)に存在．約1千2百塩基・4エキソン．コードされるタンパク質は91 aa.

▌**主な発現組織と関連疾患**　単球，T細胞，マクロファージなどを中心に，さまざまな組織で発現しており，脾臓，リンパ節で高発現している．肝炎，アテローム性動脈硬化などの疾患と関連している．

▌**主な機能とシグナル経路**　炎症，がん，感染，免疫に関与するCCL5だが，発現を正に調節する因子としては，PAI-1[▶78位]，c-Jun[▶105位]，HER2[▶16位]，Ang2などが知られている．負の調節因子としては，SOCS1，Rig1などが知られている．詳細はCCR5[▶71位]の項も参照．

 参考図書　▶ Zeng Z, et al：Genes Dis, 9：12-27, doi:10.1016/j.gendis.2021.08.004（2022）

230位 TLR9
てぃーえるあーるないん

遺伝子名	Toll like receptor 9（TLR9），CD289
タンパク質名	TLR9
パラログ	*LRFN2, LRFN4, SLITRK4, SLIT3*など合計25種
オルソログ	🐭 - 🐦 - 🐸 - 🐟 - 🦠 - 🐍 - 🐕 *Tlr9*

Toll like receptor（TLR）ファミリーに属するタンパク質をコードする．微生物由来のメチル化されていないジヌクレオチドを認識して下流のシグナル経路を活性化し，自然免疫反応を調節する．

▌**遺伝子の構造**　3番染色体の長腕(q21.2)に存在．約3千4百塩基・2エキソン．コードされるタンパク質は1,032 aa.

▌**主な発現組織と関連疾患**　さまざまな組織で発現しているが，脾臓とリンパ節で比較的高発現している．自己免疫疾患に関連．

▌**主な機能とシグナル経路**　細菌やウイルス由来の非メチルCpGモチーフのジヌクレオチドを認識し，NF-κB[▶15位]経路などを介してインターフェロンや炎症性サイトカインの産生を誘導することで，感染防御を担う．自己由来のリガンドに反応してしまった場合，自己免疫を引き起こす．

 参考図書　▶Fehri E, et al：Cells, 12：152, doi:10.3390/cells12010152（2022）

231位
ALDH2
えーえるでぃーえいちつー

遺伝子名	Aldehyde dehydrogenase 2 family member
タンパク質名	Aldehyde dehydrogenase, mitochondrial, ALDH2
パラログ	*ALDH1B1, ALDH1A1, ALDH1A2, ALDH1A3*
オルソログ	*ALD4* 🦠 *alh-1* 🪰 *Aldh* 🐟 *aldh2.1* 🐸 *aldh2* 🐔 *ALDH2* 🐭 *Aldh2*

> アルデヒド脱水素酵素2(ALDH2)は飲酒の際に発生するアセトアルデヒドの代謝に役割をもつ. 東アジア人は特に酵素の活性が弱まる遺伝子多型をもつ確率が多いことが知られる.

▌**遺伝子の構造** 12番染色体の長腕に存在. 約5万塩基・13エキソン. コードされるタンパク質は517 aa.

▌**主な発現組織と関連疾患** 特に脂肪や肝臓で発現. 食道がん, 急性アルコール中毒と関連すると考えられている.

▌**主な機能とシグナル経路** 血中のエタノールは細胞質にてアセトアルデヒドとなりミトコンドリアへ入る. ミトコンドリアに局在するALDH2の活性によりアセトンへ代謝される.

参考図書 ▶松本明子:アルデヒド脱水素酵素2(ALDH2)の構造・機能の基礎とALDH2遺伝子多型の重要性. 日本衛生学雑誌, 71:55-68, doi:10.1265/jjh.71.55(2016)

232位
TRAF6
とらふしっくす

遺伝子名	TNF receptor associated factor 6(TRAF6), RNF85
タンパク質名	TRAF6
パラログ	*TRAF1, TRAF2, TRAF3, TRAF4, TRAF5*
オルソログ	♉ - 🦠 - 🪰 *Traf6* 🐟 *traf6* 🐸 *traf6* 🐔 *TRAF6* 🐭 *Traf6*

> TNF受容体ファミリーやTLRファミリー[25位, 74位, 230位, 269位]の下流に位置してシグナル伝達を担う, アダプタータンパク質の一種である. TNF receptor associated factorの名が表す通り, 特にNF-κB[15位]経路の活性化にかかわる.

▌**遺伝子の構造** 11番染色体の短腕(p12)に存在. 約7千9百塩基・8エキソン. コードされるタンパク質は522 aa.

▌**主な発現組織と関連疾患** どの組織でも(ユビキタスに)発現している. がんや, 脳卒中などの中枢神経系の疾患との関連が知られる.

▌**主な機能とシグナル経路** 細胞質に存在する「アダプター」として, シグナル経路の上流のタンパク質と下流のタンパク質を引き合わせるだけでなく, ユビキチン化を担うE3活性をもつ. NF-κB経路やc-Jun[105位]経路を活性化し, 抗アポトーシス, 細胞の生存, 増殖, 浸潤などに作用する.

参考図書 ▶Li J, et al:Cancer Cell Int, 20:429, doi:10.1186/s12935-020-01517-z(2020)

233位 SOX2
そっくすつー

遺伝子名	SRY-box transcription factor 2
タンパク質名	Transcription factor SOX-2
パラログ	*SOX1, SOX3*
オルソログ	🐛 - 🐝 *sox-2* 🐜 *SoxNeuro* 🐟 *sox2* 🐸 *sox2* 🐁 *SOX2* 🐭 *Sox2*

SRY関連HMG（high mobility group）ボックス（SOX）ファミリーに属する転写因子をコードする．胚発生の制御や細胞運命の決定に関与し，中枢神経系の幹細胞維持に必須である．また，胃における遺伝子発現も制御する．変異は視神経低形成や症候性小眼球症などの眼の構造的異常と関連している．

▌**遺伝子の構造**　染色体3q26.33に位置し，イントロンをもたない単一エキソンからなる．SOX2 overlapping transcript（SOX2OT）とよばれる別の遺伝子のイントロン内に存在する．

▌**主な発現組織と関連疾患**　胚性幹細胞，神経幹細胞，網膜前駆細胞など，多くの幹細胞・前駆細胞で発現する．関連疾患には小眼球症や視神経低形成を伴う中隔視神経形成異常症がある．

▌**主な機能とシグナル経路**　OCT4とDNA上で三量体複合体を形成し，胚発生に関与する遺伝子の発現を制御する．NANOGのプロモーター領域にも結合する．

参考図書
▶Takahashi K, et al：Cell, 131：861-872, doi:10.1016/j.cell.2007.11.019（2007）
▶Numakura C, et al：Am J Med Genet A, 152A：2355-2359, doi:10.1002/ajmg.a.33556（2010）

234位 *TNFRSF11B*
てぃーえぬえふあーるえすえふわんわんびー

遺伝子名	TNFRSF11B
タンパク質名	TNF receptor superfamily member 11b, Osteoprotegerin（OPG）
パラログ	*TNFRSF1A, 1B, 4, 6B, 8, 9, 10A, 10B, 10C, 10D, 11A, 14, 18, 21, 25, NGFR, RELT, LTBR, FAS, CD27, CD40*
オルソログ	🐛 - 🐝 - 🐜 - 🐟 *CABZ01053483.1* 🐸 - 🐁 *TNFRSF11B* 🐭 *Tnfrsf11b*

TNFRSF11B（オステオプロテゲリン：OPG）は骨芽細胞，破骨細胞，線維芽細胞，肝細胞などから産生される破骨細胞分化抑制因子である．

▌**遺伝子の構造**　8番染色体長腕に存在，5エキソン，401 aaのタンパク質をコードする．

▌**主な発現組織と関連疾患**　骨，骨関連疾患特に骨粗しょう症に関与する．

▌**主な機能とシグナル経路**　OPGはRANKL▶285位と結合するデコイ受容体であり，RANKを介するシグナル伝達を阻害し，その結果として破骨細胞特異的遺伝子（カテプシンK, tartrate resistant acid phosphotase, カルシトニン受容体）の発現を制御するNFATc1経路，破骨細胞分化に関与するERK▶41位，c-Jun▶105位経路が遮断され，破骨細胞にアポトーシスを誘導する．

参考図書
▶『骨ペディア　骨疾患・骨代謝キーワード事典』（日本骨代謝学会／編），羊土社, 2015

235位 MCL1
えむしーえるわん

がん遺伝子パネル検査対象遺伝子

遺伝子名	MCL1 apoptosis regulator, BCL2 family member
タンパク質名	MCL1, Induced myeloid leukemia cell differentiation protein Mcl-1
パラログ	BAK1, BAX, BCL2L2, BCL2L10, BCL2A1, BCL2L1, BCL2, BOK
オルソログ	○ - ● - ▲ - ◆ mcl1a, mcl1b ◉ mcl1 ◐ MCL1 ◈ Mcl1

Bcl-2ファミリーのメンバーである抗アポトーシスタンパク質をコードしている. 選択的スプライシングにより複数の転写産物(アイソフォーム)が生じることが確認されている.

■ **遺伝子の構造**　1番染色体長腕(q21.2)に存在. 約5千塩基・3エキソン. コードされるタンパク質は350 aa.

■ **主な発現組織と関連疾患**　全身で発現しており, 特に骨髄や胆嚢で高発現. MCL1遺伝子欠失は胚性致死.

■ **主な機能とシグナル経路**　アイソフォームによって機能が異なり, 最も長い転写産物はアポトーシスを阻害して細胞の生存を高めるが, 短い転写産物はカスパーゼ3[115位]の切断の誘導や長鎖MCL1を阻害することでアポトーシスを促進する.

参考 図書	▶『がんゲノムペディア』(柴田龍弘／編), 羊土社, 2024

236位 PGR
ぴーじーあーる

がん遺伝子パネル検査対象遺伝子

遺伝子名	Progesterone receptor, PR, NR3C3
タンパク質名	Progesterone receptor(PGR)
パラログ	ESR1, NR3C1, ESRRB, ESR2, NR3C2, AR, ESRRA, ESRRG
オルソログ	○ - ● - ▲ ERR ◆ pgr ◉ pgr ◐ PGR ◈ Pgr

PGRはステロイドホルモン核内受容体の1つであり, PRやNR3C3としても知られている. 妊娠の成立と維持に関連する生殖イベントにおいて中心的な役割を果たすプロゲステロンの作用を介在する.

■ **遺伝子の構造**　11番染色体長腕(q22.1)に存在. 約10万塩基・8エキソン. コードされるタンパク質は933 aa.

■ **主な発現組織と関連疾患**　子宮内膜や卵巣で高発現.

■ **主な機能とシグナル経路**　2つのアイソフォームがあり, アイソフォームは異なるプロモーター領域を標的とし, 多様な下流遺伝子の発現を調節する. 結合するホルモンが存在しない場合, 転写を阻害するが, ホルモンが結合すると構造変化が起こり, 抑制作用が解除される.

参考 図書	▶『基礎からわかる女性内分泌』(百枝幹雄／編), 診断と治療社, 2016

237位 PPARGC1A
ぴーぴーえーあーるじーしーわんえー

遺伝子名	PPARG coactivator 1 alpha
タンパク質名	Peroxisome proliferator-activated receptor gamma coactivator 1-alpha（PGC-1α）
パラログ	PPARGC1B, PPRC1
オルソログ	🐷 - 🦠 - 🐝 srl 🐟 ppargc1a 🐸 ppargc1a 🐔 PPARGC1A 🐭 Ppargc1a

エネルギー代謝にかかわる転写活性化補助因子PGC-1αをコード. PPAR-γ▶43位と相互作用することで, 複数の転写因子と相互作用できる. 肝臓における糖新生の遺伝子発現に関与しているほか, 血圧の調節やコレステロール代謝, 熱産生にも関与している.

▍**遺伝子の構造**　4番染色体の短腕に存在. 約9万8千塩基・26エキソン. コードされるタンパク質は798 aa. 複数のアイソフォームが存在している.

▍**主な発現組織と関連疾患**　肝臓や骨格筋などで発現している. 核内に存在している.

▍**主な機能とシグナル経路**　さまざまな生理学的なシグナルを統合する因子であり, ミトコンドリア生合成に関与している.

参考図書　▶『もっとよくわかる！エピジェネティクス』（鵜木元香・佐々木裕之／著）, 羊土社, 2020

238位 MMP3
えむえむぴーすりー

遺伝子名	Matrix metallopeptidase 3
タンパク質名	MMP3, Stromelysin 1, Progelatinase
パラログ	MMP1, 2, 7, 8, 10〜17, 19〜21, 23B, 24〜28, HPX
オルソログ	🐷 - 🦠 - 🐝 Mmp2 🐟 - 🐸 - 🐔 LOC428086 🐭 Mmp3

MMP3は増殖因子, 細胞表面受容体, 接着因子, 細胞外マトリクス（ECM）の分解, MMP2▶58位, 9▶19位の活性化を行う.

▍**遺伝子の構造**　11番染色体長腕に存在, 10エキソン, 477 aaのタンパク質をコードする.

▍**主な発現組織と関連疾患**　全身で発現し, がんでは基底膜のラミニン, IV型コラーゲンを分解し, 神経組織ではミエリンを分解する. また, 血管プラークではマクロファージにより産生され, フィブリン, ファイブロネクチン▶205位, ラミニンを分解する. 変形性関節症では軟骨成分を分解する.

▍**主な機能とシグナル経路**　NF-κB▶15位, MAPK/MAPKK/MAPKKK▶41位, PI3K/Akt▶10位経路が関与し, エクソサイトーシス, 細胞外小胞で細胞外に放出されている.

参考図書　▶『骨ペディア　骨疾患・骨代謝キーワード事典』（日本骨代謝学会／編）, 羊土社, 2015

239位 EGF
いーじーえふ

遺伝子名	EGF
タンパク質名	Epidermal growth factor（EGF）
パラログ	*LRP1, 1B, 2〜6, 8, 10, 12, VLDLR, LDLR, NID1, 2*
オルソログ	🐭 - 🐁 - 🐀 - 🐟 *egf* 🐸 - 🐔 *EGF* 🐕 *Egf*

EGFはイオン濃度調整, 糖分解およびタンパク質合成の増加を起こし, 胚発生, 組織再生, 創傷治癒などに関与する.

■ **遺伝子の構造**　4番染色体長腕に存在, 24エキソン, 1,168 aaの前駆体として産生後, 切断されることで53 aaの6 kDaの成熟型タンパク質となる.

■ **主な発現組織と関連疾患**　ほぼ全身の体液に存在する. 多くのがん組織ではEGF, EGF受容体（EGFR）[2位]の産生/活性異常が確認されている.

■ **主な機能とシグナル経路**　EGFは細胞表面のEGFRに結合し, EGFRは二量体を形成し自身のチロシンキナーゼ活性を活性化させ, SH2などのシグナル伝達物質と結合しRas/Raf/MEK/ERK[41位], JAK/STAT[12位], PI3K/AKT/mTOR[33位], PLCγ/PKC経路などを活性化する.

 参考図書　▶『がん生物学イラストレイテッド 第2版』（渋谷正史・湯浅保仁／編）, 羊土社, 2019

240位 MGMT
えむじーえむてぃー

遺伝子名	O-6-methylguanine-DNA methyltransferase
タンパク質名	Methylated-DNA-protein-cysteine methyltransferase（MGMT）
パラログ	-
オルソログ	🐭 *MGT1* 🐁 *agt-1* 🐀 *agt* 🐟 *mgmt* 🐸 *mgmt* 🐔 *MGMT* 🐕 *Mgmt*

DNA修復にかかわるアルキル基（メチル基）転移酵素. DNAの発がん性損傷となる6-O-メチル化グアニンからメチル基を除く. アルキル化剤による変異導入からDNAを保護する.

■ **遺伝子の構造**　10番染色体の長腕に存在. 約30万塩基・5エキソン. コードされるタンパク質は207 aa.

■ **主な発現組織と関連疾患**　全身で発現している. 核内に存在. がんでは, 他のDNA修復酵素（ERCC1[260位]など）とともに, プロモーターのメチル化により発現が抑制されている.

■ **主な機能とシグナル経路**　メチル基を受容したMGMTはユビキチン化されて, 分解される. その発現は抗がん剤の一種アルキル化剤の抵抗性に関与している.

参考図書　▶『がん生物学イラストレイテッド 第2版』（渋谷正史・湯浅保仁／編）, 羊土社, 2019

241位 FOXO3
ふぉっくすおーすりー

遺伝子名	Forkhead box O3
タンパク質名	FOXO3など
パラログ	FOXO1, FOXO4
オルソログ	DSA1 🐛 DAF-16 🦋 dFOXO 🐟 FOXO3a 🐸 XFOXO3 🐔 FOXO3 🐭 Foxo3

細胞の恒常性維持に重要な役割を果たす転写因子で,「長寿遺伝子」としても知られている. ヒトのさまざまながんで発現異常や機能不全が報告されており, 腫瘍抑制因子として注目されている. 細胞周期, アポトーシス, 酸化ストレス応答, 代謝制御など多岐にわたる細胞機能を調節する.

▌**遺伝子の構造** 6番染色体の長腕に存在, 約12万塩基・10エキソン. コードされるタンパク質は461 aa.

▌**主な発現組織と関連疾患** 特に骨格筋, 肝臓で高発現. がん, 糖尿病, サルコペニアにかかわる.

▌**主な機能とシグナル経路** 抗酸化ストレス応答, DNA修復, 細胞死の誘導にかかわる. インスリン/IGFシグナル経路[55位], AMPKシグナル経路, PI3K/Aktシグナル経路[10位]が主.

 参考図書 ▶『Essential 細胞生物学(原書第5版)』(中村桂子 他／編), 南江堂, 2021

242位 FOXO1
ふぉっくすおーわん

遺伝子名	Forkhead box O1
タンパク質名	FOXO1など
パラログ	FOXO3, FOXO4
オルソログ	FKH2 🐛 DAF-16 🦋 dFOXO 🐟 FOXO1a 🐸 XFOXO1 🐔 FOXO1 🐭 Foxo1

代謝制御と細胞運命決定の重要な転写因子. ヒトのさまざまな代謝疾患や悪性腫瘍で機能異常が報告されている. 特に, インスリンシグナルや酸化ストレスに応答して, 糖新生, 脂肪細胞分化, 細胞周期制御など多岐にわたる細胞機能を調節する.

▌**遺伝子の構造** 13番染色体の長腕に存在, 約11万塩基・6エキソン. コードされるタンパク質は461 aa.

▌**主な発現組織と関連疾患** 特に骨格筋, 肝臓で高発現. がん, 糖尿病, サルコペニアにかかわる.

▌**主な機能とシグナル経路** 抗酸化ストレス応答, DNA修復, 細胞死の誘導にかかわる. インスリン/IGFシグナル経路[55位], AMPKシグナル経路, PI3K/Aktシグナル経路[10位]が主.

 参考図書 ▶『Essential 細胞生物学(原書第5版)』(中村桂子 他／編), 南江堂, 2021

243位 VCP
ぶいしーぴー

遺伝子名	Valosin containing protein
タンパク質名	Transitional endoplasmic reticulum ATPase, VCP
パラログ	*AFG2A, NVL, AFG2B, PEX6, PEX1*
オルソログ	♋ *CDC48* ♦ *dc-48.1, cdc-48.2* ♠ *TER94* ≋ *vcp* ♺ *vcp* ♞ *VCP* ♒ *Vcp*

骨パジェット病および前頭側頭型認知症を伴う封入体ミオパチー（IBMPFD），筋萎縮性側索硬化症の原因遺伝子である．コードされるタンパク質のVCPはタンパク質分解に関与する．

▌遺伝子の構造 9番染色体の短腕に存在．約1万7千塩基，17エキソン．コードされるタンパク質は806 aa.

▌主な発現組織と関連疾患 全身に発現している．IBMPFD，筋萎縮性側索硬化症の原因となる．*HNRNPA1, HNRNPA2B* など他の遺伝子変異も *VCP* 変異と類似の骨，筋，神経の疾患を引き起こし，総じて多系統蛋白質症とよばれる．

▌主な機能とシグナル経路 ユビキチン-プロテアソーム系，オートファジーなどを介したタンパク質分解に関与する．

参考図書 ▶『医学のあゆみ 蛋白質代謝医学 ― 構造・機能の研究から臨床応用まで』（田中啓二／企画），医歯薬出版, 2018

244位 HTT
えいちてぃーてぃー　または　はんちんちん

遺伝子名	Huntingtin
タンパク質名	Huntingtin
パラログ	-
オルソログ	♋ - ♦ *F21G4.6* ♠ *htt* ≋ *htt* ♺ *htt* ♞ *HTT* ♒ *Htt*

ハンチントン病の原因遺伝子である．CAGリピートの伸長（36リピート以上）により異常に伸長したポリグルタミンをもつHTTタンパク質が産生され，凝集することが，ハンチントン病の原因である．現在，*HTT* に対するアンチセンスオリゴヌクレオチドによる治療法の開発が進められている．

▌遺伝子の構造 4番染色体の短腕に存在．約17万塩基，67エキソン．コードされるタンパク質は3,142 aa．エキソン1にCAGリピートをもつ．

▌主な発現組織と関連疾患 全身に発現するが脳に多い．CAGリピートの伸長変異によりハンチントン病の原因となる．

▌主な機能とシグナル経路 HTTタンパク質は核内タンパク質であり，転写因子と結合し転写の調節を行っている．

参考図書 ▶『実験医学 RAN翻訳と相分離で紐解くリピート病』（永井義隆／企画），羊土社, 2020

245位 LPL
えるぴーえる

遺伝子名	Lipoprotein lipase, LIPD
タンパク質名	Lipoprotein lipase（LPL）
パラログ	*LIPG, LIPC*
オルソログ	🐁 - 🐝 - 🐟 - 🪰 *lpla* 🐸 *lpl* 🦎 *LPL* 🐭 *Lpl*

リポタンパク質内のトリグリセリドの分解酵素LPL. グリセロール骨格のエステル結合を加水分解して, 遊離脂肪酸を産生する.

▍**遺伝子の構造**　8番染色体の短腕に存在. 約2万8千塩基・10エキソン. コードされるタンパク質は475 aa.

▍**主な発現組織と関連疾患**　主に脂肪組織で発現している. 遺伝子変異は高リポタンパク質血症（高脂血症）の原因となる. 発現量は慢性リンパ性白血病の予後予測因子である.

▍**主な機能とシグナル経路**　ホモ二量体として分泌されて, 機能する. トリグリセリド分解酵素のほか, 受容体を介したリポタンパク質の細胞内取り込みの際のリガンドとしても機能する.

参考図書　▶『身近な生化学　分子から生命と疾患を理解する』（畠山　大／著）, 羊土社, 2024

246位 CDC42
しーでぃーしーふぉーてぃつー

がん遺伝子パネル検査対象遺伝子

遺伝子名	Cell division cycle 42
タンパク質名	Cell division control protein 42 homolog（CDC42）
パラログ	Rhoファミリー遺伝子
オルソログ	🐁 *CDC42* 🐝 *cdc-42* 🐟 *Cdc42* 🪰 *cdc42* 🐸 *cdc42* 🦎 *CDC42* 🐭 *Cdc42*

CDC42はRhoファミリーに属する低分子量GTPアーゼである. 細胞極性の確立, 細胞形態, 運動性, 細胞周期の制御に関与する. がんの悪性転換にも関連がある.

▍**遺伝子の構造**　1番染色体短腕p36.12, 約4万9千塩基, 8エキソン, タンパク質は191 aa.

▍**主な発現組織と関連疾患**　CDC42は幅広い組織で発現する. 腫瘍細胞で高発現し, 浸潤や転移を促進する. 巨大血小板性血小板減少症, 知的障害, リンパ浮腫などを伴う武内・小崎症候群の原因となる.

▍**主な機能とシグナル経路**　CDC42のエフェクタータンパク質であるmDia2やN-WASPなどを介してアクチン重合を制御し, 細胞の形態や運動性を調節する.

参考図書　▶『がん生物学イラストレイテッド　第2版』（渋谷正史・湯浅保仁／編）, 羊土社, 2019

247位 HSPA1A
えいちえすぴいえーわんえー

遺伝子名	Heat shock protein family A（Hsp70）member 1A
タンパク質名	Heat shock 70kDa protein 1A, HSP70-1
パラログ	*HSPA1B, HSPA1L, HSPA8, HSPA2, HSPA6*など多数
オルソログ	○ *SSE1, SSE2* 🦠 *F44E5.4, F44E5.5, hsp-70* 🐝 - 🐟 - 🐸 - 🐔 - 🐭 *Hspa1a*

*Heat shock protein 70*ファミリーのメンバーである*70 kDa*のタンパク質をコードしており，タンパク質のリフォールディングなどさまざまなプロセスに関与する．

▌**遺伝子の構造**　6番染色体短腕(p21.33)に存在．約2千4百塩基・1エキソン．コードされるタンパク質は641 aa.

▌**主な発現組織と関連疾患**　すべての組織で発現．ほとんどのがん細胞で構成的な高発現がみられる．

▌**主な機能とシグナル経路**　熱などのストレスによって発現が誘導され，タンパク質のリフォールディングの促進，新生タンパク質の天然構造へのフォールディングなど，細胞のさまざまなプロセスに関与する．

> 参考図書　▶『分子シャペロン ─ タンパク質に生涯寄り添い介助するタンパク質』(仲本 準／著)，コロナ社，2019

248位 AHR
えーえいちあーる

標的治療薬あり

遺伝子名	Aryl hydrocarbon receptor
タンパク質名	Ah receptor（AhR）
パラログ	*AHRR*
オルソログ	○ - 🦠 *ahr-1* 🐝 *ss* 🐟 *ahr1a* 🐸 *ahr* 🐔 *AHR* 🐭 *Ahr*

*AhR*は，リガンドによって活性化される転写因子であり，細胞の適応能力に関与する発現調節を行い，発生，免疫，がんにおいて重要な役割を果たすと考えられている．例えば，外来性物質の解毒や代謝に重要なシトクロム P450酵素の発現にも関与する．

▌**遺伝子の構造**　7番染色体の短腕に存在．約4万7千塩基・11エキソン．コードされるタンパク質は848 aa.

▌**主な発現組織と関連疾患**　全身で発現．*AHR*の遺伝子変異による網膜色素変性症との関与が知られる．

▌**主な機能とシグナル経路**　細胞質でhsp90[▶104位]，p23，XAPとの複合体形成により核内へ移動する．核内ではARNTとヘテロ二量体を形成し，転写因子としてCYP1A1[▶130位]やCYP1B1の発現を誘導する．

> 参考図書　▶Khazaal AQ, et al：Ligand and Channel Research, 10：13-24, doi:10.2147/JRLCR. S133886（2018）

BCL2L1
びーしーえるつーえるわん

249位

遺伝子名	BCL2 like 1
タンパク質名	Bcl-2-like protein 1（BCL2L1）
パラログ	BAK1, BAX, BCL2L2, BCL2L10, BCL2A1, MCL1, BCL2, BOK
オルソログ	🪰 - 🪱 ced-9 🐟 - 🐸 bcl2l1 🐭 bcl2l1 🐦 BCL2L1 🐂 Bcl2l1

> コードするタンパク質はBcl-xLおよびBcl-xSであり、Bcl-2ファミリーに属する. 両タンパク質はスプライシングバリアントに起因する. このファミリーはヘテロまたはホモ二量体を形成し、抗アポトーシスまたはプロアポトーシス制御因子として作用し、さまざまな細胞活動に関与している.

▌**遺伝子の構造**　20番染色体長腕(q11.21)に存在. 約6万塩基・3エキソン. コードされるタンパク質は233 aa.

▌**主な発現組織と関連疾患**　全身で発現しており、特に骨髄や腎臓で高発現.

▌**主な機能とシグナル経路**　BCL2L1タンパク質はミトコンドリア外膜に存在し、アポトーシスの誘導因子となる活性酸素種の産生やチトクロムCの放出を制御する. Bcl-xLはアポトーシス阻害因子と機能し、Bcl-xSはアポトーシス誘導因子として機能する.

　参考図書　『がんゲノムペディア』(柴田龍弘／編), 羊土社, 2024

HDAC2
えいちだっくつー

250位

遺伝子名	Histone deacetylase 2
タンパク質名	Histone deacetylase 2（HDAC2）
パラログ	HDAC1, HDAC3, HDAC8など
オルソログ	🪰 Rpa3 🪱 hda-5, F43G6.4など 🐟 HDAC1 🐸 HDAC2 🐭 hdac2 🐦 HDAC2 🐂 Hdac2

> ヒストンの脱アセチル化による転写抑制のエピジェネティック制御に関与する. ヒストン脱アセチル化酵素はクラスⅠ〜Ⅳまであるうち、HDAC1[111位]と同じクラスⅠに分類される.

▌**遺伝子の構造**　6番染色体の長腕(q21)に存在, 約3万8千塩基・14エキソン. コードされるタンパク質は488 aa.

▌**主な発現組織と関連疾患**　広範な組織で発現がみられる. うつ病やアルツハイマー病との関連が研究されている.

▌**主な機能とシグナル経路**　ヒストンのリジン残基のアセチル基を除去することにより、ヒストンとDNAの結びつきを強くさせ、転写因子などのアクセスを低下させる.

参考図書　▶『もっとよくわかる！エピジェネティクス』(鵜木元香・佐々木裕之／著), 羊土社, 2020

251位 CBL

しーびーえる

遺伝子名	Cbl proto-oncogene
タンパク質名	E3 ubiquitin-protein ligase CBL など
パラログ	*CBLB*, *CBLC*
オルソログ	○ - ○ *sli-1* ○ *D-cbl* ○ *cbl* ○ *cbl* ○ *CBL* ○ *Cbl*

RINGフィンガーE3ユビキチンリガーゼをコードするがん原遺伝子であり, c-Cblともよばれる.

▌遺伝子の構造 11番染色体長腕(11q23.3)に存在し, 約10万8千塩基, 16エキソン, 向きはプラス. コードされるタンパク質は906 aa.

▌主な発現組織と関連疾患 多くの組織で幅広く発現し, 精巣でやや発現が高い. ヘテロ接合性の生殖細胞*CBL*遺伝子変異があると, 特に若年性骨髄単球性白血病のリスクが高く, 先天性疾患であるヌーナン様症候群の表現型を示す.

▌主な機能とシグナル経路 リン酸化された受容体型チロシンキナーゼ(RTK)に結合し, 細胞増殖シグナル伝達にかかわる. また, ユビキチン化によりRTKの分解を促進することで, 過剰な細胞増殖シグナルの抑制にも寄与する.

参考図書 ▶『がん生物学イラストレイテッド 第2版』(渋谷正史・湯浅保仁/編), 羊土社, 2019

252位 PKM

びーけーえむ

遺伝子名	Pyruvate kinase M1/2
タンパク質名	Pyruvate kinase PKM
パラログ	*PKLR*
オルソログ	○ *CDC19, PYK2* ○ *pyk-1, pyk2* ○ *Pyk, CG2964* ○ *pkma, pkmb* ○ *pkm* ○ *PKLR* ○ *Pkm*

解糖系に関与するピルビン酸キナーゼをコードする. PKM1とPKM2は*PKM*の選択的スプライシングにより産生される.

▌遺伝子の構造 15番染色体の長腕(q23)に存在, 約3万2千塩基・11エキソン. コードされるタンパク質は531 aa.

▌主な発現組織と関連疾患 PKM1は筋肉や脳で, PKM2は広範な組織で発現している. ピルビン酸キナーゼ欠乏症やがんにおける代謝異常と関連しているとされる.

▌主な機能とシグナル経路 ホスホエノールピルビン酸からアデノシン二リン酸へのリン酸基転移を触媒し, ピルビン酸の生成に関与する.

参考図書 ▶田辺延公:選択的スプライシングと, がんのワーブルグ効果, 生化学, 94:875-881(2022)

253位 SLC2A1
えすえるしーつーえーわん

遺伝子名	Solute carrier family 2 member 1
タンパク質名	Solute carrier family 2, facilitated glucose transporter member 1（SLC2A1）, Glucose transporter type 1（GLUT1）
パラログ	SLC2A2〜SLC2A14
オルソログ	○ - ○ - ○ - ○ slc2a1 ○ slc2a1 ○ SLC2A1 ○ Slc2a1

SLC2A1は, グルコースの細胞内輸送を担う促進拡散型グルコース輸送体である. 赤血球や血液脳関門で高発現し脳へのグルコース供給を担う. GLUT1ともよばれる.

▌遺伝子の構造　1番染色体短腕p34.2, 約3万4千塩基, 10エキソン, タンパク質は492 aa.

▌主な発現組織と関連疾患　SLC2A1は広範な組織で発現し, 特に赤血球や血液脳関門の内皮細胞で高発現する. てんかんやジストニア（運動障害）を示すGLUT1欠損症など, 神経系および血液系の疾患に関連する.

▌主な機能とシグナル経路　SLC2A1は細胞膜を通じたグルコースの輸送を媒介し, 基礎的なグルコース取り込みを担う.

 参考図書　▶『忙しい人のための代謝学』（田中文彦／著）, 羊土社, 2020

254位 CXCL10
しーえっくすしーえるてん

遺伝子名	C-X-C motif chemokine ligand 10（CXCL10）, C7など
タンパク質名	CXCL10
パラログ	PPBP, CXCL1, CXCL2, CXCL3, PF4V1, PF4など10種類
オルソログ	○ - ○ - ○ - ○ - ○ - ○ - ○ Cxcl10

CXCモチーフをもつ炎症性ケモカインをコードする遺伝子で, 受容体であるCXCR3のリガンドとして働く.

▌遺伝子の構造　4番染色体の長腕（q21.1）に存在, 約1千2百塩基・4エキソン. コードされるタンパク質は98 aa.

▌主な発現組織と関連疾患　さまざまな組織で発現している. 心血管疾患の発症に関与しているとされている. SARS-CoV-2感染に対する免疫反応にも関連している.

▌主な機能とシグナル経路　RAS▶21位 PI3K▶67位 経路を介した細胞増殖や, PLC経路による細胞内 Ca^{2+} 増加・アクチン再編成など, CXCR3の下流ではさまざまなシグナル経路の活性化による多様な細胞応答を担う.

 参考図書　▶Tokunaga R, et al：Cancer Treat Rev, 63：40-47, doi:10.1016/j.ctrv.2017.11.007（2018）

255位 HSPB1
えいちえすぴーびーわん

遺伝子名	Heat shock protein family B（small）member 1
タンパク質名	Heat shock protein beta-1, 28kDa heat shock protein, HSP 27
パラログ	CRYAB, CRYAA, HSPB6, HSPB8, HSPB2, HSPB3, HSPB7, HSPB9
オルソログ	○ - ● hsp-12.2 ● CG14207 ● hspb1 ○ hspb1 ● HSPB1 ● Hspb1

低分子量Hsp（small heat shock protein：HSP20）ファミリーのメンバーであるタンパク質をコードしており, 環境ストレスに応答する分子シャペロンとして働く.

▌**遺伝子の構造**　7番染色体長腕（q11.23）に存在. 約1千6百塩基・3エキソン. コードされるタンパク質は205 aa.

▌**主な発現組織と関連疾患**　幅広い組織で発現が認められ, 特に心臓で高発現. 多くの腫瘍細胞で高発現がみられる. また, シャルコー・マリー・トゥース病（CMT2F）に関連する.

▌**主な機能とシグナル経路**　変性したタンパク質のリフォールディングを行う小型の分子シャペロンとして機能する.

参考図書　▶『分子シャペロン ─ タンパク質に生涯寄り添い介助するタンパク質』（仲本 準／著）, コロナ社, 2019

256位 CYP3A5
しっぷすりーえーふぁいぶ

遺伝子名	Cytochrome P450 family 3 subfamily A member 5
タンパク質名	Cytochrome P450 3A5, CYP3A5
パラログ	CYP3A4, CYP3A7, CYP3A3
オルソログ	○ - ● - ● - ● cyp3a65 ○ - ● CYP3A5 ● Cyp3a13

薬物や毒物の代謝, ホルモン合成に関与するシトクロム P450酵素の1種. CYP3A5は, 特にテストステロンやプロゲステロンなどのステロイドホルモンの代謝にかかわることで知られる.

▌**遺伝子の構造**　7番染色体の長腕に存在. シトクロム P450をコードする遺伝子が多く存在する領域となっている. 約3万1千塩基・14エキソン. コードされるタンパク質は502 aa.

▌**主な発現組織と関連疾患**　小腸, 十二指腸, 胃などで発現. スプライシングに影響を及ぼす一塩基多型が高血圧の感受性と関連している.

▌**主な機能とシグナル経路**　例えば, エストロゲン分子の2位や4位の炭素にOHを付加するヒドロキシル化を触媒し, エストロゲン代謝の調節にかかわる.

参考図書　▶ Lee AJ, et al：Endocrinology, 144：3382-3398, doi:10.1210/en.2003-0192（2003）

MIR34A

<ruby>みーるすりーふぉーえー<rt></rt></ruby> または <ruby>みあすりーふぉーえー<rt></rt></ruby>

257位

遺伝子名	microRNA 34a
タンパク質名	(非コードRNAなのでタンパク質に翻訳されない)
パラログ	*MIR34B, MIR34C*
オルソログ	○ - 🦠 *mir-34* 🪰 *miR-34* 🐟 *miR-34a* 🐸 *miR-34a* 🐔 *miR-34a* 🐭 *miR-34a*

細胞の運命を制御する重要な役割を果たすマイクロRNA. MIR34Aは, 細胞の成長, 分化, 死を制御するさまざまな遺伝子の発現を抑制することで, 細胞の健康維持に貢献する. ヒトのがんの約50%で, MIR34Aの遺伝子や発現レベルに異常がみられる.

▌**遺伝子の構造** 1番染色体の短腕に存在, 109塩基・1エキソン. タンパク質はコードされない.

▌**主な発現組織と関連疾患** 特に肺, 膵臓で高発現. がん, 糖尿病, 神経疾患にかかわる.

▌**主な機能とシグナル経路** がん抑制, 細胞分化, 細胞老化にかかわる. p53シグナル経路▶1位, RASシグナル経路▶21位, TGF-βシグナル経路▶7位が主. 代表的な標的遺伝子は*BCL*▶244位, *MYCN*, *E2F3*など.

 参考図書 ▶『Essential細胞生物学(原書第5版)』(中村桂子 他／編), 南江堂, 2021

TIMP1

<ruby>てぃんぷわん<rt></rt></ruby>

258位

遺伝子名	Tissue inhibitor of metalloproteinases 1
タンパク質名	TIMP1
パラログ	*TIMP2〜4*
オルソログ	○ - 🦠 - 🪰 - 🐟 - 🐸 - 🐔 - 🐭 *Timp1*

TIMP1はMMP, ADAM, ADAMTSに結合する内在性の阻害成分である. 細胞増殖を促進し, アポトーシスを阻害する. TIMP1の組織中タンパク濃度, 血中濃度とがん悪性度には相関があることが知られている.

▌**遺伝子の構造** X染色体短腕に存在, 6エキソン, 769塩基の転写物を生じ, 207 aa, 29〜34 kDaのタンパク質をコードする.

▌**主な発現組織と関連疾患** ほぼ全身で発現し, FGF2▶200位, EGF▶239位などの増殖因子, 炎症性サイトカインで発現が誘導される.

▌**主な機能とシグナル経路** p38▶89位, MAPK▶41位, JNK▶145位活性化によりケラチノサイト, 軟骨細胞, 線維芽細胞, 内皮細胞の増殖を誘導し, B細胞, 造血系細胞ではJAK2▶65位, PI3K▶67位シグナル経路を用いBADをリン酸化し阻害することでアポトーシス耐性を示す.

 参考図書 ▶『骨ペディア 骨疾患・骨代謝キーワード事典』(日本骨代謝学会／編), 羊土社, 2015

259位 IGFBP3
あいじーえふびーすりー

遺伝子名	Insulin like growth factor binding protein 3
タンパク質名	Insulin-like growth factor-binding protein 3（IGFBP3）
パラログ	*IGFBP2, IGFBP5, IGFBP4, IGFBP1, IGFBP6*
オルソログ	♋ - 🐝 - 🐟 - 🐸 *igfbp3* 🐔 - 🐭 *IGFBP3* 🐟 *Igfbp3*

インスリン様成長因子結合タンパク質（IGFBP）ファミリーのメンバーであり，IGFBPドメインとサイログロブリンⅠ型ドメインをもつタンパク質をコードしている．

▌**遺伝子の構造**　7番染色体短腕（p12.3）に存在．約9千塩基・5エキソン．コードされるタンパク質は291 aa.

▌**主な発現組織と関連疾患**　胎盤や子宮内膜，肝臓で高発現．IGFBP3の調節異常は多くのがんとの関連が示唆.

▌**主な機能とシグナル経路**　IGFBP3は血流中の主要なIGF輸送タンパク質であり，主にIGF1[55位]またはIGF2[268位]とIGFALSとよばれるタンパク質と結合し安定した複合体を形成し，IGFsを細胞表面に局在する受容体へと運搬する．

参考図書　▶『サイトカイン・増殖因子キーワード事典』（宮園浩平 他／編），羊土社, 2015

260位 ERCC1
いーあーるしーしーわん

がん遺伝子パネル検査対象遺伝子

遺伝子名	ERCC excision repair 1, endonuclease non-catalytic subunit, RAD10
タンパク質名	DNA excision repair protein ERCC-1
パラログ	-
オルソログ	♋ *RAD10* 🐝 *ercc-1* 🐟 *Ercc1* 🐸 *ercc1* 🐔 *ercc1* 🐭 - 🐟 *Ercc1*

DNAの修復や組換えに関与しているヌクレアーゼ．紫外線や化合物などによってDNAに損傷や架橋が生じた際に，ERCC4とともにERCC1-XPF複合体を形成し，ヌクレオチド除去修復を行う．

▌**遺伝子の構造**　19番染色体の長腕に存在．約1万7千塩基・13エキソン．コードされるタンパク質は297 aa. 選択的スプライシングにより4つのアイソフォームが存在する．

▌**主な発現組織と関連疾患**　全身で発現している．核内に存在している．遺伝子変異はコケイン症候群の原因となる．

▌**主な機能とシグナル経路**　抗がん剤シスプラチンの抵抗性に寄与している．さまざまながんで発現量の低下が認められている．また，機能異常は老化促進的に寄与する．

参考図書　▶『がん生物学イラストレイテッド 第2版』（渋谷正史・湯浅保仁／編），羊土社, 2019

261位 GJA1
じーじぇーえーわん

遺伝子名	Gap junction protein alpha 1
タンパク質名	Gap junction alpha-1 protein（GJA1）, Connexin 43
パラログ	GJA3, GJA4, GJA5
オルソログ	🐛 - 🐝 - ♣ - 🐟 gja1 🐸 gja1 🐔 GJA1 🐭 Gja1

> GJA1はギャップ結合を形成するタンパク質である．ギャップ結合は細胞間の直接的なイオンや小分子の交換を行う．コネキシン43ともよばれる．

▌**遺伝子の構造** 6番染色体長腕q22.31, 約1万4千塩基, 2エキソン, タンパク質は382 aa.

▌**主な発現組織と関連疾患** GJA1は多くの組織で発現し, 特に心筋細胞で高発現する．遺伝子変異は心臓奇形や眼歯指異形成症などの疾患と関連する．

▌**主な機能とシグナル経路** GJA1は細胞間のギャップ結合を介して, イオンや小分子の直接交換を調節する．特に心筋細胞間のギャップ結合を介した, 心臓の同期収縮に重要である．

> 参考図書 ▶佐藤洋美 & 宇津美秋：がん治療ターゲットとしてのギャップジャンクションとコネキシン. 日薬理誌, 145：74-79（2015）

262位 PCSK9
ぴーしーえすけーないん

標的治療薬あり

遺伝子名	Proprotein convertase subtillsin/kexin type 9
タンパク質名	Proprotein convertase subtillsin/kexin type 9（PCSK9）
パラログ	PCSK2
オルソログ	🐛 - 🐝 - ♣ - 🐟 pcsk9 🐸 pcsk9 🐔 PCSK9 🐭 Pcsk9

> 細胞表面の低密度リポタンパク質受容体（LDLR）▶199位 に結合し, 細胞内への移行とリソソームでの分解を促進する．LDLにはコレステロールが多く含まれることから, 血中のコレステロール代謝に関与している．

▌**遺伝子の構造** 1番染色体の短腕に存在．約2万5千塩基・15エキソン．コードされるタンパク質は692 aa.

▌**主な発現組織と関連疾患** 肝臓などで発現する．分泌タンパク質として細胞外に存在．遺伝子の変異は家族性低βリポタンパク質血症, 家族性高コレステロール血症（ともに常染色体顕性遺伝）の原因となる．

▌**主な機能とシグナル経路** PCSK9阻害薬はLDLRの分解を抑制することで, 血中のLDL粒子の取り込みを促し, 総コレステロール濃度の低下を導くことが期待されている．

> 参考図書 『薬の基本とはたらきがわかる薬理学』（柳田俊彦／編）, 羊土社, 2023

263位 WT1
だぶりゅーてぃーわん

遺伝子名	WT1 transcription factor
タンパク質名	WT1など
パラログ	*SPOP, EWSR1*
オルソログ	🦪 *SCS2* 🐌 *WTX-1* 🦟 *Wnt1* 🪱 *wt1* 🐸 *Xwnt11* 🐔 *Wnt8a* 🐁 *Wt1*

腎臓発生と腫瘍抑制に関与する転写因子. 腎芽の発生と分化に不可欠であり, 尿路や生殖器の形成にも関与する. DNA損傷を検知して, 修復機構を活性化する. 細胞周期のチェックポイントを制御し, 異常増殖を抑制する.

▌遺伝子の構造　11番染色体の短腕に存在. 約5千塩基・13エキソン. コードされるタンパク質は183 aa.

▌主な発現組織と関連疾患　特に間葉系組織, 神経系で高発現. がん, 心血管疾患, 線維化にかかわる.

▌主な機能とシグナル経路　細胞分化, 細胞移動, がんの促進にかかわる. Wntシグナル経路[▶17位], BMPシグナル経路[▶275位], TGF-βシグナル経路[▶7位]が主.

参考図書　▶『Essential細胞生物学(原書第5版)』(中村桂子 他／編), 南江堂, 2021

264位 FGFR1
えふじーえふあーるわん

 がん遺伝子パネル検査対象遺伝子

標的治療薬あり

遺伝子名	FGFR1
タンパク質名	Fibroblast growth factor receptor 1 (FGFR1)
パラログ	*FGFR2, FGFR3, FGFR4, KDR, PDGFRB* など53種
オルソログ	🦪 - 🐌 - 🦟 - 🐟 *fgfr1a, b* 🐸 - 🐔 *FGFR1* 🐁 *Fgfr1*

細胞外に免疫グロブリン様のリガンド結合ドメイン, 膜貫通ドメイン, 細胞内にチロシンキナーゼドメインをもつ線維芽細胞増殖因子受容体1. がんでは遺伝子重複・融合, 点変異などにより活性化されている.

▌遺伝子の構造　8番染色体短腕に存在. 29エキソン, 822 aa, 92 kDaのタンパク質をコードする. 選択的スプライシングで組織分布, FGF[▶200位]結合親和性が異なる2種のアイソフォームが産生される.

▌主な発現組織と関連疾患　全身で発現しファイファー症候群, 原発性好酸球増多症との関連が示されている.

▌主な機能とシグナル経路　FGFファミリーと結合し, FGFR1～4のいずれかと二量体を形成し, 互いにリン酸化する. PI3/AKT[▶10位], MAP, Ras/ERK[▶41位]経路を介し細胞増殖, 形態形成, 血管新生, 分化を行う.

参考図書　▶『骨ペディア　骨疾患・骨代謝キーワード事典』(日本骨代謝学会／編), 羊土社, 2015

265位 NAT2

なっとつー

遺伝子名	N-acetyltransferase 2
タンパク質名	Arylamine N-acetyltransferase 2, N-acetyltransferase type 2（NAT2）
パラログ	*NAT1*
オルソログ	🐟 - 🐝 - 🐸 - 🐠 zgc:101040 🐛 - 🐀 *PNAT10* 🐭 *Nat2*

NAT2は，外来性化学物質や薬物を基質としたアセチル化を触媒する．それら基質の代謝や解毒への関与が知られている．遺伝子多型によって，基質を代謝する能力に臨床的な違いを示す．

▌遺伝子の構造　8番染色体の短腕に存在．約1万塩基・4エキソン．コードされるタンパク質は290 aa.

▌主な発現組織と関連疾患　特に肝臓や十二指腸，小腸で発現．遺伝子多型は，がんや薬物毒性の発生率の高さと関連している．

▌主な機能とシグナル経路　N-アセチル化は2つのステップで行われる．第1ステップでは，アセチル-CoAからアセチル基がNAT2の活性部位に移され，この過程で補酵素Aが放出される．第2ステップでアセチル基が受容基質に移され，酵素はもとの状態に戻る．

参考図書　▶ Hong KU, et al：Toxicol Sci, 190：158-172, doi:10.1093/toxsci/kfac103（2022）

266位 UGT1A1

ゆーじーてぃーわんえーわん

がん遺伝子パネル検査対象遺伝子

遺伝子名	UDP glucuronosyltransferase family 1 member A1
タンパク質名	UDP-glucuronosyltransferase 1A1
パラログ	*UGT1A5, UGT1A3, UGT1A4*
オルソログ	🐟 - 🐝 *ugt-61* 🐸 *Ugt35B1* 🐠 *ugt1a1* 🐛 - 🐀 *UGT1A1* 🐭 *Ugt1a1*

*UGT1A1*のコードするUDP-グルクロン酸転移酵素は，主に肝臓小胞体に局在し，ステロイド，ビリルビン，ホルモン，薬物などの小さな脂溶性分子を水溶性の排出可能な代謝物へ変換する．*UGT1A1*の遺伝子多型は，抗がん剤イリノテカン投与に対する重篤な副作用（好中球の減少など）を引き起こすことが知られる．

▌遺伝子の構造　2番染色体の長腕の末端付近に存在．約1万3千塩基・5エキソン．コードされるタンパク質は533 aa.

▌主な発現組織と関連疾患　主に肝臓，十二指腸，腎臓で高発現．ジルベール症候群やクリグラー・ナジャー症候群にかかわる．

▌主な機能とシグナル経路　UDP-グルクロン酸転移酵素は，ステロイド/ビリルビン/ホルモンなどの脂溶性分子にグルクロン酸を付加することで，水に溶けやすい代謝物へ変換し，体外への排出を助ける．

参考図書　▶佐藤 到 & 元雄良治：シリーズ：検査法の理解と活用. 日本内科学会雑誌，99：2596-2601, doi:10.2169/naika.99.2596（2010）

267位 TWIST1

とぅういすとわん

遺伝子名	Twist family bHLH transcription factor 1
タンパク質名	TWIST1など
パラログ	*TWIST2*
オルソログ	*RSC2* ◈ *TWIST* ◈ *Twi* ◈ *twista1* ◎ *Xtwist* ◈ *Twist* ◈ *Twist1*

細胞運命を制御する重要な役割を果たす転写因子．TWIST1は，細胞の成長，分化，細胞死などを制御するさまざまな遺伝子の発現を調節することで，細胞の正常な機能維持に貢献する．特にがんの発生や進行を促進することが知られている．

■ **遺伝子の構造** 7番染色体の短腕に存在．約4千6百塩基・4エキソン．コードされるタンパク質は183 aa．

■ **主な発現組織と関連疾患** 特に間葉系組織，神経系で高発現．がん，心血管疾患，線維化にかかわる．

■ **主な機能とシグナル経路** 細胞分化，細胞移動，がんの促進にかかわる．Wnt シグナル経路[17位]，BMP シグナル経路[275位]，TGF-β シグナル経路[7位]が主．

参考図書 ▶『Essential 細胞生物学（原書第5版）』（中村桂子 他／編），南江堂，2021

268位 IGF2

あいじーえふつー

がん遺伝子パネル検査対象遺伝子

遺伝子名	Insulin like growth factor 2
タンパク質名	Insulin-like growth factor Ⅱ（IGF2）
パラログ	*IGF1, INS*
オルソログ	◷ - ◈ - ◈ - ◈ *igf2a, igf2b* ◎ *igf2, igf3* ◈ *IGF2* ◈ *Igf2*

ポリペプチド成長因子のインスリンファミリーのメンバーに属するペプチドホルモン．発生や成長に関与する．特に，胎児の主要な成長因子であると考えられている．インプリンティング遺伝子であり，父方から受け継がれたアレルのみが発現している．

■ **遺伝子の構造** 11番染色体短腕（p15.5）に存在．約2万塩基・4エキソン．コードされるタンパク質は180 aa．

■ **主な発現組織と関連疾患** 胎盤や肝臓で高発現．シルバーラッセル症候群と関連．

■ **主な機能とシグナル経路** 成長調節作用，インスリン様作用，有糸分裂促進作用を有する．肝臓から分泌され，血液中を循環し，IGF1受容体[113位]やインスリン受容体[276位]のアイソフォームと結合することでその機能を発揮する．

参考図書 ▶『サイトカイン・増殖因子キーワード事典』（宮園浩平 他／編），羊土社，2015

269位 **TLR3**
<small>てぃーえるあーるすりー</small>

遺伝子名	Toll like receptor 3（TLR3）
タンパク質名	TLR3
パラログ	*TLR5, RXFP2, LRRC3B* など合計22種類
オルソログ	🪰 - 🐛 - 🐟 - *lrrc15* 🐸 - 🐦 *TLR3* 🐭 *Tlr3*

> Toll-like receptor（TLR）ファミリーの一種で，ウイルス由来の二本鎖RNAをリガンドとして結合し，自然免疫反応を活性化する。

▎**遺伝子の構造**　4番染色体の長腕(q35.1)に存在．約6千塩基・5エキソン．コードされるタンパク質は904 aa.

▎**主な発現組織と関連疾患**　どの組織でも（ユビキタスに）発現している．多型は免疫不全（ウイルス感染）などと関連．

▎**主な機能とシグナル経路**　ウイルス由来の二本鎖RNAを認識したTLR3は，シグナル伝達の下流でNF-κB[▶15位]，IRF3などの転写因子を活性化させ，I型インターフェロンなどの転写を促進して自然免疫反応を惹起する．

> 参考図書 ▶Zhang SY, et al：Curr Opin Immunol, 25：19-33, doi:10.1016/j.coi.2012.11.001（2013）

270位 ***ELAVL1***
<small>いらぶるわん</small>

遺伝子名	ELAV like RNA binding protein 1
タンパク質名	ELAVL1など
パラログ	*ELAVL2, ELAVL3, ELAVL4*
オルソログ	🪰 *NOP1* 🐛 *daf-16* 🐟 *elf-4E* 🐟 *elavl1* 🐸 *xlr1* 🐦 *elavl1* 🐭 *Elavl1*

> 細胞内におけるRNAの安定性や翻訳を制御する重要な遺伝子．mRNAの末端領域に結合し，その安定性を調節することで，遺伝子発現を制御する．翻訳開始因子や翻訳伸長因子などの翻訳関連タンパク質と相互作用し，翻訳の効率を制御する．

▎**遺伝子の構造**　19番染色体の短腕に存在．約5千塩基・7エキソン．コードされるタンパク質は183 aa.

▎**主な発現組織と関連疾患**　特に間葉系組織，神経系で高発現．がん，心血管疾患，線維化にかかわる．

▎**主な機能とシグナル経路**　細胞分化，細胞移動，がんの促進にかかわる．Wntシグナル経路[▶17位]，BMPシグナル経路[▶275位]，TGF-βシグナル経路[▶7位]が主．

> 参考図書 ▶『Essential細胞生物学（原書第5版）』（中村桂子 他／編）．南江堂, 2021

271位 CREB1
くれっぷわん

遺伝子名	cAMP responsive element binding protein 1
タンパク質名	CREB など
パラログ	CREB2, ATF-1
オルソログ	🍞 SCB1 🐛 CREB-1 🪰 dCREB2 🐟 creb1a 🐸 XCREB1 🐔 CREB1 🐭 Creb1

細胞増殖や分化に関与する重要な転写因子. 遺伝子のプロモーター領域に結合し, その転写を活性化または抑制することで, 遺伝子発現を制御する. 免疫細胞の機能調節にも重要な役割を果たし, NF-κB[15位]の活性化抑制やT細胞・B細胞の増殖・生存促進などの機能をもつ.

▌**遺伝子の構造** 2番染色体の長腕に存在, 約7万塩基・17エキソン. コードされるタンパク質は323 aa.

▌**主な発現組織と関連疾患** 特に脳, 神経で高発現. 神経疾患, 心血管疾患, 糖尿病, がんにかかわる.

▌**主な機能とシグナル経路** 遺伝子発現の制御, 細胞増殖, 細胞分化, 記憶形成にかかわる. β-アドレナリン, グルカゴン, 神経伝達物質などのシグナルによって調節される.

参考図書 ▶『Essential 細胞生物学(原書第5版)』(中村桂子 他／編), 南江堂, 2021

272位 SERPINA1
せるぴんえーわん

標的治療薬あり

遺伝子名	SERPINA1
タンパク質名	Serpin family A member 1, Alpha-1-antitrypsin（AAT）
パラログ	SERPINA4, SERPINA3, SERPINA11, SERPINA2, SERPINA5など36種
オルソログ	🍞 - 🐛 - 🪰 - 🐟 serpina1l 🐸 - 🐔 SERPINA4, 5 🐭 XSerpina1a〜f

α1-アンチトリプシン（AAT）は生体が産生するセリンプロテアーゼインヒビターで, 血液中のα1グロブリンの80〜90%を占めている.

▌**遺伝子の構造** 14番染色体長腕に存在. 組織特異的なプロモーターを含む7エキソンからなり, 組織特異的な転写物が転写される. 成熟型で52 kDa, 394 aaの糖タンパク質をコードする.

▌**主な発現組織と関連疾患** 肝臓, 肺, 小腸に発現. α1-アンチトリプシン欠乏症では, 炎症時に好中球から産生されるプロテアーゼから肺を保護できず, 肺気腫の症状が引き起こされる.

▌**主な機能とシグナル経路** 炎症によって迅速にその産生が2〜5倍に上昇する. トリプシン, キモトリプシン, 好中球セリンプロテアーゼ, 好中球エラスターゼ, カテプシンGなどを阻害する.

273位 *LEPR*
えるいーぴーあーる

遺伝子名	Leptin receptor
タンパク質名	Leptin receptor (LEPR)
パラログ	*CRLF1, IL12RB2, EBI3, GHR, PRLR* など
オルソログ	🐭 - 🐀 - 🐵 - 🐟 *lepr* 🐸 *lepr* 🐔 *LEPR* 🐾 *Lepr*

脂肪細胞特異的ホルモンであるレプチンの受容体をコードしている. この1遺伝子が6種のアイソフォームを形成する. なかでもLepRbが細胞内にシグナルを伝達できる唯一の受容体アイソフォームである.

▌**遺伝子の構造**　1番染色体短腕(p31.3)に存在. 約22万塩基・20エキソン. コードされるタンパク質は1,165 aa.

▌**主な発現組織と関連疾患**　全身で発現しており, 特に肝臓で高発現. 遺伝子変異が肥満および下垂体機能不全との関連を示唆.

▌**主な機能とシグナル経路**　レプチン[▸61位]の受容体として, STATタンパク質[▸12位]の活性化を介して遺伝子の転写を刺激する. 脂肪代謝の調節, 正常なリンパ球形成に必要な新規の造血経路にも関与している.

> 参考図書　『実験医学増刊 エネルギー代謝の最前線』(岡 芳知・片桐秀樹／編), 羊土社, 2009

274位 *ALB*
あるぶみん　または　あるぶ

遺伝子名	Albumin
タンパク質名	Albumin, Serum albumin
パラログ	*AFP*
オルソログ	🐭 - 🐀 - 🐵 - 🐟 *alb* 🐔 *ALB* 🐾 *Alb*

ヒトの血中に最も豊富に存在するタンパク質アルブミン. 水を保持することができ, 血液の浸透圧調節を担っている. 血漿中のイオンやホルモン, 代謝産物, 薬剤などとも結合する. 血清アルブミンに結合した分子は血中を循環し, 全身の臓器に運ばれる.

▌**遺伝子の構造**　4番染色体の長腕に存在. 約1万7千塩基・15エキソン. コードされるタンパク質は609 aa.

▌**主な発現組織と関連疾患**　肝臓で発現している. アルブミン合成能の低下により, 低アルブミン血症になる(肝機能や腎機能の低下を示唆する).

▌**主な機能とシグナル経路**　血清アルブミンの一部は, 筋肉や肝臓, 腎臓などで分解されて, アミノ酸として再利用される.

> 参考図書　『薬の基本とはたらきがわかる薬理学』(柳田俊彦／編), 羊土社, 2023

275位 BMP2
びーえむぴーつー

遺伝子名	BMP2
タンパク質名	Bone morphogenetic protein 2（BMP2）
パラログ	*BMP4〜7, GDF7*など31種
オルソログ	🐛 - 🐝 - 🪰 *dpp* 🐟 *bmp2a, b* 🐸 - 🐔 *BMP2* 🐁 *Bmp2*

> BMP2はTGF-βスーパーファミリーに属し，前後，背腹軸形成，心・神経・骨・軟骨発生に関与する．

■ **遺伝子の構造**　20番染色体短腕に存在，3エキソン，44 kDa，396 aaのタンパク質をコードする．前駆体タンパク質として産生され，PCSK5によりC末端で切断され，骨マトリクス，血中に放出される．

■ **主な発現組織と関連疾患**　全身で発現し，KOマウスは胎生致死となる．

■ **主な機能とシグナル経路**　BMP-2はヘテロ受容体BMPRⅡ・BMPRⅠa/bに結合し，BMPRⅠa/bがSmad1/5/8をリン酸化し，リン酸化したSmad1/5/8はSmad4[191位]と核内移行しRUNX2, Osxを発現させる．一方，非Smad経路ではERK[41位]，PI3K[67位]，TAB1/TAK1が活性化される．

参考図書　▶『骨ペディア　骨疾患・骨代謝キーワード事典』（日本骨代謝学会／編），羊土社，2015

276位 INSR
あいえぬえすあーる

がん遺伝子パネル検査対象遺伝子

遺伝子名	Insulin receptor
タンパク質名	Insulin receptor（INSR）
パラログ	*INSRR, MUSK, FLT4, EPHA3, ROS1, ERBB3*など
オルソログ	🐛 - 🐝 - 🪰 - 🐟 *insra, insrb* 🐸 *insr* 🐔 *INSR* 🐁 *Insr*

> インスリン受容体は受容体型チロシンキナーゼファミリーに属する膜貫通タンパク質受容体．血糖値の調節を担い，機能の低下により，糖尿病などの発症につながる．

■ **遺伝子の構造**　19番染色体短腕（p13.2）に存在．約18万塩基・22エキソン，コードされるタンパク質は1,382 aa．

■ **主な発現組織と関連疾患**　全身で発現しており，特に腎臓や脾臓で高発現．A型インスリン抵抗性症候群，Donohue症候群などの遺伝性のインスリン抵抗性症候群と関連．

■ **主な機能とシグナル経路**　インスリン受容体はインスリン[151位]，IGF1[55位]，IGF2[268位]が結合することでインスリンシグナル伝達経路が活性化される．この活性化によりグルコースの取り込みと放出，炭水化物，脂質などの合成と貯蔵が調節される．

参考図書　▶『実験医学増刊「解明」から「制御」へ 肥満症のメディカルサイエンス』（梶村真吾・箕越靖彦／編），羊土社，2016

277位 IL13

あいえるさーてぃーん　または　いんたーろいきんさーてぃーん

標的治療薬あり

遺伝子名	Interleukin 13
タンパク質名	IL-13
パラログ	-
オルソログ	🐀 - 🐁 - 🅰 - 🐟 - 🐸 - 🐛 - 🐔 *Il13*

> Th2細胞, ILC2, NK細胞, マスト細胞, 好酸球, 好塩基球が産生するサイトカイン. B細胞に作用しIgEの産生を増強するほか, 気道上皮細胞に作用してCLCA1やペリオスチンの発現を誘導し, Th2優位の気管支喘息に関与する. 抗IL-13モノクローナル抗体がアトピー性皮膚炎の治療薬として承認された.

▌遺伝子の構造　5番染色体の長腕に存在. 約4千5百塩基・6エキソン. コードされるタンパク質は146 aa.

▌主な発現組織と関連疾患　全身の組織, 特に精巣・精子に高発現. アレルギー性鼻炎や喘息などのアレルギー疾患にかかわる.

▌主な機能とシグナル経路　IL-4と共通の受容体(IL-$4R\alpha$とIL-$13R\alpha1$のヘテロ二量体)に結合し, 受容体に付随するJAK1を介し転写因子STAT6を活性化する. 二量体化したSTAT6は核移行して目的遺伝子を転写する.

参考図書　▶『サイトカイン・増殖因子キーワード事典』(宮園浩平 他／編), 羊土社, 2015

278位 HTR2A

えいちてぃーあーるつーえー

遺伝子名	5-hydroxytryptamine receptor 2A
タンパク質名	5-hydroxytryptamine receptor 2A, 5-HT2A receptor
パラログ	*HTR2C*
オルソログ	🐀 - 🐁 *ser-1* 🐟 *5-HT2A* 🐟 *htr2aa* 🐸 *htr2a* 🐛 *HTR2A* 🐔 *Htr2a*

> 神経伝達物質セロトニンの受容体の1つをコードする. 神経活動, 知覚, 認知, 気分に影響を与え, 行動の調節に重要な役割を果たす.

▌遺伝子の構造　染色体13q14.2に位置し, 5エキソンからなる. 選択的スプライシングにより複数のアイソフォームが生成される.

▌主な発現組織と関連疾患　中枢神経系, 特に大脳皮質, 海馬, 線条体で高発現する. 関連疾患には統合失調症, 強迫性障害, 大うつ病性障害がある.

▌主な機能とシグナル経路　Gタンパク質共役型受容体であり, セロトニンの他にもさまざまな向精神薬(メスカリン, シロシビン, LSDなど)の受容体としても機能する. リガンド結合によりGタンパク質を介したシグナル伝達が活性化され, ホスホリパーゼCの活性化や細胞内Ca^{2+}の放出を引き起こす.

参考図書　▶ Cussac D, et al：Eur J Pharmacol, 594：32-38, doi:10.1016/j.ejphar.2008.07.040(2008)
▶ Wacker D, et al：Cell, 168：377-389.e12, doi:10.1016/j.cell.2016.12.033(2017)

279位 SCN5A

えすしーえぬふぁいぶえー

標的治療薬あり

遺伝子名	Sodium voltage-gated channel alpha subunit 5
タンパク質名	Sodium channel protein type 5 subunit alpha, hH1
パラログ	*SCN4A, SCN2A, SCN3A, SCN8A, SCN1A, SCN9A, SCN10A, SCN11A* など多数
オルソログ	♡ - 🐛 - 🐝 - 🐟 - 🐁 - 🐔 - 🐂 *Scn5a*

電位依存性Na⁺チャネルのサブユニットをコードしており, 先天性QT延長症候群(LQTS)の
LQT3など, 常染色体顕性遺伝の心疾患に関連する.

▌**遺伝子の構造** 3番染色体短腕(p22.2)に存在. 約10万塩基・28エキソン. コードされるタンパク
質は2,015 aa.

▌**主な発現組織と関連疾患** 心臓で高発現. 先天性QT延長症候群のLQT3, Brugada症候群など
に関連する.

▌**主な機能とシグナル経路** 電気化学的な勾配に従ったNa⁺イオンの通過に関連する.

参考
図書 ▶吉田葉子:遺伝子型と表現型に基づいた先天性QT延長症候群の診療.
日本小児循環器学会雑誌, 33:438-440, doi:10.9794/jspccs.33.438(2017)

280位 BSG

びーえすじー

遺伝子名	BSG
タンパク質名	Basigin, CD147, EMMPRIN
パラログ	*NPTN, EMB, VSTM2L*
オルソログ	♡ - 🐛 - 🐝 - 🐟 *bsg* 🐁 - 🐔 *BSG* 🐂 *Bsg*

ベイシジンはEMMPRINともよばれ, 免疫グロブリンスーパーファミリーに属す膜貫通タン
パク質であり, 多くの分子と結合し多様な生物学的作用を示す.

▌**遺伝子の構造** 19番染色体短腕に存在, 10エキソン, 2アイソフォーム, 27～65 kDa, 269 aaのタ
ンパク質をコードする.

▌**主な発現組織と関連疾患** 全身で発現し悪性腫瘍で強く発現している. マラリア原虫の赤血球
への寄生に必須な受容体となっている. KOマウスは胎生致死が多く, 雌雄ともに生殖に異常をき
たす.

▌**主な機能とシグナル経路** 間質細胞でコラゲナーゼを誘導する. また, インテグリンと結合し細
胞骨格, 遊走に影響する. サイクロフィリンと細胞外ドメインで結合し細胞生存, ケモタキシスを
活性化する.

281位 *ACTB*
えーしーてぃーびー　または　べーたあくちん

遺伝子名	Actin beta
タンパク質名	Beta-actin(ACTB), Actin, cytoplasmic 1
パラログ	*ACTA1, ACTC1, ACTG1, ACTG2*
オルソログ	🍞 *ACT1* 🪱 *act-1* 🪰 *Act5C* 🐟 *actb1* 🐸 *actb* 🐔 *ACTB* 🐁 *Actb*

ACTBは細胞骨格のアクチンフィラメントの構成要素である. 細胞の形態, 運動, シグナル伝達, および遺伝子発現の調節に重要. 多くの組織で発現しているハウスキーピング遺伝子の1つである.

▌**遺伝子の構造** 7番染色体短腕p22.1, 約3千5百塩基, 6エキソン, タンパク質は375 aa.

▌**主な発現組織と関連疾患** ACTBは全身のほぼすべての組織で発現し, 特に上皮, 神経, 内皮細胞などで比較的多く発現する. 関連疾患には, Baraitser-Winter症候群, ジストニア-聴覚障害症候群などが含まれる.

▌**主な機能とシグナル経路** ACTBはアクチンフィラメントを形成し, 細胞骨格を構築する. アクチンフィラメントは, 細胞の形態維持, 運動, 分裂など, さまざまな細胞機能に関与する.

参考図書 ▶『基礎から学ぶ生物学・細胞生物学　第4版』(和田 勝／著・髙田耕司／編集協力), 羊土社, 2020

282位 *DRD4*
でぃーあーるでぃーふぉー

遺伝子名	Dopamine receptor D4
タンパク質名	D(4) dopamine receptor
パラログ	*DRD3*
オルソログ	🍞 - 🪱 *dop-1* 🪰 *DopR2* 🐟 *drd4a, drd4b* 🐸 *drd4* 🐔 *DRD4* 🐁 *Drd4*

ドパミン受容体のD4サブタイプをコードする. このGタンパク質共役型受容体は, アデニル酸シクラーゼを阻害する. 統合失調症やパーキンソン病の治療薬の標的であり, 注意欠陥/多動性障害(ADHD)や新奇性追求などのパーソナリティ特性との関連が示唆されている.

▌**遺伝子の構造** 染色体11p15.5に位置し, 4エキソンからなる. 特徴的な48塩基対のくり返し配列(VNTR)を含み, 2〜10回の反復がみられる.

▌**主な発現組織と関連疾患** 主に中脳辺縁系で発現し, 前頭前皮質や海馬でも発現が確認されている. 関連疾患には, ADHD, 自閉症スペクトラム障害, 統合失調症, 薬物依存症などがある.

▌**主な機能とシグナル経路** ドパミンなどのリガンド結合によりGタンパク質を介してアデニル酸シクラーゼを阻害する. 中脳辺縁系での情動・行動調節, 網膜でのコントラスト感度の概日リズム制御, 注意や衝動性の制御に関与する.

参考図書 ▶Lanau F, et al：J Neurochem, 68：804-812, doi:10.1046/j.1471-4159.1997.68020804.x(1997)
▶Zhang X & Kim KM：Biochem Biophys Res Commun, 479：398-403, doi:10.1016/j.bbrc.2016.09.094(2016)

MECP2

遺伝子名	Methyl-CpG binding protein 2
タンパク質名	Methyl-CpG-binding protein 2（MECP2）
パラログ	MBD4
オルソログ	○ - ○ - ○ - ○ mecp2 ○ mecp2 ○ MECP2 ○ Mecp2

MBD（メチル化CpG結合ドメイン）をもつタンパク質をコードし，HDAC[111位, 250位]などと相互作用することで，ヒストンの脱アセチル化を誘導し，転写の抑制を行う．

▌遺伝子の構造 X染色体の長腕（q28）に存在．約7万6千塩基・3エキソン．コードされるタンパク質は498 aa.

▌主な発現組織と関連疾患 広範な組織で発現している．MECP2重複症候群（指定難病）やレット症候群と関連している．

▌主な機能とシグナル経路 メチル化されたDNAのCpG配列に結合し，HDACなどをリクルートすることで，転写を抑制する．

参考図書	▶『もっとよくわかる！エピジェネティクス』（鵜木元香・佐々木裕之／著），羊土社，2020

APEX1

遺伝子名	Apurinic/apyrimidinic endodeoxyribonuclease 1
タンパク質名	DNA repair nuclease/redox regulator APEX1, APE-1
パラログ	APEX2
オルソログ	○ APN2 ○ exo-3 ○ Rrp1 ○ apex1 ○ apex1 ○ APEX1 ○ Apex1

非プリン/非ピリミジン部位のDNA切断酵素．DNA損傷の塩基除去修復において損傷した部位の切断を触媒して，修復を促す．核内に存在し，酸化ストレスに応答して機能する．また，DNA結合ドメインの酸化還元状態を制御することで，転写因子のDNA結合親和性と転写活性を制御する．

▌遺伝子の構造 14番染色体の長腕に存在．約2千5百塩基・5エキソン．コードされるタンパク質は318 aa.

▌主な発現組織と関連疾患 全身で発現している．色素性乾皮症（皮膚がんを発症するリスクが高い疾患）に関与している．

▌主な機能とシグナル経路 DNA塩基除去修復過程では，損傷した部位において XRCC1[99位]と相互作用して，修復に必要な因子をリクルートする．APEX1の機能不全によりDNAの損傷が蓄積し，細胞老化が進行する．

285位 TNFSF11

てぃーえぬえふえすえふいれぶん

標的治療薬あり

遺伝子名	TNFSF11
タンパク質名	TNF superfamily member 11, Receptor activator of nuclear factor kappa B ligand（RANKL）
パラログ	TNFSF10, 14, 15, CD40LG, LTB, FASLG, LTA, TNF
オルソログ	♡ - ◈ - ▲ - ◈ tnfsf11 ◑ - ◐ TNFSF11 ⚘ Tnfsf11

RANKLともよばれ，単球・マクロファージ系列から破骨細胞を誘導し，骨リモデリングに関与する．

▌**遺伝子の構造**　13番染色体長腕に存在，約3万3千9百塩基，5エキソン，36 kDa，317 aaのタンパク質をコードする．翻訳後プロセシングを受け可溶型となる．

▌**主な発現組織と関連疾患**　RANKL，RANK（受容体），オステオプロテゲリン（デコイ受容体）▶234位の変異は骨粗しょう症などの骨疾患を起こす．

▌**主な機能とシグナル経路**　RANKLはRANKに結合し，TRAFファミリーなどをリクルートする．TRAF2, 5, 6▶232位はシグナルはTAB1/2, TAK1続いてMAPKなどを介しERK▶41位，JNK▶145位，p38▶89位に伝えられ，NF-κB▶15位，NF-ATc1，CREB▶271位などの転写因子が標的遺伝子を発現させる．

参考図書　▶『骨ペディア　骨疾患・骨代謝キーワード事典』（日本骨代謝学会／編），羊土社，2015

286位 YWHAZ

わいだぶりゅーえいちえーぜっと

遺伝子名	Tyrosine 3-monooxygenase/tryptophan 5monooxygenase activation protein zeta
タンパク質名	YWHAZ, 14-3-3ζ/δ など
パラログ	YWHA, YWHAE, YWHAH, YWHAQ
オルソログ	◉ ScYWHAZ ◈ YWH-1 ◈ YW ⚘ ywhaz ◑ Xwhaz ◐ YWHAZ ⚘ Ywhaz

細胞シグナル伝達に関与する重要なタンパク質ファミリー．さまざまなシグナル伝達経路の接点に位置し，細胞内の情報伝達を調整する．多くのタンパク質と相互作用し，その機能を調節する．細胞増殖，分化，生存，細胞死など，細胞のさまざまな機能に関与する．

▌**遺伝子の構造**　8番染色体の長腕に存在，約4万塩基・10エキソン．コードされるタンパク質は403 aa.

▌**主な発現組織と関連疾患**　特に肺，脳で高発現．がん，神経変性疾患，自己免疫疾患にかかわる．

▌**主な機能とシグナル経路**　転写調節，タンパク質相互作用，細胞骨格制御にかかわる．MAPキナーゼ経路▶89位，TGF-βシグナル経路▶7位，PI3K/Akt経路▶10位，Wnt/β-カテニン経路▶17位が主．

参考図書　▶『Essential細胞生物学（原書第5版）』（中村桂子 他／編），南江堂，2021

287位 SMAD2

えすまっどつー または すまっどつー

遺伝子名	SMAD family member 2
タンパク質名	SMAD2など
パラログ	-
オルソログ	○ - 🐛 SMAD-2 🐝 dpp 🐟 smad2 🐸 Xmad2 🐔 SMAD2 🐭 Smad2

骨形成やその他の細胞機能に重要な役割を果たす遺伝子. 骨形態形成タンパク質（BMP）シグナル伝達経路の中核的な転写因子であり, 骨形成を促進する. 細胞核に存在し, 遺伝子の発現を制御する転写因子として機能する.

■ 遺伝子の構造 18番染色体の長腕に存在. 約12万塩基・14エキソン. コードされるタンパク質は513 aa.

■ 主な発現組織と関連疾患 特に骨, 腎臓で高発現. 骨形成不全症, 骨腫瘍, 腎臓病にかかわる.

■ 主な機能とシグナル経路 骨形成の促進, 細胞増殖と分化, 細胞外マトリクスの合成にかかわる. BMPシグナル経路▶275位, TGF-βシグナル経路▶7位, Wnt/β-カテニン経路▶17位が主.

参考図書 ▶『Essential細胞生物学（原書第5版）』（中村桂子 他／編）, 南江堂, 2021

288位 ANXA2

あねきしんえーつー

遺伝子名	Annexin A2
タンパク質名	Annexin A2（ANXA2）
パラログ	ANXA1, 3〜11, 13
オルソログ	○ - 🐛 - 🐝 annexin B9 🐟 anxa2a 🐸 anxa2 🐔 ANXA2 🐭 Anxa2

ANXA2はCa²⁺依存性リン脂質結合タンパク質である. 細胞骨格, 膜輸送, フィブリン溶解の制御など細胞内外のさまざまなプロセスに関与する. 多くのがんで過剰発現し浸潤や転移にも関連する.

■ 遺伝子の構造 15番染色体長腕q22.2, 約5万1千塩基, 16エキソン, タンパク質は2アイソフォーム（357 aa/339 aa）.

■ 主な発現組織と関連疾患 ANXA2は広範な組織で発現している. 多くのがんにおいて発現亢進がみられる.

■ 主な機能とシグナル経路 ANXA2は細胞膜タンパク質とアクチン細胞骨格との連結, エンドサイトーシスなどの膜輸送の調節, プラスミン生成の促進によるフィブリン溶解など, 多様な働きを担う.

参考図書 ▶窓岩清治：がんと線溶（臨床）. 血栓止血誌, 33：321-328（2022）

289位 PRKCD

ぴーあーるけーしーでぃー

遺伝子名	Protein kinase C delta
タンパク質名	Protein kinase C delta（PKCδ）
パラログ	PRKCQ
オルソログ	🐸 - 🐌 - 🐟 - 🐸 - prkcda 🐔 prkcd 🐦 PRKCD 🐭 Prkcd

> プロテインキナーゼCのファミリーに属するセリン/スレオニンキナーゼPKCδ. 細胞増殖やアポトーシス誘導などに関与し, がん化に促進的にも, 抑制的にも関与すると考えられている.

▌遺伝子の構造 3番染色体の短腕に存在. 約3万2千塩基・22エキソン. コードされるタンパク質は676 aa.

▌主な発現組織と関連疾患 全身で発現している. 自己免疫性リンパ増殖症候群の原因遺伝子の1つとして知られている.

▌主な機能とシグナル経路 細胞質に存在し, Src[83位]などのキナーゼのほか, ジアシルグリセロール（DAG）によっても活性化する. またカスパーゼ3[115位]による部分分解によっても活性化する. 下流には細胞周期関連因子や細胞死関連因子が含まれる.

参考図書 ▶Black JD, et al：J Biol Chem, 298：102194, doi:10.1016/j.jbc.2022.102194（2022）

290位 IL33

あいえるさーてぃーすりー

遺伝子名	Interleukin 33（IL-33）, DVS27, IL1F11, NF-HEV, NFEHEV, C9orf26
タンパク質名	IL-33
パラログ	-
オルソログ	🐸 - 🐌 - 🐟 - 🐸 - 🐔 - 🐦 - 🐭 Il3

> IL-33はサイトカインの一種であり, 受容体IL-1RLのリガンドとして働く. IL-33と結合したIL-1RLは, さまざまな免疫細胞の成熟や活性化を引き起こす. アレルギー性疾患などに関与している.

▌遺伝子の構造 9番染色体の短腕（p24.1）に存在, 約2千7百塩基・11エキソン. コードされるタンパク質は207 aa.

▌主な発現組織と関連疾患 どの組織でも（ユビキタスに）発現している. アレルギー性喘息やアトピー性皮膚炎などさまざまなアレルギー疾患に関与.

▌主な機能とシグナル経路 IL-1RLは種々の免疫細胞に発現しており, IL-33と結合することで好塩基球や好酸球からのサイトカイン産生, 肥満細胞の細胞外マトリクスへの結合増強, T細胞の成熟などを引き起こし, アレルギー性の炎症を引き起こす.

参考図書 ▶Chan BCL, et al：Front Immunol, 10：364, doi:10.3389/fimmu.2019.00364（2019）

CETP
しーいーてぃーぴー

分子標的薬あり

遺伝子名	Cholesteryl ester transfer protein, BPIFF, HDLCQ10
タンパク質名	Cholesteryl ester transfer protein, Lipid transfer protein I
パラログ	BPIFC
オルソログ	🐭 - 🐀 - 🐂 - 🐟 cetp 🐸 cetp 🐔 CETP 🐌 -

コレステロールエステルを高密度リポタンパク質（HDL）から超低密度リポタンパク質（VLDL）などのリポタンパク質に渡す転移タンパク質. 血清中に存在し, HDL と LDL の量と質を制御している.

▌遺伝子の構造　16番染色体の長腕に存在. 約2万2千塩基・17エキソン. コードされるタンパク質は493 aa.

▌主な発現組織と関連疾患　主に肝臓で発現している. 遺伝子変異による CETP 欠損症は高HDLコレステロール血症の原因の1つであり, 動脈硬化症の発症リスクとの関連も報告されている.

▌主な機能とシグナル経路　VLDL から HDL へのトリグリセリドの転送も担っている. N結合型糖鎖の付加によって, 生理的活性を有する.

参考図書　▶『実験医学増刊 治療標的がみえてきた脂質疾患学』（村上 誠・横溝岳彦／編）, 羊土社, 2023

FASLG
ふぁすりがんど

遺伝子名	Fas ligand
タンパク質名	FASLG, Tumor necrosis factor ligand superfamily member 6
パラログ	CD40LG , TNFSF11, TNFSF10, TNFSF14, TNFSF15, LTA, LTB, TNF
オルソログ	🐭 - 🐀 - 🐂 - 🐟 faslg 🐸 faslg 🐔 FASLG 🐌 Fasl

腫瘍壊死因子（TNF）スーパーファミリーのメンバーであり, 膜貫通型タンパク質である. FAS（受容体）▶114位 のリガンドであり, 主な機能は, FAS との結合によるアポトーシスの誘導である.

▌遺伝子の構造　1番染色体長腕（q24.3）に存在. 約7千8百塩基・4エキソン. コードされるタンパク質は281 aa.

▌主な発現組織と関連疾患　広範囲にわたる組織で発現しており, 特にリンパ節で高発現. 全身性エリテマトーデスや肺がんと関連.

▌主な機能とシグナル経路　FASLG は膜貫通型タンパク質であり, FAS（受容体）と結合し, アポトーシスを誘導する. このシグナル伝達経路は T 細胞の活性化誘導性細胞死に関与するなど, 免疫系の制御に必須とされている.

参考図書　▶『サイトカイン・増殖因子キーワード事典』（宮園浩平 他／編）, 羊土社, 2015

293位 FGFR2
えふじーえふあーるつー

がん遺伝子パネル検査対象遺伝子
標的治療薬あり

遺伝子名	FGFR2
タンパク質名	Fibroblast growth factor receptor 2（FGFR2）
パラログ	*FGFR1, FGFR3, FGFR4, KDR, PDGFRB* など53種
オルソログ	🐭 - 🐀 - 🐟 - 🐛 - 🦠 - 🍄 - 🌿 *Fgfr2*

FGFR1[264位]と同様のドメイン構成をとる．がんにおいても同様の機構で活性化されている．

▌**遺伝子の構造**　10番染色体長腕に存在，26エキソン，821 aa，40 kDaのタンパク質をコードする．選択的スプライシングによりFGFR2-Ⅲb, cが産生される．

▌**主な発現組織と関連疾患**　全身で発現しFGFR2-Ⅲbは消化管上皮細胞，FGFR2-Ⅲcは内皮/平滑筋/間充織細胞で発現している．ファイファー症候群，クルーゾン症候群では変異がみられる．

▌**主な機能とシグナル経路**　FGFR2-Ⅲbは［FGF1, 3, 7, 10, 22］，FGFR2-Ⅲcは［FGF1, 2, 4, 6, 9, 17, 18］と，同じFGFファミリーでもリガンドが異なる．

📖 参考図書 ▶『骨ペディア　骨疾患・骨代謝キーワード事典』（日本骨代謝学会／編），羊土社，2015

294位 NFKBIA
えぬえふけーびーあいえー

遺伝子名	NFKB inhibitor alpha
タンパク質名	NFKBIA, IκBαなど
パラログ	*IKB β, IKB ε, BCL3*
オルソログ	🐭 *MSN2* 🐀 *IKB-1* 🐟 *Cactus* 🐛 *ikbaa* 🦠 *XIKBα* 🍄 *IKBα* 🌿 *Ikba*

NF-κB[15位]の活性を抑制するIκBαをコードする遺伝子．NF-κBは炎症や免疫反応に関与する重要な因子であり，その制御は細胞の健康維持に不可欠．NF-κBによる過剰な炎症反応を抑え，細胞を保護する役割を担う．NF-κBが標的とする遺伝子の発現を抑制することで，炎症関連遺伝子の発現を制御する．

▌**遺伝子の構造**　14番染色体の長腕に存在，約3千塩基・6エキソン．コードされるタンパク質は321 aa.

▌**主な発現組織と関連疾患**　特に免疫組織，上皮組織で高発現．自己免疫疾患，炎症性疾患，がんにかかわる．

▌**主な機能とシグナル経路**　NF-κBの抑制，細胞の保護，細胞死の調節にかかわる．TNF-α[3位]/NF-κBシグナル経路，Toll-like受容体（TLR）シグナル経路[25位, 74位]が主．

 参考図書 ▶『Essential細胞生物学（原書第5版）』（中村桂子 他／編），南江堂，2021

295位 HBB-LCR
えいちびーびーえるしーあーる

遺伝子名	beta-globin locus control region, LCRB
タンパク質名	（非コード領域のためタンパク質に翻訳されない）
パラログ	-
オルソログ	☁ - 🐝 - 🐟 - 🐠 - 🐁 - 🐔 - 🐸 Hbb-ar

タンパク質コーディング遺伝子ではなく，遺伝子座制御領域（locus control region：LCR）である．*HBE*遺伝子の上流に位置し，βグロビン遺伝子群の発現を制御する．

▌**遺伝子の構造**　11番染色体短腕（p15.4）に存在．約3万4千塩基．いくつかのDNase I 高感受性部位（HS）をもつ．

▌**主な発現組織と関連疾患**　変異が入るとβサラセミアやβ-hemoglobinopathyを引き起こす．この領域を含む*HBE1*遺伝子（5′側）の約30 kbの欠失はγ-δ-βサラセミアを引き起こすことが知られている．

▌**主な機能とシグナル経路**　βグロビン遺伝子クラスターを構成する*HBE, HBG2, HBG1, HBD, HBB*[207位]の発現を制御する．いくつかのDNase I 高感受性部位はエンハンサー活性をもつことが知られている．

参考図書　▶Nain N, et al：Int J Biol Macromol, 201：216-225, doi:10.1016/j.ijbiomac.2021.12.142（2022）

296位 C3
しーすりー

遺伝子名	C3 complement（C3），C3A, C3B, ASP, CPAMD1など
タンパク質名	C3
パラログ	CD109, A2ML1, C5, C4B, C4A, CPAMD8, A2M
オルソログ	☁ - 🐝 tep-1 🐟 Tep-1〜4 🐠 c3a.1, c3b.1など 🐁 c3, c3p1など 🐔 C3 🐸 C3

補体系の中心分子であるC3をコード．C3aとC3bへ変換されて補体系の活性化を担い，さまざまな免疫反応に関与する．

▌**遺伝子の構造**　19番染色体の短腕（13.3）に存在，約5千2百塩基・41エキソン．コードされるタンパク質は1,663 aa.

▌**主な発現組織と関連疾患**　限られた組織，特に肝臓や胆嚢で高発現している．多型は加齢黄斑変性などと関連．

▌**主な機能とシグナル経路**　補体活性化の古典的経路と代替経路の双方にかかわる．C3はC3aとC3bに変換され，C3aは血管透過性の上昇やヒスタミン放出，C3bは細胞表面への結合によるオプソニン化などさまざまな機能を発揮する．

参考図書　▶Zarantonello A, et al：Immunol Rev, 313：120-138, doi:10.1111/imr.13147（2023）

297位 SMARCA4
すまーくえーふぉー

がん遺伝子パネル検査対象遺伝子

二次的所見開示リスト対象遺伝子

遺伝子名	SWI/SNF related, matrix associated, actin dependent regulator of chromatin, subfamily A, member 4
タンパク質名	Transcription activator BRG1
パラログ	SMARCA2, HELLS など
オルソログ	🐟 STH1, SNF2 🐛 swsn-4, pgn-15 🪰 brm 🐟 smarca4a, SMARCA4 🐸 smarca4 🐔 SMARCA4 🐭 Smarca4

SWI/SNFクロマチンリモデリング複合体の構成因子の1つであり，さまざまながんで SMARCA4遺伝子の変異が確認されていることから，がん抑制遺伝子であると考えられている．

▌**遺伝子の構造**　19番染色体の短腕(p13.2)に存在，約10万塩基・35エキソン．コードされるタンパク質は1,647 aa.

▌**主な発現組織と関連疾患**　広範な組織で発現している．SMARCA4遺伝子の変異が，さまざまながんで起こっていることが知られている．

▌**主な機能とシグナル経路**　ATP依存的にクロマチンの構造を変化させることで，転写因子などのDNA結合を制御し，転写の調節などを行う．

参考図書　▶『もっとよくわかる！エピジェネティクス』(鵜木元香・佐々木裕之／著)，羊土社，2020

298位 PRKACA
ぴーあーるけーえーしーえー

遺伝子名	Protein kinase cAMP-activated catalytic subunit alpha
タンパク質名	PRKACA, PKACα など
パラログ	PRKACB, PRKACG, PRKAH1
オルソログ	🐟 KIN28 🐛 KIN-2 🪰 Acp26A 🐟 prkaca 🐸 XPRKACA 🐔 PRKACA 🐭 Prkaca

細胞シグナル伝達において重要な役割を果たす遺伝子．2つの調節サブユニットと2つの触媒サブユニットからなるプロテインキナーゼA(PKA)の触媒サブユニットαであり，さまざまな細胞シグナル伝達経路の中核を担う．がんでは，PRKACA遺伝子の変異が頻繁に観察される．

▌**遺伝子の構造**　19番染色体の長腕に存在，約3万塩基・12エキソン．コードされるタンパク質は383 aa.

▌**主な発現組織と関連疾患**　特に神経組織，内分泌組織で高発現．神経疾患，内分泌疾患，心筋疾患にかかわる．

▌**主な機能とシグナル経路**　タンパク質のリン酸化，遺伝子発現の調節にかかわる．cAMP経路，Ca^{2+}経路が主．

参考図書　▶『Essential細胞生物学(原書第5版)』(中村桂子 他／編)，南江堂，2021

299位 CDK4
しーでぃーけーふぉー

遺伝子名	Cyclin dependent kinase 4
タンパク質名	Cyclin-dependent kinase 4（CDK4）
パラログ	*CDK1, CDK2, CDK3, CDK5, CDK6, CDK7*
オルソログ	🥚 *PHO85* 🐛 *cdk-4* 🪰 *Cdk4* 🐟 *cdk4* 🐸 *cdk4* 🐔 *CDK4* 🐭 *Cdk4*

CDK4は, 細胞周期のG1期からS期への移行を制御するセリン/スレオニンキナーゼであり, 細胞増殖と分裂において重要な役割を果たす. がんの発生に関連する.

▌**遺伝子の構造**　12番染色体長腕q14.1, 約4千6百塩基, 8エキソン, タンパク質は303 aa.

▌**主な発現組織と関連疾患**　CDK4は広範な組織で発現し, 特に増殖中の細胞やがん細胞で高発現する. 皮膚がん, 膵臓がん, 乳がんなど, 複数のがんで過剰発現がみられる.

▌**主な機能とシグナル経路**　CDK4はサイクリンD[▶64位]と結合し, RBタンパク質[▶94位]のリン酸化を介して細胞周期のG1期からS期への移行を促進する.

参考図書 ▶『カラー図説 細胞周期 ― 細胞増殖の制御メカニズム』（David O Morgan／著, 中山敬一・中山啓子／監訳）, メディカル・サイエンス・インターナショナル, 2008

300位 FUS
えふゆーえす

遺伝子名	FUS RNA binding protein, ALS6
タンパク質名	RNA-binding protein FUS
パラログ	*EWSR1, TAF15*
オルソログ	🥚 *-* 🐛 *ust-1* 🪰 *caz, CG14718* 🐟 *fus* 🐸 *fus* 🐔 *FUS* 🐭 *Fus*

筋萎縮性側索硬化症（ALS）の原因遺伝子の1つ（ALS6）である. コードされるタンパク質はRNA結合タンパク質であり, 転写の調節やスプライシングの機能をもつ. TDP-43[▶153位]の凝集を認めない筋萎縮性側索硬化症では, FUSの凝集を認め, その病態にとって重要とされている.

▌**遺伝子の構造**　16番染色体の短腕に存在. 約1万1千塩基, 15エキソン. コードされるタンパク質は526 aa.

▌**主な発現組織と関連疾患**　全身に発現するが脳に多い. *FUS*変異は筋萎縮性側索硬化症, 本態性振戦の原因となる.

▌**主な機能とシグナル経路**　FUSはRNA結合タンパク質であり, 転写, mRNAのプロセシング, 輸送に関与する.

参考図書 ▶『実験医学増刊 いま新薬で加速する神経変性疾患研究』（小野賢二郎／編）, 羊土社, 2023

左の遺伝子から翻訳されるタンパク質は右のうちどれでしょうか？

遺 伝 子	タンパク質
ACTB •	• BRG1
AURKA •	• PGC-1α
CYP19A1 •	• PKA
FLT1 •	• RANKL
GJB2 •	• VEGFR1
HBB •	• アクチン
HTT •	• アロマターゼ
PPARGC1A •	• オーロラキナーゼA
PRKACA •	• グルコーストランスポーター1
PRNP •	• コネキシン26
SLC2A1 •	• ハンチンチン
SMARCA4 •	• ビメンチン
TNFSF11 •	• プリオン
VIM •	• ヘモグロビン

正解
ACTB—アクチン　AURKA—オーロラキナーゼA　CYP19A1—アロマターゼ　FLT1
—VEGFR1　GJB2—コネキシン26　HBB—ヘモグロビン　HTT—ハンチンチン
PPARGC1A—PGC-1α　PRKACA—PKA　PRNP—プリオン　SLC2A1—グルコース
トランスポーター1　SMARCA4—BRG1　TNFSF11—RANKL　VIM—ビメンチン

登場遺伝子・分子総索引

編者プロフィール

坊農秀雅　Hidemasa Bono

1995年 東京大学教養学部基礎科学科卒業. 2000年 京都大学大学院理学研究科生物科学専攻博士後期課程単位取得退学. 博士(理学). 理化学研究所, 埼玉医科大学ゲノム医学研究センター, ライフサイエンス統合データベースセンター(DBCLS)を経て, '20年より広島大学大学院統合生命科学研究科特任教授, '23年より同教授. 研究テーマは, バイオDXによるデータ駆動型ゲノム育種(デジタル育種)技術の開発.

実験医学別冊

論文に出る遺伝子　デルジーン300

PubMed論文の登場回数順にヒト遺伝子のエッセンスを一望

2024年12月15日　第1刷発行	編　集	坊農秀雅
	発行人	一戸敦子
	発行所	株式会社 羊 土 社
		〒101-0052
		東京都千代田区神田小川町2-5-1
		TEL　　03 (5282) 1211
		FAX　　03 (5282) 1212
		E-mail　eigyo@yodosha.co.jp
ⓒ YODOSHA CO., LTD. 2024		URL　　www.yodosha.co.jp/
Printed in Japan		
	装　幀	森貝聡恵 (Isshiki)
ISBN978-4-7581-2277-1	印刷所	日経印刷株式会社

実験医学をご存知ですか!?

 実験医学ってどんな雑誌？

ライフサイエンス研究者が
知りたい情報をたっぷりと掲載！

「なるほど！こんな研究が進んでいるのか！」「こんな便利な実験法があったんだ」「こうすれば研究がうまく行くんだ」「みんなもこんなことで悩んでいるんだ！」などあなたの研究生活に役立つ有用な情報、面白い記事を毎月掲載しています！ぜひ一度、書店や図書館でお手にとってご覧になってみてください。

医学・生命科学研究の
最先端をいち早くご紹介！

今すぐ研究に役立つ情報が満載！

特集 では ➡ 分子生物学から再生医療や創薬などの応用研究まで、いま注目される研究分野の最新レビューを掲載

連載 では ➡ 最新トピックスから実験法、読み物まで毎月多数の記事を掲載

こんな
連載が
あります

 **News & Hot Paper DIGEST** トピックス
世界中の最新トピックスや注目のニュースをわかりやすく、どこよりも早く紹介いたします。

 **クローズアップ実験法** マニュアル
ゲノム編集、次世代シークエンス解析、イメージングなど
多くの方に役立つ新規の、あるいは改良された実験法をいち早く紹介いたします。

 ラボレポート 読みもの
海外で活躍されている日本人研究者により、海外ラボの生きた情報をご紹介しています。
これから海外に留学しようと考えている研究者は必見です！

その他、話題の人のインタビューや、研究者の「心」にふれるエピソード、研究コミュニティ、キャリア紹介、研究現場の声、科研費のニュース、ラボ内のコミュニケーションのコツなどさまざまなテーマを扱った連載を掲載しています！

Experimental Medicine B5判
実験医学
生命を科学する
明日の医療を切り拓く

詳細はWEBで!! 実験医学 検索

お申し込みは最寄りの書店、または小社営業部まで！

月刊 毎月1日発行 定価 2,530円（本体2,300円+税10%）
増刊 年8冊発行 定価 6,160円（本体5,600円+税10%）

TEL 03 (5282)1211 MAIL eigyo@yodosha.co.jp
FAX 03 (5282)1212 WEB www.yodosha.co.jp/

発行 羊土社